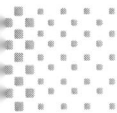

"十四五"普通高等教育本科部委级规划教材

U0728568

食品质量管理学

Shipin Zhiliang Guanlixue

刘恩岐 贺 羽◎主编

中国纺织出版社有限公司

图书在版编目（CIP）数据

食品质量管理学／刘恩岐，贺羽主编．--北京：
中国纺织出版社有限公司，2025.5. --（"十四五"普
通高等教育本科部委级规划教材）．--ISBN 978-7-5229-
2410-6

Ⅰ．TS207.7

中国国家版本馆 CIP 数据核字第 2025JY6303 号

责任编辑：罗晓莉　国　帅　责任校对：王花妮
责任印制：王艳丽

中国纺织出版社有限公司出版发行
地址：北京市朝阳区百子湾东里 A407 号楼　邮政编码：100124
销售电话：010—67004422　传真：010—87155801
http://www.c-textilep.com
中国纺织出版社天猫旗舰店
官方微博 http://weibo.com/2119887771
三河市宏盛印务有限公司印刷　各地新华书店经销
2025 年 5 月第 1 版第 1 次印刷
开本：787×1092　1/16　印张：15.75
字数：572 千字　定价：49.80 元

普通高等教育食品专业系列教材
编委会成员

本书编委会

刘恩岐　徐州工程学院

贺　羽　徐州工程学院

巫永华　徐州工程学院

徐兴大　中国检验认证集团江苏有限公司

朱毅然　江苏大学

徐粉林　维维食品饮料股份有限公司

邢洪伟　江苏本优机械有限公司

范三红　山西大学

田玉庭　福建农林大学

张爱琳　天津农学院

贾韶千　江苏食品药品职业技术学院

孙　星　滁州学院

王荣荣　信阳农林学院

前　言

党的二十大报告指出，高质量发展是全面建设社会主义现代化国家的首要任务。建设质量强国，把推动发展的立足点转到提高质量和效益上来，培育以技术、标准、品牌、质量、服务等为核心的经济发展新优势，推动中国制造向中国创造转变、中国速度向中国质量转变、中国产品向中国品牌转变，是推动高质量发展、促进我国经济由大向强转变的重要举措。我国食品工业产值位列全球首位，是国计民生的重要支柱产业。贯彻新发展理念，实现高质量发展，是中国式现代化本质要求的重要内容，从数量扩张向质量提升转变，进一步增强国际竞争力将成为今后相当长一段时期我国食品工业发展的主题。

食品质量关乎国家安全稳定、人民生命健康和经济快速发展。增强质量意识，把握质量内涵，提升质量管理水平，从质量视角推动高质量发展，具有重要的理论意义和实践价值。食品质量管理学是管理科学与食品加工技术原理相结合的一门交叉学科，既要研究人的行为，又要运用技术知识研究原料在加工中的变化，是质量管理学的原理、技术和方法在食品加工与流通过程中的应用。教材编写秉承校企合作、共建共享的理念，吸纳中国检验认证集团江苏有限公司等企业专家加入教材编写团队，将质量管理体系、食品安全管理体系内审员培训等有关内容及要求有机融入教材，培养学生综合应用管理学和食品专业理论知识分析和解决食品质量问题的能力。教材编写采用纸质和数字相结合形式，部分教学内容学生可以通过扫码进行自主学习。教材编写注重立德树人，将课程思政教育融入教材内容体系，通过课程思政案例，增强学生对建设质量强国战略的认同和道路自信、文化自信，培养学生"精益求精、追求卓越"的大国工匠精神和创新意识，并在新时代伟大实践中不断发扬光大。

本教材由徐州工程学院刘恩岐（食品质量管理概述 1.1 和 1.2）、赵南南（食品质量设计 2.1、2.2 和 2.3）、李茹（食品质量控制 3.1、3.2 和 3.3）、贺羽（食品质量管理概述 1.3 和 1.4、食品质量保证、食品质量管理体系、食品质量认证与审核 7.2）、巫永华（食品质量检验 5.1 和 5.2）、师聪（食品质量信息管理 9.1、9.2 和质量信息管理系统）、中国检验认证集团江苏有限公司徐兴大（食品质量认证与审核 7.1 和 7.3）、江苏大学朱毅然（食品质量成本管理 8.1 和 8.2）、山西大学范三红（质量理念与质量管理的发展过程）、福建农林大学田玉庭（质量设计的过程管理和评审）、江苏食品药品职业技术学院贾韶千（工序能力分析与控制图）、天津农学院张爱琳（检验计划与管理）、维维食品饮料股份有限公司徐粉林、江苏本优机械有限公司邢洪伟（ISO 9001 质量管理体系审核工作要点）、滁州学院孙星（质量成本核算与分析）、信阳农林学院王荣荣（信息技术在食品质量管理中的应用）编写。全书由刘恩岐、贺羽统稿，并对教材内容做了部分修改和调整。

食品质量管理学涉及的范围宽、领域广。由于编者学识水平和实践经验所限，本教材的不足之处，恳请各位同仁和读者批评指正。

编　者

2024 年 12 月

目　　录

课件资源

1　食品质量管理概述

食品是人类赖以生存和繁衍的物质基础，是人类发展的原动力。食品工业是国计民生的重要支柱产业，关乎国家安全稳定、人民生命健康和经济快速发展。食品质量是企业生存的根本，是企业竞争的第一要素。正如美国质量管理专家朱兰所说："20世纪是生产力的世纪，21世纪是质量的世纪，依靠质量取得效益已成为世界顶级企业的经营理念。"纵观当今世界，名牌产品与普通产品相比，几乎都具有明显的质量优势。在全球化形势下，国际竞争的焦点已经由数量、价格转为质量。贯彻新发展理念，实现高质量发展，是中国式现代化本质要求的重要内容，从数量扩张向质量提升转变，进一步增强国际竞争力将成为今后相当长一段时期我国食品工业发展的主题。

质量管理是指确定质量方针、目标和职责，并通过质量体系中的质量策划、控制、保证和改进来使其实现的全部活动。食品质量管理是在一定的技术经济条件下，为保证和提高产品质量所进行的一系列经营管理活动的总称，包括质量管理体系的制定、质量的控制、质量的验收与评定等相关内容。食品质量管理问题研究，既是一个技术性问题，更是一个管理学问题。在技术层面属于食品科学问题，在管理层面属于公共安全问题。食品产业链条长，影响食品质量的因素和环节多，必须对"从农田到餐桌"整个过程和各个环节进行监控和管理。食品质量管理学是管理科学与食品加工技术原理相结合的一门交叉学科，既要研究人的行为，又要运用技术知识研究原料在加工中的变化，是质量管理学的原理、技术和方法在食品加工与流通过程中的应用。质量管理是食品企业管理的中心环节，食品行业企业的管理人员、技术人员和工作人员，必须学习和掌握先进的、科学的质量管理方法，不断提高食品质量管理水平。保证产品质量，保障消费者健康，是企业参与市场竞争的利器，是企业发展的根本保证。

1.1　质量及其形成过程

1.1.1　质量

1.1.1.1　质量的概念和内涵

随着时代的发展，人们对质量（quality）的认识逐步深化，许多学者和机构对质量的定义和内涵作了描述。

美国质量管理专家克罗斯比（Philip B. Crosby）认为：质量就是能遵从某种特定规格。

世界著名的质量管理专家朱兰（Joseph H. Juran）认为：质量指产品能让消费者满意，没有缺陷。

现代质量管理之父戴明（W. Edwards Deming）认为：质量是某项产品或服务给予顾客帮助并使之享受到愉悦。

国际标准化组织（international organization for standardization，ISO，1998）对质量的释义是：在有组织的环境约束下，不断提高效率和效果，赢得消费者的认可，以满足消费者的需求和期望。

我国国家标准 GB/T 19000—2008，等同采用国际标准 ISO 9000：2005，对质量的定义是：一组固有特性满足要求的程度。

在理解质量这一概念时，应注意以下 3 点。a. 特性是指事物可以区分的特征，分为固有特性和赋予特性。b. 固有特性是指在某事或某物中本来就有的特性，尤其是指永久的特性，如食品的营养特性（蛋白质、脂肪、维生素等）、感官特性（气味、滋味、色泽等）。赋予特性是指人为增加或给予的特性，如食品的价格、供货时间和运输要求等。c. 要求指"明示的、通常隐含的或必须履行的需求或期望"。"明示的要求"是指合同等文件中规定或顾客明确提出的要求。"通常隐含的要求"是指作为一种惯例或常识，应当具有的、不言而喻的要求，如食品卫生、食品营养健康等。"必须履行的要求"是指法律法规的要求，该类要求通过法律法规或强制性标准的形式给予明确，如食品生产经营许可、食品安全等。

我国国家标准 GB/T 19000—2016，等同采用国际标准 ISO 9000：2015，对质量的诠释是：一个关注质量的组织倡导一种通过满足顾客和其他有关相关方的需求和期望来实现其价值的文化，这种文化将反映在其行为、态度、活动和过程中；组织的产品和服务质量取决于满足顾客的能力，以及对有关相关方的有意和无意的影响；产品和服务的质量不仅包括其预期的功能和性能，而且涉及顾客对其价值和受益的感知。

概括来说，质量就是一组固有特性满足顾客或其他相关方明示的、通常隐含的或必须履行的需求和期望的程度。

具有代表性的质量概念主要有：符合性质量、适用性质量和广义质量。

（1）符合性质量

以产品或服务相对所选定质量标准的符合程度作为衡量依据。质量意味着符合规范或要求，所谓规范或要求，涉及国际标准、国家标准、行业标准、地方标准、团体标准、企业标准、明示的顾客要求等。质量的基础必须是符合标准、规范或要求，这种认识对质量检验、质量控制等具体工作具有实用性。这是一种静态的质量观，仅强调规范、合格，难免会忽略顾客需求的变化，难以全面反映顾客的要求，特别是隐含的需求和期望。

（2）适用性质量

以产品或服务适合顾客需要、满足用户需求和期望的程度作为衡量依据。这一定义有两个方面的含义，即使用要求和满足程度。强调在产品使用或提供服务时，能够成功满足顾客的要求。适用性质量的评判依据是顾客的要求，包括生理、心理、伦理要求等多个方面，适用性质量的内涵随着时间和实践而不断丰富和拓展。这一概念明确指出质量的评判权在顾客手中，强调质量工作的核心在于在产品使用全过程和服务提供全过程中满足顾客的要求。适用性质量与符合性质量不同，后者是根据规范或标准进行评判的客观质量观，而适用性质量则是一种以顾客为中心的主观质量观，目的在于促进组织重视顾客要求，为顾客创造价值。

（3）广义质量

质量是一组固有特性满足要求的程度，是指产品质量、工程质量、服务质量、工作质量的总和。广义的质量不仅包括最终产品和服务的质量，而且包括产品与服务形成和实现过程中的质量。质量不仅要满足顾客的需要，而且要满足社会的需要，并且能够使顾客、厂商、社会都受益。质量工作不仅要抓好产品质量或服务质量，而且更要抓好组织的质量、体系的质量、人的质量。人们对质量的要求往往受到使用时间、使用地点、使用对象、社会环境和市场竞争等因素的影响，这些因素的变化会使人们对同一产品提出不同的质量要求。质量不是一个固定不变的概念，它是动态的、变化的、发展的，它随着时间、地点、使用对象的不同而不同，随着社会的发展、技术的进步而不断更新和丰富。

1.1.1.2　质量的基本特征

用户对产品或服务的要求的满足程度，反映在对产品或服务的技术特性、经济特性、社会特性、环境特性和心理特性等诸多方面。因此，质量是一个综合的概念。它并不要求技术特性越高越好，而是追求诸如性能、成本、数量、交货期、服务等因素的最佳组合，即所谓的最适当。概况来看，质量具有经济性、广义性、时效性、相对性、社会性、系统性等基本特征。

（1）经济性

经济性是指在资源有限的情况下，以最小的成本达到预期的质量水平。在产品或服务的生命周期中，经济性是一个重要的考量因素。为实现经济性，企业需要在质量控制过程中寻求并优化资源的合理利用，包括合理分配人力、物力和财力资源，以及采用高效的质量管理方法和工具。通过提高效率和降低成本，企业能够在竞争激烈的市场中获得更大的竞争优势。

（2）广义性

质量的广义性是指质量不仅指产品本身的质量，还包括过程和体系的质量。在质量管理体系的范畴内，相关的各方可能对产品、过程或体系提出不同的要求，这些要求反映了产品、过程或体系的固有特性。要求企业在产品设计、生产和服务过程中综合考虑各种因素，以确保产品在各个方面都能满足用户的需求和期望。广义性质量管理的目标是提供全方位的满意度，并以此建立良好的品牌形象和口碑。

（3）时效性

质量的时效性是指顾客和其他相关方的需求和期望是随时间变化的。因此，组织应不断调整其质量要求以满足这些变化的需求和期望。要求企业具备快速反应能力，灵活调整生产和供应链的能力，以适应市场的快速变化。同时，企业还需要加强与供应商和合作伙伴之间的沟通和协作，以确保整个供应链的时效性。

（4）相对性

质量的相对性是指质量要求因不同用户、不同行业、不同国家和地区而异。不同用户对产品和服务的需求和期望是不同的，这取决于他们的背景、文化、经济条件等因素。要求企业采用差异化的质量管理策略，根据不同用户、行业和地区的需求进行定制化的产品和服务。这需要企业具备市场洞察力和创新能力，不断调整和改进产品和服务，以满足不同用户的需求。

（5）社会性

质量的社会性是指不仅从直接的用户，而是从整个社会的角度来评价质量的好坏，尤其关系到生产安全、环境污染、生态平衡等问题时更是如此。

（6）系统性

质量的系统性是指质量是一个受到设计、制造、使用等因素影响的复杂系统。产品质量的形成过程不仅与生产过程有关，还与其他许多过程、许多环节和因素相关联，需要从产品或服务的完整性、可靠性、及时性、真实性、准确性、一致性、规范性是否与客户相关，是否满足客户的需求和期望等多个角度、多个方面来衡量和评估产品或服务的质量。只有充分考虑这些维度，才能为客户提供更优质的产品和服务，从而提升客户的满意度和忠诚度。

1.1.1.3 质量特性与质量的表现形式

质量概念的关键是"满足要求"。这些"要求"必须转化为有指标的特性，才能作为评价、检验和考核的依据。产品的质量特性区分了产品的不同用途，以满足人们的不同需要。由于顾客的需求是多种多样的，所以反映质量的特性也应该是多种多样的。

（1）质量特性

1）概念。质量特性是指与要求有关的产品、过程或体系的固有特性。

质量特性可分为两大类：真正质量特性和代用质量特性。真正质量特性是指直接反映用户需求的质量特性，表现为产品的整体质量特性，但不能完全体现在产品制造规范上。在大多数情况下，真正质量特性很难直接定量表示。代用质量特性是指为满足顾客要求和期望，相应地制定产品标准、确定产品参数来间接地反映真正质量特性。

此外，根据对顾客满意的影响程度不同，可将质量特性分为关键质量特性、重要质量特性和次要质量特性三类。关键质量特性是指会直接影响产品安全性或产品整体功能丧失的质量特性。重要质量特性是指会造成产品部分功能丧失的质量特性。次要质量特性是指不影响产品功能，但会引起产品功能逐渐丧失的质量特性。

2）指标和参数。在产品技术标准中通常用一系列质量指标和质量参数来反映质量特性。根据质量指标性质的不同，质量特性值或参数可分为计数值、计量值和定性描述三大类。

①计数值。当质量特性值只能取一组特定的数值，而不能取这些数值之间的数值时，这样的特性称为计数值。计数值可进一步分为计件值和计点值。计件值是指产品进行按件检查时所产生的属性，如一批产品中的合格数、废品数等；计点值是指每件产品中质量缺陷的个数。

②计量值。当质量特性值可以取所定范围内的任何一个可能的数值时，这样的特性值称为计量值。如食品中水分、灰分、蛋白质、维生素的含量等质量指标。

③定性描述。某些质量特性往往不能用仪器设备测量，只有采用描述的方法进行定性表达，或制备实物标准，通过比照来判断是否符合质量标准要求。如花生油气味、滋味的质量指标要求是"具有花生油固有的气味和滋味，无异味"，小麦粉加工精度的质量指标要求是"按标准样品对照检验麸皮"。

（2）质量的表现形式

产品质量是产品实现全过程的结果，产品质量有一个产生、形成和实现的过程，在这个过程中每一个环节都直接或间接地影响到产品的质量。质量的表现形式既包括产品质量、服务质量，也包括过程质量、工作质量、体系质量、行为质量等其他表现形式。

1）产品质量。产品质量是指产品满足规定需要和潜在需要的特征和特性的总和。任何产品都具有其特定的使用目的或用途。产品质量除了含有实物产品外，还含有无形产品质量，即服务产品质量。许多产品由不同类别的产品构成，服务、软件、硬件或流程性材料的区分取决其主导成分。例如，外供产品"汽车"是由硬件（如轮胎）、流程性材料（如燃料、冷却液）、软件（如发动机控制软件、驾驶员手册）和服务（如销售人员所做的操作说明）所组成。

产品质量特性依产品的特点而异，表现的参数和指标也多种多样，反映用户使用需要的质量特性归纳起来一般包括功能性、耐用性、可靠性、安全性、适应性、经济性等六个方面。

功能性，是指产品在一定条件下，实现预定目的或规定用途的能力，即满足用户要求的程度，包括满足用户陈述的或隐含的需求程度。耐用性，是指产品在规定条件下使用能持续的时间，包括使用时间和储存时间，储存时间指在规定储存条件下，产品从开始储存到规定的失效的时间。可靠性，是指产品在规定时间内和条件下完成规定功能的程度。安全性，是指产品在存储、流通和使用过程中保障人身安全的能力与环境免遭危害的程度。适应性，是指产品适应环境变化和用户需求的能力。经济性，是指产品的设计、制造、使用等过程中的成本消耗及经济效益。

从产品质量的表现形式上看，产品质量是由内在质量、外观质量和附加质量所构成。

内在质量，也称为实物产品质量，是指生产者生产的产品本身的质量，是产品的内在属性。外观质量，是指产品的造型、色调、光泽和图案等凭人的视觉和触觉感觉到的质量特性。附加质量，是指产品的可靠性、经济性和销售服务等特性。

从产品质量的形成环节上看，产品质量是由设计质量、制造质量和市场质量所构成。

设计质量，是指根据使用者的使用目的、经济状况及企业内部条件确定所需设计的质量等级或质量水平。即想预期获得的质量，它反映着设计目标的完善程度，表现为各种规格和标准，是产品质量形成的前提条件。制造质量，是指实现"设计质量"的结果，制造出来的产品质量达到设计质量的程度。在制造工序中引入过程管理等方法，防止缺陷的出现，检测到缺陷的存在，并实施对策防止同样的缺陷再次出现，是产品质量形成的决定性因素。市场质量，是指在整个流通过程中，对已在生产制造环节形成的质量的维护保证与附加的质量因素，是产品质量实现的保证。

从产品质量的有机组成上看，产品质量是由自然质量、经济质量和社会质量所构成。

自然质量，是指评价产品使用价值优劣程度的各种自然属性的综合。即产品的外观、性能、可靠性、耐用性、安全性等，是产品最基本的性能与作用。

经济质量，是指人们按其真实的需要，希望以较低的价格获得尽可能优良性能的产品，并且在消费或使用中付出尽可能低的使用和维护成本，即物美价廉的统一程度。

社会质量，是指产品满足全社会利益需要的程度，如是否违反社会道德、对环境有无污染、是否浪费有限资源和能源等。

2）服务质量。服务是与软件、硬件、流程性材料并立的4种通用产品之一，服务是一种产品。服务质量是指服务能够满足规定和潜在需求的特征和特性的总和。服务质量也涉及企业提供的服务水平与服务期望或标准之间的差异程度，是企业为使目标顾客满意而提供的最低服务水平，并保持这一预定服务水平的连贯性程度。它代表了服务工作满足被服务者需求的程度，可以包括多个方面，如服务的可靠性、响应性、安全性、移情性和有形性。

可靠性指的是服务提供者准确无误地完成所承诺服务的能力。响应性涉及企业随时准备为顾客提供快捷有效服务的能力。安全性关注服务人员的态度和能力，以增强客户对服务质量的信心和安全感。移情性表示企业和客服人员能设身处地地为客户着想，努力满足客户的要求。有形性是指服务被感知的部分，由于服务的本质是一种行为过程，而不是某种实物形态，因而具有不可感知的特征。

3）过程质量。过程质量是指过程满足规定需要或潜在需要的特征和特性的总和，是过程的条件与活动满足要求的程度。过程质量可以分为设计过程质量、制造过程质量、使用过程质量和服务过程质量，每一个阶段都需要满足质量要求，从而实现价值的增加。过程质量的目标是产出符合顾客需求的产品或服务，其对于任何市场都是必须的。

4）工作质量。工作质量是指与产品质量和服务质量直接相关的各项工作的保证程度。它涉及企业所有部门和人员，包括领导者和员工，是企业提高产品质量和服务质量的基础和保证。工作质量涉及企业每个科室、车间、班组以及每个工作岗位，这些岗位的工作都直接或间接地影响着产品质量和服务质量。领导者的素质对工作质量起着决定性的作用，而广大职工素质的普遍提高则是提高工作质量的基础。

5）体系质量。体系质量是指体系满足规定需要或潜在需要的特征和特性的总和。体系是一组相互关联或相互作用的要素。一个部门、一个单位、一个企业都是由人、财、物等多个要素有机结合形成的一个组织。组织是以人为主体的集合，通常包含3个核心要素，即人员、物资和资金的合理配置与协调；一个被组织成员共同认可并为之奋斗的目标；以及一个明确的边界，用以区分内外环境。管理体系是组织用于建立方针、目标以及实现这些目标的过程的相互关联和相互作用的一组要素。一个组织的管理体系可包括若干个不同的管理体系，如质量管理体系 ISO 9001、环境管理体系 ISO 14001、职业健康和安全管理体系 ISO 45001、信息安全管理体系 ISO 27001、食品安全管理体系 ISO 22000 等，是企业组织制度和企业管理制度的总称。

6）行为质量。行为质量是指一组固有行为特征（指可描述或可规范化区分和识别的品质特性现象）及其行动满足要求的度量过程，是人的行为的质量。行为是指受思想支配而表现出来的活动。人的行为是非常复杂的，不仅受认知、意识和情感的影响，而且受客观环境、生理机制、社会因素等的制约。质量行为是人们（职工）对产品质量、工作质量、服务质量的实际反应或行动，是质量意识和质量情感的外在表现。

1.1.2 质量形成过程

质量是产品生产过程管理的结果。产品质量是在市场调查、开发、设计、计划、采购、生产、控制、检验、销售、服务、反馈等全过程中形成的。产品质量有一个产生、形成和实现的过程，每个环节均不同程度地影响到最终产品的质量，因此需要控制影响产品质量的所有环节和活动。

（1）朱兰质量螺旋

质量螺旋，也称质量环。为了表述产品质量形成的规律性，美国质量管理专家朱兰提出了一个质量螺旋模型（图1-1），通过一个螺旋上升的曲线来展示，将产品质量的各个环节按照逻辑顺序串联起来，形成一个不断循环、不断提高的过程，用于描述产品质量产生、形成、发展的客观规律。在朱兰质量螺旋中，产品质量在产生、形成和实现的各个环节都存在着相互依存、相互制约、相互促进的关系，并不断循环，周而复始。每经过一次循环，产品质量就提高一步。

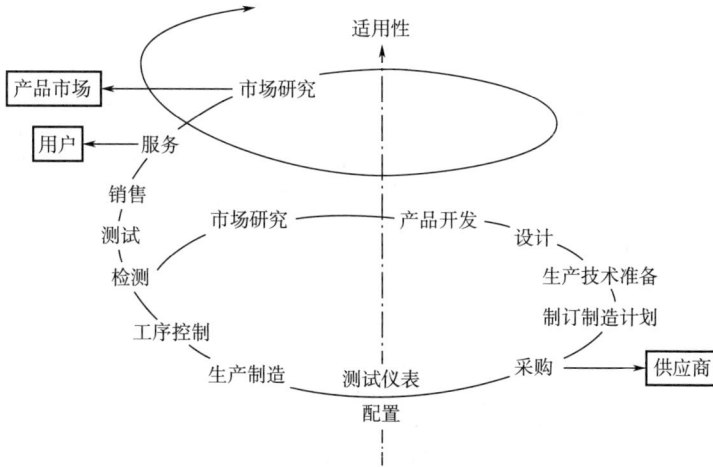

图1-1　朱兰质量螺旋曲线

1）产品的质量形成过程包括市场研究，产品开发、设计，制订产品规格、工艺，采购，仪器仪表及设备装置，生产，工序控制，产品检验、测试，销售及服务等共13个环节。各个环节之间相互依存、相互联系、相互促进。

2）产品质量形成的过程是一个不断上升、不断提高的过程。为了满足人们不断发展的需要，产品质量要不断改进、不断提高。

3）要完成产品质量形成的全过程，就必须将上述各个环节的品质管理活动落实到各个部门以及有关的人员，对产品质量进行全过程的管理。

4）质量管理是一个社会系统工程，不仅涉及企业内各部门及员工，还涉及企业外的供应商、零售商、批发商以及用户等单位及个人。

5）质量管理是以人为主体的管理。朱兰螺旋曲线所揭示的各个环节的品质活动，都要依靠人去完成。人的因素在产品质量形成过程中起着十分重要的作用，质量管理应该提倡以人为主体的管理。此外，要使"循环"顺着螺旋曲线上升，必须依靠人力的推动，其中领导是关键，要依靠企业领导者做好计划、组织、控制、协调等工作，形成强大的合力去推动质量循环不断前进、不断上升、不断提高。

（2）桑德霍姆质量循环模型

瑞典质量管理学家桑德霍姆从企业内部管理角度出发，将朱兰质量螺旋归纳为企业的内部七大职能（市场研究、产品研制、工艺准备、采购、制造、检查、销售）和企业外部的两大环节（供应单位、零售商），提出的质量循环图模式具有以下特点。

1）循环性。桑德霍姆质量循环是一个不断循环的过程，从问题定义、测量、分析、改进和控制到问题定义，周而复始。

2）结构性。桑德霍姆质量循环具有清晰的结构和步骤，每个步骤都有明确的输入和输出。

3）聚焦性。桑德霍姆质量循环专注于解决特定的问题或挑战，通过循环迭代的方式逐步深入。

4）系统性。桑德霍姆质量循环是一个系统性的工具，不仅关注单个问题的解决，还关注整个系统的改进。

（3）戴明 PDCA 循环

美国质量管理专家休哈特首先提出了"计划—执行—检查"的概念，由戴明采纳、宣传，获得普及，进一步发展成为计划—执行—检查—处理（plan-do-check-action，PDCA）循环（图 1-2）。戴明 PDCA 循环是全面质量管理的理论基础，是质量管理的基本方法，也是企业管理各项工作的一般规律。

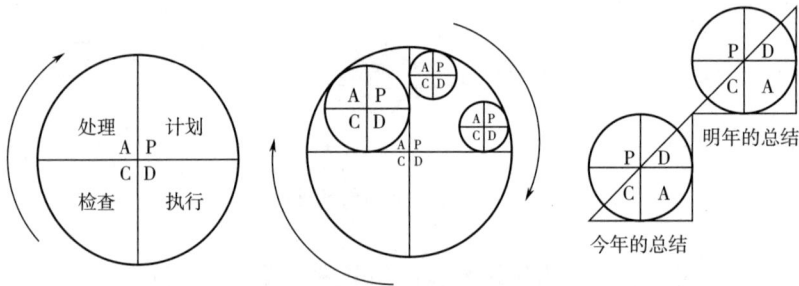

图 1-2　戴明 PDCA 循环（大环带小环/阶梯式上升）

1）戴明循环的 4 个阶段。戴明循环将质量管理分为 PDCA 4 个阶段，即计划（plan）、执行（do）、检查（check）和处理（action）。

计划，即确定方针和目标，制订活动计划。执行，即实施计划，进行生产活动。根据已知的信息，设计具体的方法、方案和计划布局；再根据设计和布局，进行具体运作，实现计划中的内容。检查，即总结执行计划的结果，分清哪些对了，哪些错了，明确效果，找出问题。处理，即对总结检查的结果进行处理，对成功的经验加以肯定，并予以标准化；吸取失败的教训，避免重犯；提出没有解决的问题，继续下一个 PDCA 循环。

2）戴明循环的特点。戴明循环是一个质量持续改进模型。其特点是：周而复始；大环带小环；阶梯式上升；统计的工具与科学管理方法的综合应用。

周而复始是指 PDCA 循环的 4 个阶段不是运行一次就完结，而是周而复始地进行。一个循环结束了，解决了一部分问题，可能还有问题没有解决，或又出现了新的问题，再进行下一个 PDCA 循环，依此类推。

大环带小环是指如果把整个企业的工作作为一个大的戴明循环，那么各个部门、小组还有各自小的戴明循环，就像一个行星轮系一样，大环带动小环，一级带一级，有机地构成一个运转的体系。

阶梯式上升是指戴明循环不是在同一水平上循环，每循环一次，就解决一部分问题，取得一部分成果，工作就前进一步，水平就提高一步。到了下一次循环，又有了新的目标和内容，不断解决问题的过程就是水平逐步上升的过程。

统计的工具与科学管理方法的综合应用是指戴明循环应用了科学的统计观念和处理方法，以质量控制（quality control，QC）7 种工具作为推动工作和发现、解决问题的有效工具。

3）戴明循环的步骤和方法。戴明循环典型的模式被称为"4 个阶段""8 个步骤"和"7 种工具"，具体见表 1-1。7 种工具通常是指在质量管理中广泛应用的直方图、控制图、因果图、排列图、相关图、分层法和统计分析表等。

表 1-1　戴明循环的步骤和方法

4 个阶段	8 个步骤	主要办法
P 计划	分析现状，找出问题	排列图、直方图、控制图，市场调研、发现问题
	抓住矛盾，列出因素	因果图，分析质量问题中的各种影响因素
	排列比较，确定主因	排列图、相关图，分析影响质量问题的主要原因
	针对问题，采取措施	针对主要原因，制订措施计划，回答"5W1H" 为什么制定该措施（why） 达到什么目标（what） 在何处执行（where） 由谁负责完成（who） 什么时间完成（when） 如何完成（how）
D 执行	执行计划，实施措施	按措施计划的要求去做
C 检查	对照目标，检查结果	排列图、直方图、控制图，把执行结果与要求达到的目标进行对比，确认实施方案是否达到了目标
A 处理	总结经验，制定标准	固定成绩，制定工作标准或修改工作规程及其他有关规章制度
	列出遗留，进入下环	处理遗留问题，把未解决或新出现的问题转入下一个 PDCA 循环

1.2　食品质量特性与影响食品质量的因素

1.2.1　食品质量特性

人类的一切生命活动，包括人体生长发育、细胞更新、组织修补、机能调节等都必须从外界摄取物质和能量，可供人类食用的物质称为食物。食物是人体产生热量、保持体温、进行体力活动的能量来源，被认为是人类最基本的需要。《中华人民共和国食品安全法》第十章附则中对"食品"含义的解释是："指各种供人食用或者饮用的成品和原料以及按照传统既是食品又是药品的物品，但是不包括以治疗为目的的物品。"这一法律释义明确了食品与药品的重要区别，是广义上的食品概念，包括了直接食用的制品以及食品原料和配料等可食用的物质。从食品工业角度来讲，食品是指经加工处理作为商品销售流通的食物。食品质量特性可以分为内在食品质量特性和外在食品质量特性。

（1）内在食品质量特性

内在食品质量特性包括食品的营养功能和安全性、食品的感官品质和货架期以及食品的可靠性和便利性。

1）食品的营养功能和安全性。食品的营养功能是指食品的成分和营养。食品含有碳水化合物、蛋白质、脂肪、维生素、矿物质和膳食纤维等营养素。碳水化合物、蛋白质和脂肪是食品中三类主要的组分，在人体代谢中可按多种方式相互关联和转化，分解为简单物质，被人体吸收利用，起到供给热能、建造和修补体内组织等多方面的作用。维生素有脂溶性和水溶性两大类，人体需求量不大，但在促进碳水化合物、蛋白质和脂肪代谢，维持人体生命和健康方面具有重要的作用。矿物质在人体骨骼组成，维持体液平衡、酶活性和激素代谢水平方面有重要作用。膳食纤维在促进肠胃蠕动、清除体内毒素方面具有一定的作用。此外，水和空气也是维持生命和人体新陈代谢必不可少的物质，水在营养学中被列为营养素，但在食品加工中一般不将其视为营养素。食品的营养功能不仅取决其营养素含量是否全面和平衡，而且体现在加工贮藏过程中各种营养素的稳定性和保持率以及是否以某种能被人体代谢利用的形式存在等方面。现代科学研究发现，除通常已知的大量营养素外，食品成分中还含有一些少量或微量的化学物质，如低聚糖、多肽、黄酮类、多酚类和皂苷类化合物等，这些成分一般不属于营养素的范畴，有些成分从某种意义上还被认为是抗营养因子，而这些成分具有调节人体机能的生理活性，又被称为功能因子。含有功能因子并具有调节机体功能作用的食品称为功能性食品，在我国被称为保健食品。《中华人民共和国食品安全法》中保健食品是指声称具有保健功能或者以补充维生素、矿物质等营养物质为目的的食品。即适宜于特定人群食用，具有调节机体功能，不以治疗疾病为目的，并且对人体不产生任何急性、亚急性或慢性危害的食品。保健食品的生产销售由国家市场监督管理总局审批管理，我国纳入《允许保健食品声称的保健功能目录 非营养素补充剂（2023年版）》的保健功能包括"有助于增强免疫力、有助于抗氧化、辅助改善记忆、缓解视觉疲劳、有助于维持血脂（胆固醇/甘油三酯）健康水平、有助于维持血糖健康水平、有助于维持血压健康水平"等24项。

食品的安全性是指食品必须无毒、无害和无副作用。《中华人民共和国食品安全法》第十章附则中对"食品安全"含义的法律解释是："食品安全，指食品无毒、无害，符合应当有的营养要求，对人体健康不造成任何急性、亚急性或者慢性危害。"食品加工应当防止有害因素的污染造成对人体健康的危害，从使用的原料、设备器具和工艺处理条件到环境和操作人员的卫生，都必须采取一定的食品安全控制措施来消除或减少危害。食品安全涉及生物性、化学性、放射性污染，有毒动植物和食品掺假等问题。生物性污染包括细菌及其毒素、霉菌及其毒素、病毒、寄生虫及其虫卵的污染等；化学性污染主要有重金属和亚硝酸盐、农药残留、兽药残留和滥用食品添加剂等；物理性的危害包括加工过程中吸附吸收外来的放射性物质、混入磁性杂质或食品外形不当引起咽噎危险等。有毒动物引起的安全性问题主要有河豚鱼、含组胺高的腐败鱼等；有毒植物主要有含氰苷的果仁、加热不完全而含有皂苷和红细胞凝集素的四季豆、含有胰蛋白酶抑制剂的未煮熟豆浆、含有龙葵素的发芽马铃薯和含秋水仙碱的鲜黄花菜等。食品掺假现象也屡见不鲜，我国最严重的食品掺假事件有掺入三聚氰胺的乳制品、工业酒精勾兑酒类等。防止和控制食品安全性问题的发生，关键在于建立健全食品安全行政监督、技术监督和社会监督的完整体系，加强食品安全污染的源头控制和加工流通消费环节的监测控制，并通过宣传教育提高消费者对食品安全风险的认识和防范意识。

2）食品的感官品质和货架期。食品的感官品质是指食品满足人体视觉、触觉、味觉、听觉等感官需要的功能。食品不仅需要丰富的营养，而且要求色、香、味、形等俱佳，给人以欢娱的感觉，美的享受。诱人的食品不仅易于引起食欲、促进消化液的分泌，有助于人体对营养素的消化吸收，而且赏心悦目，可以满足人们的心理需求，有助于推动消费者对食品的购买。食品的感官功能主要体现在外观、质构和风味等方面，人们对食品感官特性的要求与不同消费群体的饮食习惯和个人嗜好有关。在影响食品感官特性的诸多因素中，外观和质构主要是物理性的，风味基本上是化学性的。食品的感官品质要求见表1-2。

表1-2　食品的感官品质要求

感官品质	构成要素	消费者要求
外观	食品的大小、形状、色泽、光泽等	食品一般应大小适中、造型美观、色泽悦目、光泽自然，便于摄取和携带等
质构	食品的硬度、黏性、韧性、弹性、酥脆度等	不同食品具有不同的质构特性，如人们对饼干的要求是酥脆，对面条的要求是筋道，对口香糖的要求是耐嚼等
风味	食品的气味和味道。气味有香味、臭味、水果味、腥味等，味道有酸、甜、苦、辣、咸、鲜、麻以及各种味道的复合味等	各种食品应具有本身的特定风味，如水果的甜味，水产的鲜味等；人们对食品风味的嗜好有较强的地域性，如澳大利亚地区喜好烟熏味，我国四川地区喜好麻辣味，山西地区偏好酸味，上海一带则偏爱甜味等

食品的货架期或货架寿命是指食品在一定时期内保持品质能被消费者接受，或在某些通常不希望出现的并可以检出的质量变化开始出现之前所贮藏的时间。食品在贮藏过程中会发生不同程度的腐败和变质，导致感官品质、营养价值和食用安全性的下降，为了保证食品的持续供应和地区间交流，对于规模化的食品工业生产活动，食品必须具有一定的保藏性，在一定时期内保持其原有的品质和食用安全。食品质量在贮藏过程中的变化是难以避免的，但其变化的速度受到多种因素的影响，并遵循一定的变化规律。通过控制引起食品质量变化的各种因素并利用其变化规律，就可以达到保持食品质量、延长货架期的目的。食品的货架期取决于加工方法、包装和贮藏条件等许多因素，如巴氏杀菌牛乳在低温下比室温贮藏的保存期要长，而高温杀菌无菌包装牛奶在室温下的货架期又比巴氏杀菌牛乳低温冷藏的货架期长得多。食品货架期是生产和销售商必须考虑的指标以及消费者选择食品的依据之一，日期标注的形式包括生产日期、保质期、贮藏期和最佳食用时间等，目的是让消费者知晓所购食品的货架期及其新鲜程度。

3）食品的可靠性和便利性。食品的可靠性是指产品实际组成与产品规格的符合程度。即产品在一定时间内、一定条件下完成规定功能的能力。"规定功能"是指产品规定了的必须具备的功能及其技术指标，如食品的营养功能、感官品质、安全性及其技术指标等。

食品的便利性是指食品应便于贮藏运输和携带食用，具有方便性。随着食品科技的发展和进步，食品工业在发展启封简易和使用方便的食品方面取得了显著进展，易拉罐、易拉盖、易拉袋等包装食品大大方便了消费者的开启食用，从大众化的方便面到各种速冻食品、微波食品，从净菜、配菜到各种调理菜肴，充分体现了食品生产服务人性化的一面，为现代快节奏生活的食品流通和消费提供了方便，为家庭用餐的社会化创造了条件。食品的方便性要求，对革新食品加工制造工艺、改进食品材料和包装容器以及改善贮藏运输条件等有积极的促进作用，为食品工业的发展注入了新的活力和商机。

（2）外在食品质量特性

外在食品质量特性包括生产系统特性、环境特性以及市场特性。外在质量特性不直接影响产品本身的性质，但影响到消费者的感觉和认识，如市场促销宣传活动可以影响消费者的期望，但和产品本身没有关系。

1）生产系统特性是指一种食品生产加工的方法，包括很多因素，如水果蔬菜生长过程中使用的化肥农药、畜禽养殖时的特殊喂养、为改善农产品特性的转基因技术、特定的食品保鲜技术等，都会对产品的安全性和消费者的接受性产生复杂的影响。消费者并不在意食品中有无新技术的使用，而认为产品质量特别是安全性才是最重要的，如公众对转基因食品的关注。

2）环境特性主要是指食品生产废弃物的处理以及食品包装对环境的影响。食品生产废弃物的再利用可以减少环境污染。消费者在购买食品时，会考虑食品包装对自身健康和外部环境的影响。食品生产过程和包装必须减少对环境的影响，满足消费者对绿色低碳、可持续发展的关注和期望。

3）市场特性是指市场会影响消费者对食品质量的判断。消费者认为市场影响力（品牌、价格和商标）决定了产品的外在质量，从而影响人们对食品质量的信任度和期望。

1.2.2　影响食品质量的因素

食品质量的高低关系到食品的可接受性和消费者的健康与安全，食品质量要素包括感官品质、营养品质、安全性和保藏期等，食品生产必须符合有关产品质量标准和安全卫生标准，评价食品质量应以相应的食品质量标准为依据，产品质量技术要求主要包括以下质量指标：食品的外观、色泽、风味和质地等感官指标，食品的营养素含量和重金属、农药残留、兽药残留和食品添加剂的含量等理化指标，细菌总数、大肠菌群和致病菌等微生物指标。为保证食品安全，世界各国一般都把食品安全卫生标准作为国家强制性标准。食品加工过程不仅要满足消费者对食品的感官营养要求，更要控制有毒有害物质的污染，食品加工必须遵循经食品安全监督管理机构认可的强制性作业规范，确保食品的质量安全。

通过控制影响产品营养价值、安全性和货架期的因素，保证食品质量，首先要研究从农产品到食品加工全链条中的手段和方法对产品内在质量和外在质量特性的影响程度，还要研究获得安全的农产品及食品的技术和措施。例如，食品加工过程中可以去除大量的病原菌和腐败微生物，但不能去除耐热性毒素、许多环境污染物和残留物等。因此，食品质量必须从农田（牧场）到餐桌的所有阶段进行控制。影响食品质量的因素有动物生产条件、动物的运输和屠宰条件、植物产品的栽培和收获条件、食品加工条件及食品储存和销售条件。

（1）动物生产条件

动物生产可以分为肉类产品（猪肉、牛肉、羊肉、禽肉等）和动物产品（牛奶、鸡蛋等）。动物生产条件可以直接或间接地影响食品内在质量特性，如食品的感官品质和安全性。动物生产系统特征（如育种、喂养、动物生活条件、健康状况等）会影响食品外在质量特性。影响食品质量的动物生产条件包括品种的选择、饲料组成、饲养方式、圈舍卫生，动物健康状况和兽药使用情况等。

（2）动物的运输和屠宰条件

动物的运输和屠宰条件可以影响食品内在质量特性。动物如在运输和屠宰过程中受到挤压、惊吓、过冷、过热等对肉类的品质有负面影响。动物的运输过程中应注意合理的装载密度、装载和卸载的设备、运输持续的时间等，消除或减少运动物运输、屠宰过程中的挤压、惊吓，避免造成动物应激反应，导致肉质变暗、变硬和干燥。屠宰场卫生条件差和器具未清洗消毒，由病原菌导致食品安全性问题，腐败微生物会引起货架期缩短。

（3）植物产品的栽培和收获条件

栽培和收获条件可以影响新鲜产品和加工产品的营养成分和感官品质。栽培期间影响质量的主要因素有品种、栽培措施、栽培环境等。收获条件、收获时间和收获时的机械损伤也同样会影响产品的质量。因为谷物、水果、蔬菜在生长和成熟过程中会发生许多生物化学变化，如谷物在成熟过程中糖会转化为淀粉，水果在成熟过程中细胞壁组分的变化会引起水果的软化、香类成分及其前体物质的形成会改善水果的口感，蔬菜在成熟过程中通常叶绿素会减少，同时胡萝卜素和类黄酮的合成会增加。收获时间会影响这些生物化学过程的发展，从而影响产品质量。机械损伤在收获和运输过程中都会发生，植物组织遭到破坏后，通过本身的生物化学机制，可以使创伤恢复，但会产生疤痕，同时伤口恢复时产生的乙烯可以促进植物呼吸，造成植物成熟和衰老，缩短其货架期。此外，机械损伤有利于酶和底物的接触，产生酶促褐变和氧化变色等不良变化。

（4）食品加工条件

食品加工是控制食品质量的最重要环节，可以通过控制原辅材料、改进工艺过程等手段，赋予食品良好的外观、风味和口感，增强其安全性和保藏性。如肉制品采用食盐、亚硝酸盐、糖及其他辅料腌制加工处理后，色泽、风味得以改善，并提高了保藏性；大豆经热加工处理，钝化了胰蛋白酶抑制素、红细胞凝集素等抗营养因子，提高了安全性；面包经过高温焙烤产生美拉德反应，赋予产品金黄色的色泽和诱人的焙烤香味。食品加工过程中若工艺技术方法不当，则会产生一些质量问题。如加热处理过度会破坏食品中的一些营养素和生物活性物质，甚至对食品外观、风味造成不良影响；加热杀菌不彻底会造成致病菌繁殖产生毒素，滥用食品添加剂会造成化学有害物质对食品的污染，影响食品的食用安全性。

加工条件对食品质量具有重要影响。加工食品的特性是由农产品原料的性质、配方的各个成分与加工条件决定的。影响食品质量的主要加工条件有加热/冷冻温度和时间、干燥与水分活度、发酵与 pH 值、食品添加剂和加工卫生条件等。食品加工工艺技术的选择，需要综合考虑多方面的因素，使营养素损失最小，感官风味良好，并提高其安全性和贮藏稳定性，从而生产出品质最佳的食品。

1）热加工。许多食品加工操作利用增加热能来提高产品温度，达到延长食品货架期和改善食品口感风味的目的。热加工可以分为保藏热处理和转化热处理两种类型。保藏热处理包括商业杀菌、巴氏杀菌和热烫等，商业杀菌旨在杀死食品中的致病菌和腐败菌，主要用于罐藏食品的加工。巴氏杀菌用以消除食品中的致病菌营养细胞，并减少腐败菌的数量，从而在低温下延长食品的安全食用期。热烫主要用于钝化水果和蔬菜中的酶，从而增加果蔬加工和贮藏过程中的稳定性。转化热处理包括蒸煮、焙烤和油炸等，主要用于食品的熟制加工，并改善食品的质地、色泽和风味。热加工能钝化食品中一些诸如皂苷、胰蛋白酶抑制剂之类的抗营养因子，但也会造成维生素等一些营养素的损失。

2）冷加工。通过去除热能来降低产品温度，并在贮藏销售过程中维持低温，从而抑制食品中微生物的生长繁殖，达到延长食品货架期的目的。冷加工操作有冷却和冷冻两种类型。冷却是将温度降低到 $0 \sim 8℃$，通过低温冷藏来有效控制腐败微生物及一些鲜活农产品本身的生命活动，在一定的期限内保持食品的食用品质，如水果蔬菜的冷藏可达数月，而冷鲜肉和酸奶等的冷藏时间只有几天。冷冻加工是将温度降低到水的冰点以下，使食品中的水分发生相变，通过低温冻藏抑制微生物的生长和繁殖，达到长时间保持食品食用品质的目的，随着从加工、运输、销售直至消费环节的冷链系统的完善，冷冻食品能在长达数月的时间内保持足够稳定的良好品质。

3）脱水加工。除去食品中的水分，利用低水分条件来限制微生物的生长繁殖，从而延长食品货架期。脱水加工包括浓缩和干燥两种类型。浓缩是从液态食品中除去足量的水分，使食品的固形物浓度增加到 $40\% \sim 50\%$，达到限制微生物对水的利用的浓度，从而控制微生物的生长繁殖。干燥是几乎完全脱去食品中可以被微生物利用的水分，抑制微生物生长繁殖，达到在常温条件下长时间保持食品食用品质的目的。水分活度是影响脱水食品储藏稳定性的最重要因素。降低干制品的水分活度，就可抑制微生物的生长发育、酶促反应、氧化作用及非酶促褐变等变质现象，从而使脱水食品的储藏稳定性增加。当食品的水分活度为其单分子吸附水所对应值时，脱水食品将获得最佳的储藏质量。

4）发酵加工。利用某些有益微生物的发酵作用，产生和积累一些代谢产物如乳酸、醋酸、酒精和抗生素等，建立起可以抑制腐败菌和其他有害微生物生长的环境条件，从而延长食品保藏期。酸和酒精等发酵的主要产物是抑制腐败菌生长的有效物质，如乳酸发酵只要乳酸浓度达到 $0.6\% \sim 0.8\%$ 时就可以抑制腐败微生物和酶的活动，而腌制果蔬时通常需要 $3\% \sim 7\%$ 的盐液浓度才能抑制腐败微生物的生长。发酵食品的生产中，微生物将乳糖发酵转化成乳酸，从而降低了制品的 pH 值，形成了该食品特有的风味和质地；同时，较低的 pH 值能够抑制有害微生物的生长繁殖，从而提高了食品的贮藏性。微生物的发酵产酸不仅可以为发酵食品提供柔和的酸味、形成特定的风味，还可以抑制食品中有害微生物的生长繁殖。例如，肉毒杆菌在 pH 值低于 4.5 时就难以生长及产生毒素，因此在高酸性发酵食品中一般不会有肉毒杆菌的生长。醋酸发酵主要用于食醋及果醋等发酵食品的生产中。醋酸杆菌作用于食品原料后，可以代谢某些食品原料生成乙酸，一定浓度的乙酸也可以抑制腐败微生物的生长和代谢活动，因而起到了防腐的作用。食品发酵保藏必须控制微生物的类型和环境条件，对贮藏条件有较高的要求，其保藏期相对较短。

5）栅栏技术，又称联合保存或屏障技术，是根据食品内不同保藏因子（栅栏因子）的协同作用或交互效应使食品的微生物达到稳定性的食品防腐保鲜技术。常用的栅栏因子有温度、pH 值、水分活度（A_w）、氧化还原值（E_h）、压力、辐照、竞争性菌群、防腐剂以及微波杀菌、高压电场脉冲等物理杀菌。不同的栅栏因子有效针对微生物细胞的不同目标，如针对细胞膜、DNA、酶系统、pH 值、A_w 或 E_h。食品中各栅栏因子具有协同作用性，两个或两个以上因子相互作用强于这些因子单独作用累加。这些栅栏因子的交互效应不仅能破坏食品微生物的内平衡，使微生物失去生长繁殖能力，处于停滞期，甚至死亡，从而提高食品的稳定性和卫生安全性，而且与食品的总质量密切相关，由于各栅栏因子协同作用、互相作用的影响，使得在保藏技术中，可以降低各个因子的使用强度，从而提高食品的营养与感官品质。

6）食品添加剂，是指为改善食品品质和色、香、味，以及为防腐和加工工艺的需要而加入食品中的化学合成或天然物质。在食品添加剂的使用中，除保证其发挥应有的功能和作用外，最重要的是应保证食品的安全卫生。食品添加剂使用时应符合以下基本要求：不应对人体产生任何健康危害；不应掩盖食品腐败变质；不应掩盖食品本身或加工过程中的质量缺陷或以掺杂、掺假、伪造为目的而使用食品添加剂；不应降低食品本身的营养价值；在达到预期效果的前提下尽可能降低在食品中的使用量。在下列情况下可使用食品添加剂：保持或提高食品本身的营养价值；作为某些特殊膳食用食品的必要配料或成分；提高食品的质量和稳定性，改进其感官特性；便于食品的生产、加工、包装、运输或贮藏；使用的食品添加剂应当符合相应的质量规格要求。

7）加工卫生。在食品加工过程中，食品原料的初始污染和生产中的交叉污染都会严重影响产品的安全性和货架期。农产品原料收获期间和动物屠宰过程中的各种因素和卫生条件都可以影响原材料的原始污染程度。加工过程中的污染主要有不当的个人卫生、未过滤净化的空气、产品之间的交叉污染等。农业生产和食品加工企业应逐步建立和实施良好农业规范（good agricultural practices，GAP）、良好生产规范（good manufacturing practice，GMP）、危害分析与关键控制点（hazard analysis and critical control point，HACCP）和 ISO 22000 等食品安全管理体系，形成一套可操作的作业规范，帮助企业改善卫生环境，及时发现生产过程中存在的问题，并加以改善。

（5）食品储存和销售条件

包装、储存和销售条件对食品质量有显著的影响。包装是维持通过加工操作建立的产品特性所必须的重要工序，要维持通过加工所建立的食品货架期，必须根据产品特性选择合适的包装材料和包装容器，满足食品流通销售中避免微生物二次污染与产品氧化或吸湿等要求，并方便消费者的开启食用。对于包装的加工食品，影响产品质量的主要因素是储存温度和保存时间，并要选择具有阻止水分和氧气扩散的包装材料。对于新鲜果品蔬菜的保藏，通常采用维持食品最低生命活动的保藏方法。新鲜果蔬是有生命的生物体，具有抵御微生物入侵的天然免疫性。但生命活动越旺盛，果蔬内贮存物质的分解越迅速，组织结构也就随之而迅速瓦解，不易久藏。因此，必须建立一种维持果蔬最低生命活动的贮藏条件，抑制果蔬呼吸作用和酶的活力，以延缓营养物质的分解，减慢其衰老和变质的进程。温度是影响果蔬贮藏最重要的因素，采用低温贮藏可以有效降低果蔬的生命活动，同时适当控制贮藏环境中氧气和二氧化碳等气体成分的组成可以降低果蔬的成熟与衰老速度，从而延长果蔬的贮藏期。但是过低的贮藏温度，会使果蔬组织发生冷伤害，过度的缺氧贮藏，会使果蔬进行无氧呼吸，反而加速其腐败。

1.3　质量管理的概念与食品质量管理的内容

1.3.1　管理的概念和方法

食品质量是设计、制造出来的，也是管理出来的。没有质量管理，产品质量就没有保障，企业就没有市场竞争力。

（1）管理的定义及职能

管理是指一个组织为了实现预期的目标，以人为中心进行的协调活动。即在特定的环境下，管理者通过执行计划、组织、领导、控制等职能，整合组织的各项资源，实现组织既定目标的活动过程。

管理包括4个含义：管理是为了实现组织未来目标的活动；管理工作存在于组织中，它服务并服从于组织目标；管理的工作本质是协调；管理工作的重点是对人进行管理。

管理具有计划、组织、领导、控制四大基本职能。

1）计划。研究活动条件、制定业务决策、编制行动计划。管理者需要拟定组织的愿景和使命，分析内外部环境，确定组织目标，提出组织前进的方向和方法，并根据现有的资源，抓住机会和规避风险，制定全局性的发展规划，并将它们细化成各个阶段的子计划。

2）组织。根据既定目标，对组织结构、人员配置和资源分配进行合理安排，启动并维持和监视组织运转。包括设计组织结构、建立管理体制、分配权力、明确责任、配置资源以及构建有效的信息沟通网络等。

3）领导。包括指挥和协调，要求管理者指引目标方向、激励员工士气、打造企业文化。指挥是指管理者通过信息渠道和领导手段影响组织成员，引导他们向组织目标努力的过程。包括组建团队、激励下属、指导他们的活动、选择有效的沟通渠道以及解决冲突等。协调是指确保组织内部各部分或成员的行动服从于整体目标的过程。保证各项活动不发生矛盾、冲突和重叠，通过调整人际关系、疏通环节等方式达成平衡。

4）控制。涉及对组织绩效的监控，将实际工作绩效与预定标准进行比较。要求管理者纠偏组织行为、控制内外风险、收集信息反馈等。需要根据标准及规则，检查监督各部门、各环节的工作，判断是否发生偏差和纠正偏差。当出现偏差时，管理者需采取纠正措施以确保组织工作的正确方向和目标的实现。

（2）管理方法

管理方法是指用来实现组织目标而运用的手段、方式、途径和程序等的总称。管理的基本方法包括行政管理方法、法律管理方法、经济管理方法、数学管理方法和思想工作方法。

1）行政管理方法是指行政机构通过行政命令、指标、规定等手段，按照行政系统和层次，以权威和服从为前提，直接指挥下属行动的管理方法。具有权威性、强制性、稳定性、具体性等特点。

2）法律管理方法是指运用法律这种由国家制定或认可并以国家强制力保证实施的行为

规范以及相应的社会规范来进行管理的方法。具有规范性、严肃性、强制性、概括性等特点。

3）经济管理方法是指组织根据客观规律，运用各种经济手段，调节各方面之间的经济利益关系，以获取较高经济效益与社会利益的管理方法。具有利益性、灵活性、平等性、多样性等特点。

4）数学管理方法是指在研究经济活动的数量变化规律的基础上，运用有关数学知识和具体数据，通过建立、计算、分析和研究数学模型来实施管理职能，对企业生产经营活动进行管理的方法。具有科学性、概括性、精确性、可操作性等特点。

5）思想工作方法是指组织根据一定目的和要求，对被管理者进行有针对性的思想道德教育，启发其思想觉悟，以便自觉地根据组织目标去调节各自行为的管理方法，是一种通过思想教育、社会舆论、榜样示范等旨在提高人的素质的管理方法，具有目的性、启发性、艺术性、长期性等特点。

1.3.2　质量管理的定义和方法

质量管理指在质量方面指挥和控制组织的协调活动，是指确定质量方针、目标和职责，并通过质量体系中的质量策划、控制、保证和改进来使其实现的全部活动，即实现质量目标进行的管理性质活动。

（1）质量管理的定义及内涵

朱兰对质量管理的基本定义：质量就是适用性的管理，市场化的管理。费根堡姆的定义：质量管理是为了能够在最经济的水平上并考虑到充分满足顾客要求的条件下进行市场研究、设计、制造和售后服务，把企业内各部门的研制质量、维持质量和提高质量的活动构成为一体的一种有效的体系。

国际标准化组织（ISO）的定义：质量管理是在质量方面指挥和控制组织的协调的活动。

我国国家标准 GB/T 19000—2016 等同采用国际标准 ISO 9000：2015，对质量管理体系的诠释是：质量管理体系包括组织确定其目标以及为获得期望的结果确定其过程和所需资源的活动；质量管理体系管理相互作用的过程和所需的资源，以向相关方提供价值并实现结果；质量管理体系能够使高级管理者通过考虑其决策的长期和短期影响而优化资源的利用；质量管理体系在提供产品和服务方面，给出了针对预期和非预期的结果确定所采取措施的方法。

质量管理的发展与工业生产技术和管理科学的发展密切相关。现代关于质量的概念包括对质量社会性、质量经济性和质量系统性三方面的认识。

质量社会性。质量的好坏不仅从直接的用户，而是从整个社会的角度来评价，尤其关系到生产安全、环境污染、生态平衡等问题时更是如此。

质量经济性。质量不仅从某些技术指标来考虑，还从制造成本、价格、使用价值和消耗等几方面来综合评价。在确定质量水平或目标时，不能脱离社会的条件和需要，不能单纯追求技术上的先进性，还应考虑使用上的经济合理性，使质量和价格达到合理的平衡。

质量系统性。质量是一个受到设计、制造、安装、使用、维护等因素影响的复杂系统。产品的质量应该达到多维评价的目标。费根堡姆认为，质量系统是指具有确定质量标准的产品和为交付使用所必须的管理上和技术上的步骤的网络。

（2）质量管理的方法

质量管理方法是指以保证产品质量为核心而采取的一系列经营管理方法的总称。质量管理是组织内部对产品、服务或流程的管理和评估，以确保其满足特定的质量要求。有效的质量管理方法可以帮助组织提高产品和服务的质量，并使其更具竞争力。

1）朱兰质量管理三部曲。朱兰所倡导的质量管理理念和方法始终深刻地影响着全球企业界，并引领世界质量管理的发展方向。他的"质量设计、质量控制和质量改进"被称为"朱兰质量管理三部曲"。

质量设计是指为实现质量目标的准备过程。它是为建立有能力满足质量标准化的工作程序，包括确定顾客、明确顾客要求、开发具有满足顾客需求特征的产品、建立产品目标、开发流程满足产品目标、证明流程能力等方面。

质量控制是指为实现质量目标的操作过程。质量控制可以为掌握何时采取必要措施纠正质量问题提供参考和依据，包括选择控制点、选择测量单位、设置测量、建立性能标准、测量实际性能、分析标准与实际性能的区别、采取纠正措施等方面。

质量改进是指突破原有质量水平，达到新高度的过程。更合理和有效的管理方式是在质量改进中被挖掘出来的，包括确定改进项目、组织项目团队、发现原因、找出解决方案、证明措施的有效性、处理文化冲突、对取得的成果采取控制程序等方面。

2）全面质量管理（TQM），是指以质量管理为中心，以全员参与为基础，目的在于通过让顾客满意和本组织所有者、员工、供方、合作伙伴或社会等相关方受益而使组织达到长期成功的一种管理途径。全面质量管理是一种综合的、全面的经营管理方式和理念，代表了质量管理发展的最新阶段。其根本目的是通过顾客满意来实现组织的长期成功，增进组织全体成员及全社会的利益。全面质量管理具有全面性、全员性、预防性、服务性和科学性等特点。

全面性是指全面质量管理的对象，是企业生产经营的全过程。全面质量管理要求对产品生产过程进行全面控制。强调质量管理工作不局限于质量管理部门，要求企业所属各单位、各部门都要参与质量管理工作，共同对产品质量负责。全员性是指全面质量管理要依靠全体职工。全面质量管理要求把质量控制工作落实到每一名员工，让每一名员工都关心产品质量。预防性是指全面质量管理应具有高度的预防性。以预防为主，就是对产品质量进行事前控制，把事故消灭在发生之前，使每一道工序都处于控制状态。服务性主要表现在企业以自己的产品或劳务满足用户的需要，为用户服务。科学性是指质量管理必须科学化，必须更加自觉地利用现代科学技术和先进的科学管理方法。科学的质量管理，必须依据正确的数据资料进行加工、分析和处理找出规律，再结合专业技术和实际情况，对存在问题作出正确判断并采取正确措施。

在全面质量管理中，质量与全部管理目标的实现有关，PDCA 管理循环是全面质量管理最基本的工作程序。在开展全面质量管理活动中，常用 7 种方法（统计分析表法和措施计划表法、排列图法、因果分析图法、分层法、直方图法、控制图法、散布图法）收集和分析质量数据，分析和确定质量问题，控制和改进质量水平。这些方法不仅科学，而且实用。全面质量管理具有以下显著优点：拓宽管理跨度，增进组织纵向交流；减少劳动分工，促进跨职能团队合作；实行防检结合，以预防为主的方针，强调企业活动的可测度和可审核性；最大限度地向下委派权力和职责，确保对顾客需求的变化做出迅速而持续的反应；优化资源利用，降低各个环节的生产成本；追求质量效益，实施名牌战略，获取长期竞争优势；焦点从技术手段转向组织管理，强调职责的重要性；不断对员工实施培训，营造持续质量改进的文化，塑造不断学习、改进与提高的文化氛围。缺点是宣传、培训、管理成本较高。

1.3.3　食品质量管理的内容

食品关系到人们的生命和健康，对食品质量的要求比一般消费产品更为严格。食品需要满足一系列特定的标准或条件，以确保其安全、健康和符合消费者的期望。食品不应含有任何有害物质，也不应受污染。卫生无害的要求包括食品在生产、加工、储存和运输过程中应保持清洁，防止细菌、病毒、寄生虫等有害生物的污染，以及避免食品与有害物质接触。食品应含有适当种类和数量的营养成分，以满足人体的营养需求。例如，食品应含有蛋白质、脂肪、碳水化合物、维生素和矿物质等基本营养成分，并且这些营养成分的含量应符合标准或规定。

食品质量管理主要内容包括质量方针、质量目标、质量设计、质量体系、质量控制、质量保证、质量改进、质量策划、质量计划、质量教育等。

（1）质量方针

质量方针又称为质量政策，是指由组织的最高管理者正式发布的该组织总的质量宗旨和方向。通常质量方针与组织的总方针相一致并为制定质量目标提供框架。质量管理原则可以作为制定质量方针的基础。对企业来说，质量方针是企业质量行为的指导准则，反映企业最高管理者的质量意识，也反映企业的质量经营目的和质量文化。从一定意义上来说，质量方针就是企业的质量管理理念。质量方针的基本要求应包括供方的组织目标和顾客的期望和需求，也是供方质量行为的准则。

质量方针是企业经营总方针的组成部分，不同的企业可以有不同的质量方针，但都必须具有明确的号召力。"以质量求生存，以产品求发展""质量第一，服务第一""赶超世界或同行业先进水平"等这样一些质量方针很适于企业对外的宣传，因为它是对企业质量方针的一种高度概括而且具有强烈的号召力。但是，就对企业内部指导活动而言，这样的描述、概括就显得过于笼统，因此需要加以明确，使之具体化。

（2）质量目标

质量目标是指组织在质量方面为满足要求和持续改进质量管理体系有效性方面的承诺和追求的目标。质量目标一般依据组织的质量方针制定，通常是对组织的相关职能和层次分别规定质量目标。企业质量目标的建立为企业全体员工提供了其在质量方面关注的焦点，同时，质量目标可以帮助企业有目的地、合理地分配和利用资源，以达到策划的结果。一个有魅力的质量目标可以激发员工的工作热情，引导员工自发地努力为实现企业的总体目标作出贡献，对提高产品质量、改进作业效果具有其他激励方式不可替代的作用。

质量目标按时间可分为中长期质量目标、年度质量目标和短期质量目标；按层次可分为企业质量目标、各部门质量目标以及班组和个人的质量目标；按项目可分为企业的总的质量目标、项目质量目标和专门课题的质量目标。要制定合理的企业质量目标，首先要明确企业存在什么问题，知道企业的强项和弱项，针对企业现状和市场未来的前景来制定企业目标。

（3）质量设计

质量设计是指在产品设计中提出质量要求，确定产品的质量水平或质量等级，选择主要的性能参数，规定多种性能参数经济合理的容差，或制定公差标准和其他技术条件。无论新产品的研制，还是老产品的改进，都要经过质量设计这个过程。产品设计过程的质量管理，关键就是要搞好质量设计。质量源于产品的设计和生产过程，质量设计贯穿于产品开发的始终，从原料到销售都要考虑质量因素。

质量设计包括 3 个基本活动过程。一是明确构成用户"适用性"的是什么，这个过程又称"市场研究质量"，要通过市场研究所取得的信息确定设计目标。二是选择产品或服务的概念以反映市场研究所确定的用户需求。这一步骤的结果称为"构思质量"或"概念质量"，即构思产品使设计目标完善化，努力使预期质量特性适应于市场的实际需要。三是把选择的产品概念转化成详细说明的产品规格。这一过程的结果也称"规格质量"，即实际设计规格与"适用性"等级需要相符合的程度。

（4）质量体系

质量体系是指为保证产品、过程或服务质量，满足规定或潜在的要求，由组织机构、职责、程序、活动、能力和资源等构成的有机整体。也就是说，为了实现质量目标的需要而建立的综合体；为了履行合同，贯彻法规和进行评价，可能要求提供实施各体系要素的证明；企业为了实施质量管理，生产出满足规定和潜在要求的产品和提供满意的服务，实现企业的质量目标，必须通过建立和健全质量体系来实现。

质量体系按体系目的可分为质量管理体系和质量保证体系两类，企业在非合同环境下，只建有质量管理体系；在合同环境下，企业应建有质量管理体系和质量保证体系。

（5）质量控制

质量控制（QC）是用于达到质量要求的操作性技术和活动，是质量保证的基础。质量控制是保证产品质量并使产品质量不断提高的一种质量管理方法。它通过研究、分析产品质量数据的分布，揭示质量差异的规律，找出影响质量差异的原因，采取技术组织措施，消除或控制产生次品或不合格品的因素，使产品在生产的全过程中每一个环节都能正常、理想地进行，最终使产品能够达到人们需要所具备的自然属性和特性，即产品的适用性、可靠性及经济性。

控制产品质量的全过程分为以下 3 个步骤。a. 订立质量标准。这是进行质量控制的首要条件。质量标准，一般分为质量基础标准、成品质量标准、工艺质量标准、原材料质量标准等。b. 收集质量数据。这是进行质量控制的基础。任何质量都表现为一定的数量，同时任何质量的特性、差异性都必须用数据来说明。进行质量控制离不开数据，质量的数据分两大类，即计量数据和计件数据。计量数据是可以连续取值的，或可以用测量工具具体测量出来，通常可以获得在小数点以下的数值数据；计件数据则是不能连续取值的，或即使用测量工具也得不到小数点以下的数据。c. 运用质量图表进行质量控制。这是控制生产过程中产品质量变化的有效手段。控制质量的图表有分层表、排列图、因果分析图、散布图、直方图、控制图、关系图、KJ 图、系统图、矩阵图、矩阵数据分析法、PDPC 法、网络图等。这些图表，在控制产品质量的过程中相互交错，应灵活运用。

（6）质量保证

质量保证（quality assurance，QA）是指致力于提供质量要求会得到满足的信任，即为使人们确信产品或服务能满足质量要求而在质量管理体系中实施并根据需要进行证实的全部有计划和有系统的活动。质量保证一般适用于有合同的场合，其主要目的是使用户确信产品或服务能满足规定的质量要求。

质量保证是以保证质量为其基础，进一步引申到提供"信任"这一基本目的。质量保证活动涉及企业内部各个部门和各个环节。从产品设计开始到销售服务后的质量信息反馈为止，企业内形成一个以保证产品质量为目标的职责和方法管理体系，称为质量保证体系。建立这种体系的目的在于确保用户对质量的要求和消费者的利益，保证产品本身性能的可靠性、耐用性和外观式样等。通过质量控制和质量保证活动，发现质量工作中的薄弱环节和存在的问题，再采取针对性的质量改进措施，进入新一轮的质量管理 PDCA 循环，以不断提高质量管理的成效。

（7）质量改进

质量改进，是为向本组织及其顾客提供增值效益，在整个组织范围内所采取的提高活动和过程的效果与效率的措施。质量改进致力于增强满足质量要求的能力。质量改进的对象是产品或服务质量以及与它有关的工作质量。质量改进的最终效果是获得比原来目标高得多的产品或服务。质量改进有既定的范围与对象，借用一定的质量工具与方法，满足组织更高的质量目标。

朱兰认为，质量改进的最终效果是按照比原计划目标高得多的质量水平进行工作。如此，工作必然得到比原来目标高得多的产品质量。质量改进与质量控制效果不一样，但两者是紧密相关的，质量控制是质量改进的前提，质量改进是质量控制的发展方向，控制意味着维持其质量水平，改进的效果则是突破或提高。质量控制是面对"今天"的要求，而质量改进是为了"明天"的需要。

（8）质量策划

质量策划是指确定质量以及采用质量体系要素的目标和要求的活动。它致力于制定质量目标并规定必要的运行过程和相关资源以实现质量目标。质量策划包括产品策划，对质量特性进行识别、分类和比较，并建立其目标、质量要求和约束条件。

质量管理体系的策划。这是一种宏观的质量策划，应由最高管理者负责进行，根据质量方针确定的方向，设定质量目标，确定质量管理体系要素，分配质量职能等。在组织尚未建立质量管理体系而需要建立时，或虽已建立却需要进行重大改进时，就需要进行这种质量策划。

质量目标的策划。组织已建立质量管理体系虽不需要进行重大改变，但却需要对某一时间段（如中长期、年度、临时性）的业绩进行控制，或需要对某一特殊的、重大的项目、产品、合同和临时的、阶段性的任务进行控制时，就需要进行这种质量策划，以便调动各部门和员工的积极性，确保策划的质量目标得以实现。例如，每年进行的综合性质量策划（策划结果是形成年度质量计划）。这种质量策划的重点在于确定具体的质量目标和强化质量管理体系的某些功能，而不是对质量管理体系本身进行改造。

有关过程的策划。针对具体的项目、产品、合同进行的质量策划，同样需要设定质量目标，其重点在于规定必要的过程和相关的资源。这种策划包括对产品实现全过程的策划，也包括对某一过程（例如设计和开发、采购、过程运作）的策划，还包括对具体过程（例如某一次设计评审、某一项检验验收过程）的策划。也就是说，有关过程的策划，是根据过程本身的特征（大小、范围、性质等）来进行的。

质量改进的策划。质量改进虽然也可视为一种过程，但却是一种特殊的、可能脱离了企业常规的过程。如果说有关过程的策划一旦确定，这些过程就可以按策划规定重复进行。质量改进则不同，一次策划只可能针对一次质量改进课题（项目）。这样，质量改进策划就可以是经常进行的，而且是分层次（组织及组织内的部门、班组或个人）进行的。质量改进策划越多，说明组织越充满生机和活力。

（9）质量计划

质量计划是指对特定的项目、产品或合同规定由谁及何时应使用哪些程序和相关资源的文件。质量计划提供了一种途径将某一产品、项目或合同的特定要求与现行的通用质量体系程序联系起来。虽然要增加一些书面程序，但质量计划无须开发超出现行规定的一套综合的程序或作业指导书。一个质量计划可以用于监测和评估贯彻质量要求的情况，但这个指南并不是为了用作符合要求的清单。质量计划也可以用于没有文件化质量体系的情况，在这种情况下，需要编制程序以支持质量计划。

质量计划编制的对象是特定的产品、项目或合同。质量计划的内容，应规定专门的质量措施、资源和活动顺序。质量计划应与质量手册的要求相一致，可参照手册中适用于特定情况的有关部分。质量计划应形成书面文件，它是质量体系文件的组成部分。质量计划通常是质量策划的一个结果，是针对特定对象的文件，是确定质量以及采用质量体系要素的目标和要求的活动。

（10）质量教育

质量教育是质量管理中一项重要的基础工作。通过质量教育不断增强职工的质量意识，并使之掌握和运用质量管理的方法和技术；使职工牢固地树立质量第一的观念，明确提高质量对于整个国家、企业的重要作用，认识到自己在提高质量中的责任，自觉地提高管理水平和技术水平以及不断地提高自身的工作质量，最终达到全员参与，全面质量管理的目的。

全员参与是指全体员工围绕着企业确定的宗旨和方向，有组织、有目标、有计划、协调有序地参与质量活动。全员参与是为了让每一位员工在一个适合发挥自己才干的环境里，充分地发挥自己的才能。处于不同岗位的员工，通过企业文化的熏陶，树立起正确的价值观，具有良好的理念和行为，并能够在思想上、行动上自觉地与企业保持一致，从而为企业实现预期目标奠定人力资源基础。产品的质量决定于企业全体人员，要求全员参与质量管理，必须不断地对全体人员进行质量教育，使他们在思想上高度重视质量，在管理上能掌握与自己工作相适应的质量管理方法。

1.4　产生质量问题的原因与提高质量的途径

1.4.1　产生质量问题的原因

在产品的设计和制造过程中，往往存在着不同程度的缺陷。即使是合格品，也常常由于不同程度的缺陷而被划分为不同的等级。产品在形成过程中出现缺陷是一个非常普遍的现象。人们自然迫切希望在产品的形成过程中，这些缺陷能够被及时消除或减少到最低程度，进而改进产品质量，降低成本，提高企业的经济效益。

要消除或减少缺陷，首先需要弄清楚引起产品缺陷的原因。为此，考虑一个大胆的假想，如果产品的设计是好的，生产原材料也符合要求，生产过程又始终稳定于一个最优状态，那么，在这种理想的环境中形成的产品一定是完美无缺的。然而，在实际中，这种理想状态是难以达到的。即使在设计完好的情况下，食品生产的原材料也常常存在差异，各个生产环节的工艺水平也存在偏差。正是在产品形成过程中，各个阶段存在的这种差异、波动，导致了最终产品的缺陷。要提高产品质量，减少产品的缺陷，就必须在产品形成的各个阶段，最大限度地减小、抑制和控制波动。

利用统计学的术语，可以把波动定义为"过程测量值的离差"。也有学者把统计波动定义为"相同单位产品之间的差异"。"波动"渗透到产品形成过程中的各个阶段、各个环节，将成为影响产品质量的大敌。因此，在产品设计和制造的过程中，不断识别"波动"的根源，进而将其减小控制到最小程度，就成为质量研究和实际工作者所面临的重要任务。

1.4.2　提高质量的途径

质量数据的波动有两类，一类是正常波动，另一类是异常波动。正常波动是由偶然性原因、不可避免的原因、正常原因造成的，不应由工人或管理人员负责，只能靠提高技术水平和科学水平来减少这类波动。这类波动是随机的，如原料成分的微小差异不容易被识别。但是，随机事件的变化是具有一定统计规律性的，如在实际中遇到的许多随机事件大都服从正态分布，因而，随机事件的变化是可以认识的。异常波动是由系统性原因造成的波动，产品质量发生显著变化，如原料不合格是容易识别和确定的。

在产品的形成过程中，随机因素的干扰引起了过程输出特性的波动。尽管这种随机波动是可以接受的，但人们还是希望能够最大程度地减小或消除这种随机波动。事实上，随机因素是一个相对的概念，随着科学技术的不断进步，也许过去被认为是不可控制，甚至不可识别的随机因素，在现代科学技术的条件下，变成了可以控制的系统因素。因而，随机因素并非一成不变的，它受所处的时空制约。随机因素可以转化的思想，为人们在产品质量的形成过程中不断削弱随机因素、加强系统因素，进而减小和控制过程输出产生的随机波动提供了理论依据。

现代质量科学的主题是持续的质量改进，尤其是低投入下进行的全面质量改进。削弱随机因素，减小和控制波动有不同的途径。传统的技术途径缺乏管理学知识，不作计划预算等质量管理，之后的管理学途径以管理学的原理来管理质量，对工艺和技术参数知识的重视不够。现代技术—管理途径同时使用技术和管理学的理论和模型来预测生产体系，并适当改良这一体系，质量问题是技术和管理学相互作用的结果。因此，提高质量应该从管理层面和技术层面同时着手，概括起来就是质量管理、质量工程技术和技术创新。

（1）质量管理

质量管理活动包括制定质量方针和质量目标，以及通过质量策划、质量控制、质量保证和质量改进实现这些目标的过程。从内容上来看，包括质量管理战略策划、质量设计与控制、质量信息与分析、质量检验与标准化管理、质量审核与认证等方面的内容。

任何质量改进都是从质量管理的概念开始，特别是需要强调建立起一种企业质量文化，其中包括企业高层领导持续有力的支持，面向顾客、基于事实的决策，加强过程管理，全员参与，持续改进，与供方的互利合作关系，团队精神，教育和培训等。

任何组织都有自己的质量目标，战略质量策划是一个为建立和满足整个组织目标的系统方法，包括质量保证手册、质量策划工具、质量功能展开、质量成本等。

戴明将质量活动描述为一个由供应商、组织内部过程和顾客组成的系统。戴明认为任何一个组织都是一个由供应者、输入、流程、输出、还有客户这样相互关联、互动的五个部分组成的系统。这五个部分的英文单词的第一字母就组成 SIPOC，因而把其称作 SIPOC 组织系统模型。供应商（supplier）是指向核心流程提供关键信息、材料或其他资源的组织。之所以强调"关键"，是因为一个公司的许多流程都可能会有为数众多的供应商，但对价值创造起重要作用的只是那些提供关键东西的供应商。输入（input）是指供应商提供的资源等。通常会在 SIPOC 图中对输入的要求予以明确，如输入的某种材料必须满足的标准，输入的某种信息必须满足的要素等。流程（process）是指使输入发生变化、成为输出的一组活动，组织追求通过这个流程使输入增加价值。输出（output）是指流程的结果，即产品。通常会在 SIPOC 图中对输出的要求予以明确，如产品标准或服务标准。输出也可能是多样的，但分析核心流程时必须强调主要输出甚至有时只选择一种输出，判断依据就是哪种输出可以为顾客创造价值。顾客（customer）是指接受输出的人、组织或流程，不仅指外部顾客，而且包括内部顾客，如材料供应流程的内部顾客就是生产部门，生产部门的内部顾客就是营销部门。对于一个具体的组织而言，外部顾客往往是相同的。SIPOC 系统模型作为一种思想方法，对于一个组织来讲其重要指导意义就在于，它将过去一直被人们当作组织以外的部分，即客户和供应商，与组织主体部分放在一起，作为一个整体来研究。同时 SIPOC 系统特别强调系统的目标与系统的设计密不可分。实际上没有恒久而明确的目标，就无从开始设计一个组织。

标准是以往宝贵经验的总结，也是进一步提高质量水平的基础，是质量管理的重要组成部分。最著名的标准是国际标准化组织颁布的 ISO 9000 族标准，它提出了建立、健全组织质量体系的基本要求，已被世界各国普遍接受和采用。实施标准化管理是组织实现全面质量改进的基础。

依据标准建立的质量管理体系，其实施和运行是一个动态过程，是一个通过质量体系审核与评审不断提高、逐步改进和完善的过程。为了进入国际市场，提高企业的质量信誉，许多企业已经或正在实施质量体系认证。ISO 9000 认证通常被看作是质量管理的新起点，企业必须利用质量管理的思想和方法以及质量工程技术，在认证的基础上，持续不断地进行质量改进。在获得和总结新经验的基础上，进一步丰富和改进认证使用的标准。认证不代表质量管理的终结，而是实施全面质量改进的新起点。

（2）质量工程技术

质量工程技术的应用是提高质量的一个有效途径。质量工程一词最初由日本质量工程专家田口玄一博士提出，田口博士认为他的方法是一种工程的方法，而工程与科学之间有很大的差别存在。科学是追求能够说明自然现象的法则，以找出唯一的正确法则为目的而努力。在工程的领域里，拥有同样功能的产品可用各种方法来设计与制造。

　　质量工程的核心是减小、抑制和控制产品形成过程中出现的波动，这是由工程上新的质量损失原理所决定的。新的质量损失原理认为，质量特性只要偏离设计目标值，就会造成质量损失，偏离越大，造成的损失就越大。为了改进和提高质量，降低成本，就必须最大程度地减小和控制围绕设计目标值的波动。质量工程技术主要涉及以下内容。

　　1）识别/确定关键特性。关键质量特性是指产品或原材料可能对最终产品的主要功能、安全性、可靠性或成本造成显著影响的特性。识别/确定关键特性的常用方法有头脑风暴法、帕累托分析（排列图）、需求分析、质量损失函数、风险分析等。

　　2）质量设计技术，包括技术开发、产品和工艺设计及优化等。质量设计试图在产品或工艺过程的设计中考虑稳健性，即在各种噪声因子的干扰下，使产品或过程的波动尽可能小。常用的实现技术有田口方法、经典的试验设计、计算机试验设计与分析、响应曲面与双响应曲面以及广义线性模型等。

　　3）过程监控技术。过程监控的目的主要是维护过程的设计水平，使过程处于稳定的运行状态，并提供减小过程波动所需要的信息。过程监控技术可以分为两类，一类是统计过程分析，另一类是工程过程控制。统计过程分析的基本原理是小概率事件原理，并连续地进行假设检验。其目的是维护过程的运行，一旦发现失控信号，及时查找失控原因，从而达到减小波动、维护过程正常运行的目的。其内容主要包括过程能力评价、过程分析与诊断，以及各种控制图的应用，如常规的休哈特控制图、累积和控制图等。工程过程控制则通过控制方程，自动监测调整，通过前馈或反馈的方式，使过程输出波动尽可能小。

　　4）测量系统分析。测量系统研究的主要目标是从整个波动中分离出量具波动和生产过程自身的波动，进而减小量具的波动，优化测量系统，特别是定量计量器具的重复性和再现性，以确定用于收集数据的测量设备的精度。

　　5）可靠性工程技术，主要包括可靠性模型、可靠性设计和可靠性寿命分析。许多可靠性模型基于故障模式。可靠性模型中最重要的设计参数是故障率和平均寿命。寿命分析的基本方式是故障模式与效果分析（failure mode and effect analysis，FMEA）和故障树分析（fault tree analysis，FTA）。

　　（3）技术创新

　　技术创新包括新能源、新材料、新设备、新工艺的引入；新技术、新工艺的开发；企业或生产组织的变革，如同步工程、再造工程等。技术创新是建立在不断地汲取其他相关领域新技术的基础上的，是动态的、相对的。创新是企业的灵魂，并贯穿于组织经营的全过程，包括产品创新、工艺过程创新、生产手段创新、管理创新、组织创新及市场创新等。技术创新指生产技术的创新，包括开发新技术或将已有的技术进行应用创新。科学是技术之源，技术是产业之源，技术创新建立在科学真理的发现基础之上，而产业创新主要建立在技术创新基础之上。熊彼特（J. A. Schumpeter）1912年在《经济发展理论》中指出，创新是指把一种从来没有过的关于生产要素的"新组合"引入生产体系。这种新的组合包括：a. 引进新产品；b. 引用新技术，采用一种新的生产方法；c. 开辟新的市场（以前不曾进入）；d. 控制原材料新的来源，无论这种来源是否已经存在，还是第一次创造出来；e. 实现任何一种工业新的组织，如生成一种垄断地位或打破一种垄断地位。技术创新常常带来质量的飞跃，萨塞克斯大学的科学政策研究所（Science Policy Research Unit，简称 SPRU）根据重要性对创新进行分类：一是渐进性创新（incremental innovation），即渐进的、连续的小创新；二是根本性创新（radical innovation），即开拓全新领域、有重大技术突破的创新；三是技术系统的变革（change of technology system），这类创新将产生具有深远意义的变革，通常出现技术上有关联的创新群；四是技术—经济范式的变更（change in techno-economic paradigm），这类创新将包含很多根本性的创新群，又包含很多技术系统变更。

技术和管理结合起来必然能够产生质量的突破。企业要获得竞争优势，必须把质量管理、质量工程技术和技术创新有机地结合起来，质量管理和质量工程技术的应用是持续的，而技术创新是属于阶段性的，即在技术创新之后，要持续不断地利用质量管理和质量工程技术，不断减少波动，实施质量改进。质量管理和质量工程技术的共同特点是在低投入下进行的改进，这样生产出的产品才有市场竞争优势。20 世纪 60 年代，日本人从西方买来专利（技术创新的产物），不断地进行质量改进后，返回并抢占西方市场，这正是日本人善于利用质量管理和质量工程技术所产生的效应。相比之下，20 世纪 80 年代以前，包括美国在内的西方发达国家过分依赖昂贵的技术开发，而忽视质量管理和质量工程技术在持续质量改进上的应用，在一定程度上影响了质量提升和市场份额。实际上，技术创新是质量的突变或质变过程，而质量管理和质量工程技术是质量的量变过程，"量变"和"质变"的无限往复是企业高质量可持续发展的必由之路。

思考题

1）什么是质量，如何理解质量概念的演变？
2）产品质量包含哪些特性？
3）如何理解质量的表现形式和质量形成过程？
4）结合戴明循环，简述质量控制和质量改进的基本原理和步骤？
5）食品质量特性包括哪些内容，影响因素有哪些？
6）什么是质量管理？简述质量管理的方法和主要内容。
7）如何理解质量三角形、质量观点和判断标准？
8）质量管理经历了哪几个发展阶段？各个阶段的主要特征是什么？
9）试分析质量问题产生的原因，提高产品质量的途径有哪些？

课程思政案例

质量理念与质量管理的发展过程

2 食品质量设计

调查显示，70%以上的成本由产品设计阶段所决定，一流的质量来源于一流的设计，设计是质量的源头，因此质量设计是质量管理的第一步。质量设计的目的是创造满足顾客需求的产品特征，设定质量目标并确保这些目标能在生产运营中持续达成。产品质量设计始于识别顾客，详细分析和理解他们的需求。美国著名的质量管理专家朱兰博士认为：产品质量就是产品的适用性，即产品在使用时能成功地满足用户需要的程度。因此，质量设计应力求满足消费者的需求与期望。衡量产品质量设计成功与否可参考下列要素：a. 满足恰当规定的需要、用途或目的；b. 满足消费者的期望；c. 符合适用的标准和规范；d. 符合社会法律、法规要求；e. 以有竞争力的价格及时提供；f. 使其成本适当，能为公司盈利；g. 具有适当的生产性能并对环境的影响降至最低；h. 具有良好的食品安全性。所以说，质量设计是一项涉及众多因素的复杂工作。

2.1 质量设计的意义和工作程序

2.1.1 质量设计的意义

对于一个产品来说，会经历从设计到工艺，到原料选择、设备调试、加工，到包装、检验，再到销售服务等众多的环节，其中任何一个环节的控制，都将对其质量产生重大的影响。一般来讲，产品越到后端，发生的质量问题越突出，所以企业就会集中越多的人力、物力去解决。然而，这些质量问题的出现，并不仅仅是这单一过程的问题，而是前端过程的某些环节和因素失控累加的结果。设计是质量的源头。设计上存在严重缺陷，无论制作工艺多么先进，所采用的原材料多么可靠，生产者多么认真负责、出厂检查多么严格苛刻，也不可能交付给用户高质量的产品。许多质量安全事故，都能够从设计环节找到根源。

朱兰认为质量源于设计。每次新产品导入的过程中总是会存在某种程度的冲突。如果存在多位客户，他们的需求可能会发生冲突。即使是同一位客户，其需求也有可能会彼此冲突。产能和速度与运营成本存在冲突。产能与速度存在冲突。灵活性高、特性丰富的产品/服务可能会导致易用性下降。

"质量源于设计"的实践提供了各种各样的工具和方法，帮助组织解决以上这些冲突，并且对客户最有利。某些工具需要大量的计算，而其他的工具则更注重客户行为。但所有这些工具和方法的重点都在于如何找到冲突的"黄金分割点"，让客户感觉得到了最佳的结果。有时候，创造性在产品开发中发挥的作用也会引发激烈的讨论。创造性和创新必须得到高度重视，而"质量源于设计"的实践让组织对功能设计、产品特性和目标以及生产设计都抱有较高的期望。这种实践能够通过其体系提供强有力的保障，使客户对最终设计感到满意并培养客户忠诚度，而在设计中发挥的创造性也能得到不错的回报。在遵循这种实践的公司中，创新结果不被接受或是设计中的创造性没能达到预期效果的风险相对低得多。在这种结构化的环境中，真正杰出的创新成功的概率会大幅提高，确保交付毫无缺陷的优秀设计。

变数无处不在。同样的需求在不同客户眼中的优先级别会相对发生变化，最终产品的表现会变化，生产流程和物料也会有变动。纵观现代经济史，大部分时期，生产者和消费者在出现变数时只不过是承受并设法纠正其后果。即使是现在，在我们对变动的性质和后果有了更全面的理解之后，许多的新产品导入过程依然要受变数的影响。而相应地，设计人员应该努力消除这些看似不可避免的变数，以防止其影响产品开发工作。

"质量源于设计"的实践吸收了最先进的现代化工具以控制变数，而不是承受变数带来的后果并亡羊补牢。这些工具和方法首先都会衡量和了解已经存在的变数。当然，在引入新产品时，总有些新的因素貌似会对我们根据历史数据衡量变数的能力构成限制。统计数据表明：产品的设计开发成本虽然仅占总成本的10%~15%，但决定了总成本的70%~80%。鉴于产品设计阶段对最终产品质量和成本有重要作用，人们越来越清楚地认识到好的产品质量是设计出来的。

2.1.2 质量设计的工作程序

质量设计过程贯穿于产品开发的始终，它包括对消费者及消费者需求的研究、产品和工艺的技术可行性研究、产品开发程序的实施、产品设计、过程设计、质量设计管理等。多年来，在质量设计中也引入了一些新的概念和方法，在某些食品企业产品开发时已有应用。如今，以满足消费者需求为主导的产品开发中，更应该积极引进国外先进的质量设计概念与方法，结合食品生产的特点，科学地加以应用，提高产品开发的成功率，保证食品的安全、卫生和高品质。

经过对产品开发中成功与失败案例的系统研究，发现其中重要的因素有消费者、开发组织、竞争和市场。对成功案例的研究表明，它们都具有以下特点：a.新产品增加了消费者的使用价值，消费者清楚产品的特点；b.产品开发的组织结构合理，公司高层及相关部门都参与产品开发组织中，领导重视和互相协调是走向成功的组织因素；c.具有积极的竞争力，包括生产规模和销售市场以及产品吸引力；d.对市场规模的正确评估和产品的准确市场定位。

2.2 新产品开发与质量设计过程

2.2.1 新产品开发

食品企业的生存和发展离不开持续不断的产品开发。市场经济必然存在竞争，企业能够适时推出市场需要的新产品，就会在竞争中处于有利地位，否则就有被淘汰的危险。以往食品的市场寿命往往可长达十年以上。随着市场经济的发展，食品的市场寿命期明显缩短。除去竞争因素外，消费者的需求快速变化和新材料、新技术、新装备的不断涌现也是重要因素。

（1）新产品的概念

新产品是指在一定地域内从来未试制生产过的，具有一定品质的产品。按国家规定，新产品必须符合下列条件：a. 在结构、性能、材质、技术特征等某一方面或几方面比老产品有显著改进和提高或有独创性；b. 具有先进性、实用性，能提高经济效益，有推广价值；c. 在一个省、市、自治区范围内是第一次试制成功的；d. 经过有关部门鉴定确认的。

产品的结构、性能等没有改变，只是在花色、外观、表面装饰、包装装潢等方面改进提高的产品不是新产品。

（2）新产品的分类

根据新产品种类的不同，在产品的设计阶段引入质量概念需要考虑许多因素。新产品可依设计过程的特殊要求而分为以下 7 种。

1）延续品。这是产品的新变种，如某产品配以新的口味或新风味以后，就称作某一产品的延续品。这种产品的设计过程只需要对原加工过程进行微小的改变和对市场战略进行小调整，可能对储存或使用方法有微小的影响。

2）重新定位品。这是对产品进行二次促销以对产品重新定位，如在对产品的保健功能较注重时，一种本身含有较高的维生素 E 的奶油制品就可以被重新定位。这种产品只需要市场部门的努力来占领特定的市场份额。

3）新样式产品。产品经过转换样式后（如变成液态、粒状、高浓度、固体或冷冻的产品）就变成了新样式产品。例如，把冷冻的即食比萨饼转变成可以冷藏的比萨饼时，所转化的产品的货架期显然降低了许多。与原产品相比，新样式产品的物理特点改变很大，因此这种产品可能需要较长的研发时间，就比萨饼的例子而言，产品的储存和分销条件也受到了很大的影响。

4）配方产品。用新配方或采用具有某种特殊性质的新原料生产市场上已有的产品。新配方是为了降低产品原料的花费、改善原料不足对产品的限制。新配方产品有好的外观和风味、更多的膳食纤维或较少的脂肪等新的特点。这种产品的设计过程花费少，所需时间也较短；然而，有时很小的变动可能会产生严重的后果，如产品的化学或微生物货架期，因此，提前预测或估计新配方产品可能产生的变化需要对食品技术有深刻的了解。

5）新包装产品。这种产品是用新包装对已有产品进行改装，如可以延长产品货架期的气调包装法；就设计过程而言，新的包装可能需要昂贵的包装机械，但有时为了新的用途，可以制成新配方的产品（如微波包装）。

6）新产品。在原产品的基础上，加以新的改变（除了以上的改变外）而得到的产品。这种改变应产生新的附加值，需要的改变越多，设计过程就越长。为了让消费者接受这种新的改变，产品的推销也可能非常昂贵。然而，某些情况下，新产品所需的时间和金钱则较少，如把冷冻的蔬菜和配料放在一个盘子上就变成了一种很好的即烹食品。

7）全新产品。全新产品指的是市场上从未见过的产品。这种产品通常需要相当长的研发过程，花费很高，而且失败概率较高。并且一旦产品获得成功，仿制品就会很快充斥市场。在开始产品研发之前，通常需要评价产品的特点以便考虑不同做法所产生的后果（如技术、市场推销、包装技术等）。

（3）新产品开发的重要性

新产品开发是从社会和技术发展的需要出发，以科学研究成果为基础，研制新产品的创造性活动。它是把科研成果转化为生产力的主要环节，因此对国家、对企业都有重要意义。重大的新产品开发甚至对全世界都会产生一定的影响。

1）开发新产品是满足人民生活不断提高的需要。随着现代化建设的发展，劳动者的生活水平提高，城乡人民的消费倾向、消费结构等发生并将继续发生变化，要求供应他们更加丰富的生活消费品。民以食为天，开发各种食品新产品、新资源更是消费者的要求。

2）开发新产品是发展出口贸易的需要。我国实行对外开放，对内搞活经济的政策。要扩大产品出口，为国家多创外汇，就必须在国际市场上努力开发有竞争能力的新产品。我国的食品在世界上有较高的声望，有很多产品已打进国际市场，具有较强的竞争力，有的甚至能左右局势，如蘑菇罐头、芦笋罐头、蟹肉罐头、冻虾仁、鳝鱼片、鲜炸鲤鱼罐头（红梅牌）、上海海鸥酿造有限公司酿造六厂生产的海鸥牌优质酱油、杭州西湖味精有限公司的西湖牌结晶味精等。

3）开发新产品是企业生存和发展的需要。商品经济必然存在着竞争，企业的商品物美价廉，能够适时地推出市场需要的新商品，就会在竞争中处于有利地位，否则就有被淘汰的危险。

（4）新产品开发的特征

新产品开发的特征主要表现在不确定性、变革性、机遇性和高费用性四个方面。

1）不确定性。新产品开发的不确定性主要表现在市场需求的不确定性、技术的不确定性和企业管理的不确定性3个方面。

产品创新通常以现实或潜在的市场需求为出发点，开发出差异性的产品或全新的产品。然而，需求是随社会与环境的变化而不断变化的。对于新产品的开发，从市场调研获得的有关顾客的需求一般是模糊的、多种多样的、不确定的。因此，这种有关顾客需求的说明很可能是不完全的，有时甚至是不可行的。此外，顾客需求经常变化，很可能在设计持续期间，顾客又有了新的需求。这就造成了新产品开发在市场需求方面存在不确定性。

同时，产品创新是在市场需求的基础上，最终通过技术应用实现的。新技术的出现或技术不断地进步而产生新的或潜在的竞争者，导致了对现有的产品和新产品的规划具有很高的不确定性。技术创新具有复杂性和变革性，企业难以识别其所带来的全部机会和威胁。因此，新技术的出现及技术水平的提高，虽然赋予企业以技术能力提升的机会，但同时也会给新产品的开发带来压力和不确定性。此外，新技术使产品生命周期缩短，先前开发的产品可能还没有收回投资，就面临被更先进的技术淘汰的危险。

此外，新产品开发的过程中面临着外部环境的不确定性，源于各种利益相关者的市场风险和组织协同运作等一些完全未知或很难预测的因素，往往使新产品管理控制系统的信息交流和沟通面临着更大的挑战。而且，新产品开发在企业内部管理的层面上也存在着各种各样的不确定性。

2）变革性。新产品开发所需要的新思想或新的工作方式等，可能会打破现有组织内部已经形成的利益分配格局和组织传统。因此，企业在进行新产品开发时，可能会遇到各种阻碍。一方面，新产品的开发会遭到企业内部某些既得利益集团的阻碍；另一方面，随着源于新产品的企业竞争优势的增强，企业对潜在利润的追求又拉动了新产品的开发。因此，新产品开发所带来的变革大小，往往取决于新产品开发的阻力和动力之间的作用程度。

3）机遇性。一方面，新产品开发的机遇性表现在新产品的开发过程中存在着机遇；另一方面，新产品开发成功后，会给企业带来长期的机遇，获得竞争优势。

4）高费用性。虽然新产品的开发可以扩大企业的市场，增加潜在收益，但是由于各方面的不确定因素，也存在着较高的费用开支和与各种资金投入相伴的风险，即所谓的高费用性。

基于上述新产品开发4个方面特点的分析，可以归纳出新产品开发成功的关键因素主要包括以下3个方面：首先，企业应提供有差异化优势的产品。据统计，差异化程度高的新产品在市场推广中的成功率达到98%，中等程度差异化的新产品成功的概率为53%，差异化小的新产品成功率只有18%；其次，在新产品开发过程中对市场需求进行调查研究，把握正确的市场需求；最后，企业的资源和技术等各方面能力应与新产品开发项目的需要相匹配。总之，在新产品开发中，要综合考虑技术、市场、外部竞争和内部资源等各方面因素。

（5）影响食品开发的因素

影响食品质量实现的因素包括食品本身的物理特性、数量、价格和方便性等。技术参数主要影响产品本身的物理特性，而对于其中的内部和外部特征应当加以适当的区别。食品安全性、健康和感官特征属于内部特征，生产系统的选择和外界因素的影响则属于外部特征，而公司的管理活动影响产品的价格、数量、服务、方便性。

食品不同于其他非消耗性商品，食品本身和其生产的特点决定了生产和加工过程的特殊性。

1）内源质量特征的稳定性。食品的一种典型性质是在收获或加工后立即出现衰败的过程。化学、微生物、生理、酶和物理反应等衰败过程可以降低产品的内在品质（如颜色、风味、口感、质地、外观的变化和维生素的降解）。为了在保质期内保持产品理想的内在性质，必须建立稳定产品性质的方法。产品性质的稳定可以通过调节产品的组成（如调节水分活度和pH值，使用食品添加剂）、优化加工过程（控制温度、时间）和选用适当的包装方法。产品的研发过程中，对产品内在性质稳定性的检查应越早越好。

稳定产品质量的可能性和局限性对产品链的进一步推进有重要的影响，如分销渠道的选择。举例来讲，新鲜进口的牛肉常常需要空运，如果开发出一个新颖的包装方法，就可以改用较便宜的运输方法如海运。产品的微生物稳定性决定了分销条件的使用，如为了维持婴儿食品微生物的稳定性可以决定分销的条件，这些条件应在产品研发的早期就应给予考虑。

2）安全性。食品的安全性关系着消费者的身体健康，确保食品安全是食品供应者首要的任务，这是食品区别于其他产品的重要特点。对于消费者而言，食品安全正变得越来越重要。食源性致病菌的生长、有毒物质的存在和外来的物理危害都可以影响产品的安全性。食品开发的每一步都应对微生物的危害进行评估，对于影响微生物生长的所有因素都应考虑，如起始的细菌数、食品的营养组成、合适的加工参数（如正确的中心温度）以及卫生操作和卫生过程的设计。另外，安全食品可能由于不正确的分销条件或消费者的非正常使用（高温长时间储存有利于致病菌孢子的生长）而变得不安全。因此，产品开发过程中应检查由于生产或其他因素（分销、消费者）可能发生的潜在危害物。

3）产品的复杂性。食品，特别是加工品是非常复杂的，它含有许多不同的化学物质，它们不仅可以相互影响，而且也影响最终产品的内在质量。除此之外，复杂的物理、化学和酶反应随时都可能发生。因此，产品组成的改变可能会导致很大的变化。如板栗仁水分活度的提高可以提高其口感品质，但此条件有利于美拉德反应的进行而使产品变黑。

4）原材料的供给和变化性。不同于许多工业产品，农业和食品工业的原材料供应具有季节性。因此，原材料必须进口或用恰当的条件把它们储藏起来以度过短缺期。例如，有些水果和蔬菜可以冷冻储藏直到被加工，而有些可以在受控条件下储藏以延长货架期。然而，储藏条件和不同来源的原材料可以影响原材料的组成和最终产品的内在质量特性。对食品的质量而言，应尽量保持储藏条件的恒定，原材料的这种变化应在产品开发中给予考虑。此外，原材料的变化（因为气候和季节的变化）也为产品配方提出了特别的要求，建立产品的详细说明书时，应对原材料的变化加以考虑。根据配方和加工的不同，原料的差异对最终产品质量的影响并不相同。所有这些变化在产品的开发过程中都应加以考虑。

5）生产方法及加工对环境的影响。生产方法的选择或加工对周围环境的影响也可对产品质量的认知产生作用，因此在产品开发时，应对由于生产系统的特征（转基因食品、新颖的包装方法和原材料的来源等）使消费者对产品质量认可度产生的影响进行评价。对于食品而言，加工所产生的环境影响常常反映了所选择的食品包装方法（小包装、可回收包装、可重新使用的包装等），选用的包装方法除了要满足功能性的要求外，对环境的影响也应加以考虑。

6）食品与包装的相互作用。产品与包装间的相互作用可能降低产品的内在质量性质。它们间的相互作用包括食品成分向包装的扩散、外源物质通过包装向食品的扩散及包装所用材料物质向食品的扩散。如食品的风味物质可以扩散到聚合物的包装材料中，这不仅改变了食品的风味而且可能改变包装材料的性能。此外，包装中的物质，如色素添加剂、增塑剂和重金属，都有可能扩散到食品中而影响产品的风味，甚至产品的安全。因此在食品的研发过程中应尽早根据食品本身的特点选择合适的包装，而不是等到设计即将完成时才考虑。

（6）新产品开发的基本原则

1）从满足社会的需要出发。满足社会需要是企业生产的目的，也是企业产品开发的目的。这条原则并不是不关注经济效益，而是要在满足社会需要，坚持技术进步，有利于改善社会经济效益的前提下提高本企业的经济效果，创造更多的利润。

2）符合国家技术经济政策。为提高技术水平，合理使用资源和保护人民健康，国家在不同时期都要颁发有关的政策、法规和要求，特别是对食品的安全卫生性更应严格规定。为出口目的而开发的新产品，还要符合进口国的有关政策法令和习俗。

3）坚持技术上的适宜性。新产品要比老产品在技术上先进，这是不言而喻的。但是其先进性必须有个限度，即是要适宜的，适合我国国情的。如开发食品新产品，就要适合消费者的购买力水平和民族习惯。

4）坚持经济上的合理性。所谓经济合理，就是以最少的费用实现新产品开发的技术目标。这里的费用不仅包括产品开发和制造费，还包括商品销售和使用费。只有产品的综合费用最低，开发的新产品在经济上才是合理的。

（7）开发新产品的方式

1）独立研制，即企业在基础理论和应用技术研究成果的基础上，自己研制的独具特色的新产品。这要求企业有较高的技术水平，有较雄厚的人力和财力资源，因此，一般只有大中型企业才采用这种方式。

2）技术引进。在自力更生的原则下，利用国外或国内其他省、市、自治区已有的成熟技术从事新产品开发的方式叫技术引进。采用这种方式的企业投资少，并可以较快地掌握产品制造技术，争取短时间内把产品生产出来，因此较适合于产品研究开发能力弱，而制造能力较强的企业。

3）自行研究与引进相结合的方式。这是指某种新产品的一部分技术是企业自行研制的，另一部分是引进的。这是一种较好的产品开发方式，因为它具有下述特点：该种方式建立在发挥本企业开发能力的基础上，引进某些技术是补自己的不足；投资少、见效快，与全引进相比产品有自己的特点；能促进企业的开发技术提高，又能更好地发挥技术引进的作用，为独立创新打下良好基础。

（8）食品新产品的开发途径

当前，要加快发展我国食品工业，提高产品质量，开发出消费者喜爱的新产品，可以从以下 3 个方面入手。

1）开发食品加工的新原料和新资源。要开发食品新产品，做好食品加工原料的开发工作是很重要的。我国物产丰富，但至今还有很多资源未加以利用，只有做好这些资源的开发工作，才能为食品工业提供新材料，从而为开发食品新产品打下基础。

2）改进生产工艺和设备。生产技术及使用的生产设备对加工食品的质量有重大影响，要开发食品新产品，离不开对生产工艺和设备的改进。例如，中国科技大学分子油研究室以牛羊油为原料，采用分子重排技术的新工艺，在世界上首次生产出来高亚油酸人造黄油。这项新技术不仅使牛、羊油的价值提高 5~10 倍，而且对加快我国人造黄油工业的发展，给糕点、糖果工业提供了优质原料，开拓了新的途径。又如由中国科学院自动化研究所与宜宾五粮液酒厂共同进行的"五粮液酒计算机勾兑专家系统"研究工作已经完成，使五粮液的勾兑和调味两道关键工序已进入了现代化里程。长期以来，勾兑人员对五粮液的微量成分及其量比关系只能意会，难以言传，更无法计算。

3）消化引进技术和设备。与国外先进国家相比，我国食品工业加工技术和设备还存在很大的差距，因此，从我国实际情况出发，引进国外的先进技术和设备，并对这些技术和设备进行消化和研究，在此基础上研制出新的技术和设备，是提高我国食品加工质量、开发新产品的又一个重要途径。

2.2.2 质量设计过程

传统的产品开发过多地注意产品的概念和雏形，而很少关注产品开发的前期步骤，如收集有关消费者对产品的要求等，这种产品开发方法没有把市场学、质量管理和产品的设计进行有机地结合。例如，许多食品公司就是以他们意向中的产品作为出发点，而并不是真正消费者所想要的，所以从一开始就错了。

理想的产品开发程序是一种产品开发和加工设计相互交联的行为，正在开发的产品会给加工设计提出具体的要求，这种要求可能有利或限制产品开发的机会。事实上，实际过程应包括产品的开发、加工的设计和所需的仪器，产品开发可以说是一种把消费者的要求转化成能被生产的具体产品的所有行为的总和。加工设计不仅包括生产机械的设计，也包括产品生产所需的厂房计划以及信息和控制系统的完善。

以下是对不同阶段的具体介绍（图2-1）。

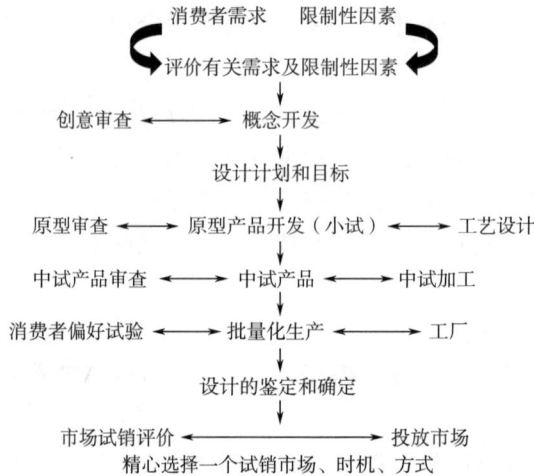

图 2-1　产品质量设计过程

产品的设计程序应以了解消费者对产品的各项具体要求为起始点，然后确定目标消费对象（谁是主要的消费者）。对于其他的限制，如公司本身的目标、方针、政策法规的要求以及技术上的可能性等也应加以考虑。在这一阶段，"消费者的声音"和公司的要求必须要搞清楚。

（1）概念阶段

新产品构思经筛选后，需进一步发展形成更具体、明确的产品概念，这是开发新产品过程中最关键的阶段。产品概念是指已经成型的产品构思，即用文字、图像、模型等予以清晰阐述，具有确定特性的产品形象。一个产品构思可以转化为若干个产品概念。产品研发小组要根据消费者的要求和其他限制条件对所有产品的概念进行筛选，然后把符合目标消费者要求的所有的产品特点加以详细说明，其中也包括分销商和零售商的要求。

如一家食品公司获得一个新产品构思，欲生产一种具有特殊口味的营养奶制品，该产品具有高营养价值，特殊美味，食用简单方便（只需开水冲饮）的特点。为把这个产品构思转化为鲜明的产品形象，公司从3个方面加以具体化：a. 该产品的使用者是谁？即目标市场是婴儿、儿童、成年人或老年人？b. 使用者从产品中得到的主要利益是什么？如营养、美味、提神或健身等？c. 该产品最好在什么环境下饮用？如早餐、中餐、晚餐、饭后或临睡前等？这样，就可以形成多个不同的产品概念，如概念1为"营养早餐饮品"，供想快速得到营养早餐而不必自行烹制的成年人饮用；概念2为"美味佐餐饮品"，供儿童作午餐点心饮用；概念3为"健身滋补饮品"，供老年人夜间临睡前饮用。

企业要从众多新产品概念中选择出最具竞争力的最佳产品概念，这就需要了解顾客的意见，进行产品概念测试。

概念测试一般采用概念说明书的方式，说明新产品的功能、特性、规格、包装、售价等，印发给部分可能的顾客，有时说明书还可附有图片或模型，邀请顾客就类似如下的一些问题提出意见。

1）你认为本饮品与一般奶制品相比有哪些特殊优点？

2）与同类竞争产品比较，你是否偏好本产品？

3）你认为价格多少比较合理？

4）产品投入市场后，你是否会购买（肯定买，可能买，可能不买，肯定不买）？

5）你是否有改良本产品的建议？

概念测试所获得的信息将使企业进一步充实产品概念，使之更适合顾客需要。概念测试视需要也可分项进行以期获得更明确的信息。一方面概念测试的结果形成新产品的市场营销计划，包括产品的质量特性、特色款式、包装、商标、定价、销售渠道、促销措施等；另一方面可作为下一步新产品设计、研制的依据。

（2）雏形阶段

食品制造者经常以一个简单的配方作为起始点。这些配方可以从食谱书籍、原料供应商或对竞争者产品的分析结果等处得到。然后，对配方用原料加以调节从而得到所需要的特质。雏形产品制作出来以后，要对质量特质进行评价并用客观测试加以筛选。客观测试包括数值测量，如含糖量和口感等。产品雏形的研制可为工程师设计产品的过程提供信息，如什么样的加工方式（如切、混合）、储藏方式（如加热、干燥、包装）和要求的加工条件；此外，加工工程师也要向产品研发人员提供反馈信息。

（3）中试阶段

中试阶段典型的内容包括：

1）确定产品保证安全和感官特征的货架期。

2）用主观方法对产品的特征进行品尝试验，每位品尝者必须写出他们最喜欢的产品和可以接受的风味。

3）找到可靠而且价格上可以接受的原材料供应商，例如产品原料、包装材料等。

4）确定其他资源，例如所需的仪器设备和工具。

5）就食品安全而言，对可能的危害物进行分析，并在加工过程中加以控制。

中试阶段可以提供加工的具体要求。所有可以影响产品质量的加工处理应有具体的控制范围和界限，食品工业中要求具体数值的典型参数有：产品生产中每一步的时间和温度条件，例如，热处理、流速、产品黏产品压力的变化（如混合时，流速与管的直径有关等）。

（4）生产阶段

产品在真正的加工条件下进行批量生产，与产品有关的其他方面如产品标签、包装（初级和二级）、运输、质量控制系统以及工厂的养护和卫生等都应加以考虑。除此之外，产品的配方也应作相应的调整以适应批量生产的需要。尽量减少从中试到这一阶段的转变中可能遇到的问题，产品的质量还需通过顾客的评价测试，而且产品的货架期必须通过实验来加以确定，最后，产品生产加工的细则和产品的价格也应加以确定。

（5）销售阶段

常常从市场试销开始，产品应根据地理位置、市场情况和公司本身的特点而仔细选择产品的试验区。具体而言，应确定哪里的市场更适合于该产品的发展、最佳的推出时间以及怎样进行促销。由于不能彻底了解顾客的消费行为和市场竞争所带来的影响，所以市场试销的结果经常会被曲解。如果产品试销的结果比较满意，那么产品就可以进行正式销售。

产品的研发和加工设计并不是一次性的行为，而是公司的一个主要和经常性活动。事实上，在西方国家，全新产品的研发是维持市场份额的重要竞争手段。产品研发的原动力主要包括：

1）产品寿命的缩短。产品的周期包括以下五个过程：产品的引入；产品销售的上涨；市场饱和时销售的下降；稳定销售阶段；最后由于竞争而衰落。在过去的几年里，从产品的引入到最后衰落的时间变得越来越短，因此，新产品的研发就变得越来越重要。

2）市场对产品的要求在不停地改变。因此，产品概念也被迫不断改变。例如，为了适应市场的变化，目前已出现了几种不同的零售方式：网购、专营店、加油站的零售店等。

3）技术的发展提供了许多机会，可以使以前不能实现的事变成现实，如牛奶灭菌技术（微波灭菌术、高压灭菌术）提供了制造健康和新鲜食品的机会。

4）外因的变化。如欧盟要求必须在一定时间内降低包装废料的数量，这一规定促使食品包装业重新设计它们的包装概念。

因此，一方面，产品的研发和加工设计对产品开发初期加强产品质量具有重要意义，另一方面，它是食品公司在激烈的市场竞争中立于不败之地的重要工具之一。

2.3 质量设计的技术方法和工具

在产品开发的每一个环节中都要进行分析、评价和选择，通常可以使用一些技术方法和技术工具，协助评价产品品质、产品的保质期以及产品开发与生产环节存在的潜在危害。使用质量功能展开（quality function deployment，QFD）将消费者的需求转化为对应于产品开发和生产每一阶段（即市场战略、策划、产品设计与工程设计、原型生产、生产工艺、生产和销售）的适当技术要求的途径，从而在开发设计阶段就对产品质量实施全过程和全方位的控制。

食品开发的常用技术性方法与工具介绍如下。

1）感官评价技术。感官评价技术常用于食品开发中评价产品的感官性状（如滋味、气味、风味、色泽、组织状态等）。感官评价可分为主观性试验和客观性试验两大类。主观性感官评价是请未经训练的消费者对产品进行偏好、比较及接受性试验。客观性感官评价由经过专门训练的鉴评师按照统计学原理所设计的实验程序进行，用来鉴定不同样品的品质特征。主观性试验主要用于市售产品，客观性试验主要用于原型或中试产品的评审。

2）保质期试验。产品的保质期是食品质量的一个重要指标。保质期试验要定期比较一系列感官指标、微生物学指标和理化指标。当试样与控制样之间出现显著差异或超出预定范围，即可根据受试时间判定保质期是否达到预期目标。保质期试验有长期试验和加速试验两种。长期试验是将试样储存在与市售产品相同的环境条件下测试，而加速试验是将试样在人为设定的极端条件下（如高温、高氧环境）加速陈化过程，尽快得到结果。加速试验常用于估计原型产品的保质期，而长期试验用于评定最终的投放市场产品的保质期。

3）专家系统。它是以电脑为工作平台，将有关专家经验、科学公式组成专业数据库，可以分析食品成分、工艺条件和产品品质之间的相互关系。如英国开发了蛋糕开发专家系统，可以对产品配方、工艺条件、感官性状、产品保质期进行预测。专家系统一般用于原型产品生产之前的模拟。

4）微生物预测模型。它可以根据产品的特点，预测不同病原菌、腐败菌生长或产毒情况，从而了解产品质量的稳定性和安全性。也可以模拟不同加工工艺，在设定的工艺条件下判断微生物残留及其相关风险。

5）危害分析与关键控制点（HACCP）。在产品开发时，可以借助 HACCP 评价整个生产过程中各种潜在危害，并确定何处是关键控制点。在设计过程中即提出监测和控制的方法、卫生措施，以保证产品质量。

2.3.1 质量功能展开

质量功能展开是一种强有力的综合策划技术，它是日本于 1972 年提出，首先用于电子产品、软件和军工产品，后来推广应用于食品工业。QFD 将消费者的需求引入产品设计规范，利用来自市场营销部门、设计工程部门、制造部门的相关人员组成团队进行产品设计。

QFD 是以研究和倾听消费者想法来确定一个优良产品的特征为起点。首先，通过市场研究，将消费者对产品的偏好和需求定义下来并进行分类，称为消费者需求。然后，根据其相对重要程度赋予权重。最后，请消费者对公司和市场竞争对手的产品进行比较和排序，这有助于确定对消费者重要的产品特性以及更深刻地理解和关注那些需要改进的产品特征。

消费者的需求信息可以用特定的矩阵形式表示出来，该矩阵称质量屋矩阵，它从市场要求出发，将其转化为设计语言，从而纵向经原料选择、配方，直至工艺流程，横向进行质量展开、技术展开、成本展开和可靠性展开，尽量将生产中可能出现的问题提前揭示，以达到多元设计、多元改善和多元保证的目的。

（1）QFD 矩阵群

食品开发 QFD 为一个矩阵群，是一个由 6 个部分组成的 QFD 质量屋（图 2-2）。

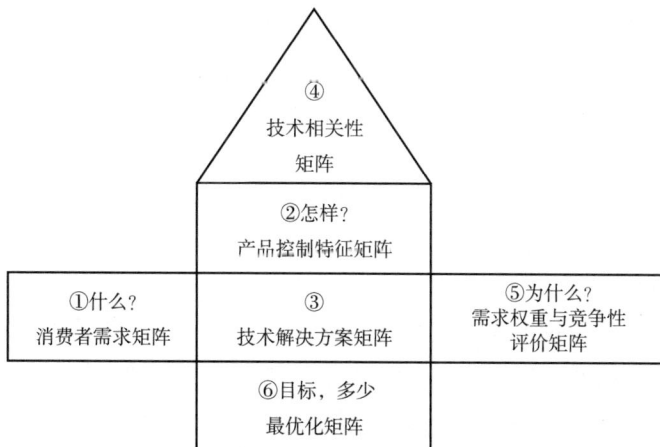

图 2-2　食品质量设计的 QFD 质量屋

第一矩阵：消费者需求矩阵，它从产品的感官性状、营养、安全性和产品的便利性等将消费者的需求归类排列，可以用何物、何时、何地、如何等问题归纳，然后按对消费者的重要性排列出明细表。

第二矩阵：产品控制特征矩阵将上述需求从食品科学与工程的术语转化成设计语言以及相关的指标单位和测定方法。

第三矩阵：技术解决方案矩阵用于反映消费者需求与产品规格之间的关系，需求的权重依照重要性的不同而有所不同，以便强调那些特别需要满足的消费者特定需求。当然，有些需求之间也有矛盾存在，如低脂牛奶的含脂率满足了健康方面的要求，却影响了产品的感官性状。

第四矩阵：技术相关性矩阵用于显示满足产品不同需求的技术相关性关系，这些技术关系往往是错综复杂的，改变其中一个因素可能会影响其他需求的实现。如食品的含糖量与甜度呈高度正相关，如果为嗜食甜食的消费者设计低糖产品，就需要采用相应的技术措施，通过矩阵利用不同技术手段满足其需要。

第五矩阵：需求权重与竞争性评价矩阵含有相关的市场数据，指出了消费者不同需求的相对重要性，并按序排列。第五矩阵还包含公司产品与竞争产品的消费者满足度、产品需要改进等要点。

第六矩阵：最优化矩阵有优先技术、比较信息和工作目标三部分内容，它根据消费者提出的品质相对重要性，采用不同技术方案进行优化，得出满足重要品质要求的最优技术方案。比较信息包括本公司产品与竞争性产品分析比较的信息。工作目标是为技术优先性分析和产品比较分析而设立的。

QFD 按照上述程序将消费者的要求融入设计过程，它采用结构性方法将有关需求转化为技术或工艺语言，并优先解决对消费者重要的产品质量问题。分析公司产品与竞争性产品的得与失，并使产品开发团队采取有效的技术方法，突破技术瓶颈，开发出更具竞争力的产品来满足消费者的需要。

（2）QFD 瀑布模型

调查和分析顾客需求是 QFD 的最初输入，而产品是最终的输出。这种输出是由使用他们的顾客的满意度确定的，并取决于形成及支持他们的过程的效果。由此可以看出，正确理解顾客需求对于实施 QFD 是十分重要的。顾客需求确定之后，采用科学、实用的工具和方法，将顾客需求一步步地分解展开，分别转换成产品的技术需求等，并最终确定出产品质量控制办法。相关矩阵（也称质量屋）是实施 QFD 展开的基本工具，瀑布式分解模型则是 QFD 的展开方式和整体实施思想的描述。图 2-3 是一个由 4 个质量屋矩阵组成的典型 QFD 瀑布式分解模型。

实施 QFD 的关键是获取顾客需求并将顾客需求分解到产品形成的各个过程，将顾客需求转换成产品开发过程具体的技术要求和质量控制要求。通过对这些技术和质量控制要求的实现来满足顾客的需求。因此，严格地说，QFD 是一种思想、一种产品开发管理和质量保证与改进的方法论。对于如何将顾客需求一步一步地分解和配置到产品开发的各个过程中，需要采用 QFD 瀑布式分解模型。但是，针对具体的产品和实例，没有固定的模式和分解模型，可以根据不同目的按照不同路线、模式和分解模型进行分解和配置。

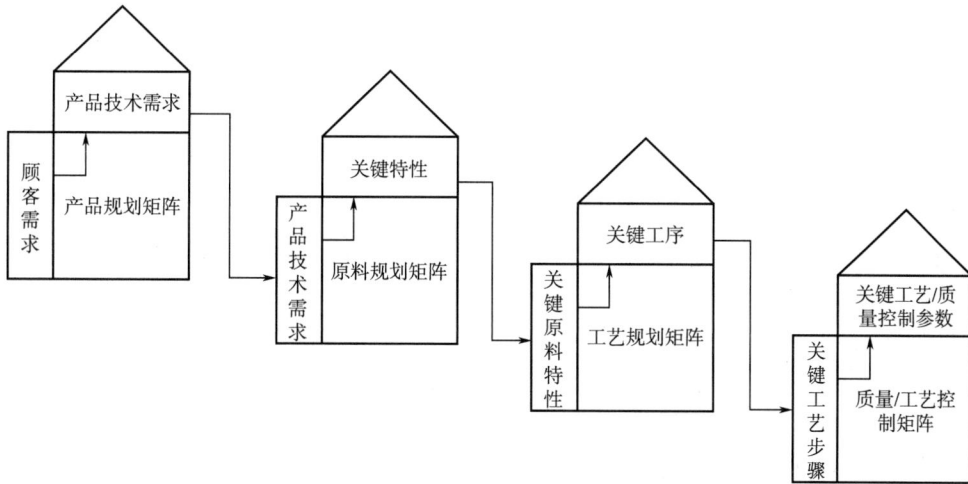

图 2-3　QFD 瀑布模型

（3）QFD 步骤

顾客需求是 QFD 最基本的输入。顾客需求的获取是 QFD 实施中最关键也是最困难的工作。要通过各种先进的方法、手段和渠道搜集、分析和整理顾客的各种需求，并采用数学的方式加以描述。然后进一步采用质量屋矩阵的形式，将顾客需求逐步展开，分层地转换为产品的技术需求、关键原料特性、关键工艺步骤和质量控制方法。在展开过程中，上一步的输出是下一步的输入，构成瀑布式分解过程。QFD 从顾客需求开始，经过 4 个阶段，即 4 步分解，用 4 个质量屋矩阵——产品规划矩阵、原料规划矩阵、工艺规划矩阵和工艺/质量控制矩阵，将顾客的需求配置到产品开发的整个过程。

1）确定顾客的需求。由市场研究人员选择合理的顾客对象，利用各种方法和手段，通过市场调查，全面收集顾客对产品的种种需求，然后将其总结、整理并分类，得到正确、全面的顾客需求以及各种需求的权重（相对重要程度）。在确定顾客需求时应避免主观想象，注意全面性和真实性。

2）产品规划。产品规划矩阵的构造在 QFD 中非常重要，满足顾客需求的第一步是尽可能准确地将顾客需求转换成为通过生产能满足这些需求的物理特性。产品规划的主要任务是将顾客需求转换成设计用的技术特性。通过产品规划矩阵，将顾客需求转换为产品的技术需求，也就是产品的最终技术性能特征，并根据顾客需求和技术需求的竞争性评估，确定各个技术需求的目标值。

3）确定产品设计方案。依据上一步所确定的产品技术需求目标值，进行产品的概念设计和初步设计，并优选出一个最佳的产品整体设计方案。这些工作主要由产品设计部门及其工作人员负责，产品生命周期中其他各环节、各部门的人员共同参与，协同工作。

4）原料规划。基于优选出的产品整体设计方案，并按照产品规划矩阵所确定的产品技术需求，确定对产品整体组成有重要影响的关键原料/子系统及原料的特性，利用失效模型及效应分析（FMEA）、故障树分析（FTA）等方法对产品可能存在的故障及质量问题进行分析，以便采取预防措施。

5）外形设计及工艺过程设计。根据原料规划中所确定的关键原料的特性及已完成的产品初步设计结果等，进行产品的详细设计，完成产品各工序/子系统及原料的设计工作，选择好工艺实施方案，完成产品工艺过程设计，包括生产工艺和包装工艺。

6）工艺规划。通过工艺规划矩阵，确定为实现关键产品特征和原料特征所必须给以保证的关键工艺步骤及其特征，即从产品及其原料的全部工序中选择和确定出对实现原料特征具有重要作用或影响的关键工序，确定其关键程度。

7）工艺/质量控制。通过工艺/质量控制矩阵，将关键原料特性所对应的关键工序及工艺参数转换为具体的工艺/质量控制方法，包括控制参数、控制点、样本容量及检验方法等。

（4）质量屋

1）质量屋的基本概念与结构。QFD过程是通过一系列图表和矩阵来完成的，其中起到重要作用的是质量表。质量表是将顾客需求的真正质量以功能为中心进行体系化，并表示这些功能与作为代用特性的质量特性之间关联的表。

现有质量表的定义是由赤尾洋二教授整理而成的："质量表是将顾客需求的真正质量用语言表现，并进行体系化，同时表示它们与质量特性的关系，是为了把顾客需求变换成代用特性，进一步进行质量设计的表。"

日本的质量表流入美国后，由于它的形状很像一座房屋，所以被形象地称为质量屋，是一种形象直观的二元矩阵展开图表。质量屋的结构如图2-4所示，其内容可根据设计开发的需要进行适当剪裁。质量屋中的结构要素如下。

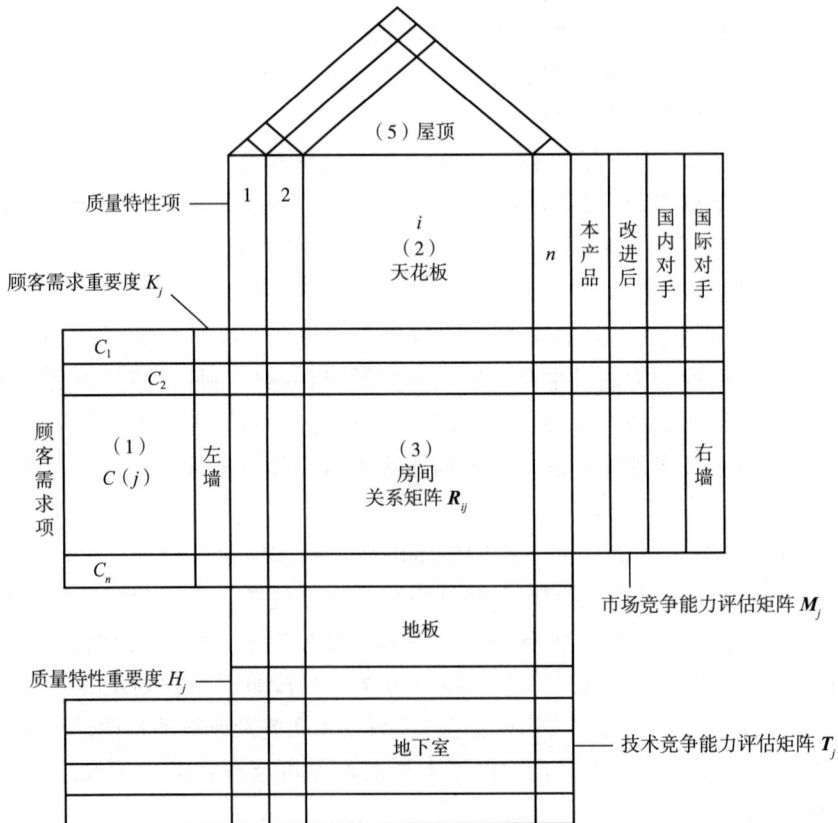

图2-4 质量屋的结构

左墙——顾客需求及其重要度。为了建立质量屋，开发设计人员必须掌握第一手的市场信息，整理出该产品的顾客需求，并评定各项需求的重要度，填入质量屋的左墙。

天花板——质量特性。从技术角度出发，为满足顾客需求，提出相应的产品设计要求，明确产品应具备的质量特性，整理后填入质量屋的天花板。

房间——关系矩阵。质量屋的房间用于记录顾客需求与质量特性之间的关系矩阵。

地板——质量特性的指标及重要度。质量屋的地板用于记录各质量特性的指标以及指标的重要度数据。

屋顶——相关矩阵。质量屋的屋顶用于评估各项质量特性之间的相关程度，一般用以下特定符号来表示，强正相关：◎；正相关：○；不相关：空白；负相关：×；强相关：#。

右墙——市场竞争能力评估矩阵。在质量屋的右墙填入市场竞争能力调查研究得分分值。

地下室——技术竞争能力评估矩阵。在质量屋的地下室填入技术竞争能力调查研究得分分值。

典型的质量屋构成框架形式和分析求解方法不仅可以用于新产品的开发过程，而且可以灵活地运用于工程实际的局部过程。例如，它可以单独应用于产品的规划设计或生产工艺设计过程等。

2）质量屋的构造过程。通常来说，在QFD过程中，构造质量屋一般经过质量需求展开、质量特性展开和质量屋的构造3个过程。

①质量需求展开。其整个过程一般可以分为获知顾客需求、变换质量需求和分析质量需求3个步骤。

获知顾客需求。无论对于既存改良型产品或服务还是全新开发型产品或服务，都必须充分、及时地把握市场上顾客的需求。顾客需求是QFD过程中最为重要的因素，顾客需求获知的完备性、准确性都将极大地影响到整个过程。因此，可以说获知顾客需求是QFD过程中最为关键的一环。关于顾客需求的获知，可以从两个方面获得相关信息：一方面是顾客关于商品的要求信息，能以文字形式进行表述，这称为原始数据；另一方面是提出原始数据的顾客的所属特征，如年龄、区域等，这称为属性数据。这两方面的数据都可以通过问卷调查、询问调查、面谈调查等方式获得。一般而言，在获取这两方面信息时，都要遵循合理确定调查对象、选择合适的调查方法、确定调查内容、实施市场调查、整理分析调查结果这些步骤。而在确定调查方法时，则可以根据实际需求和成本等因素，从问卷调查法、询问调查法、面谈调查法、电话调查法、邮寄调查法、留卷调查法以及观察调查法等方法中选择。科学技术的迅速发展和生活水平的不断提高，使顾客对产品的要求不断变化，而顾客需求的重要程度以及顾客对各种产品在满足他们需求方面的看法也在变化。因此，对于企业来说，要想在激烈的竞争中得以生存和发展，必须不断地同顾客接触，了解顾客的需求及其发展动向，预测未来的顾客需求，才能生产或提供适应顾客需求的产品或服务。

变换质量需求。获知顾客需求以后，因为获得的原始数据多表现为意见、投诉、评价、希望等形式，并且这些需求中既有对质量的需求，也有对价格和功能等的需求，因此，在调查结束之后，应当对调查结果进行变换。首先，对整理的原始数据进行考察，如对原始数据进行5W1H（who，where，when，why，what，how）考察；然后，以考察后的原始数据为基础，遵循用自己的语言描述、不拘于表现形式、不问其抽象程度等要领，提取需求项目；最后，对需求进行变换，从需求项目变换成质量需求。

分析质量需求。质量需求展开的第 3 个步骤是对质量需求进行分析。传统上使用亲和图（KJ）法整理、分析需求信息。亲和图法的分组步骤：a. 将质量需求的各项目分别记在卡片上，为避免重复，将内容相同的卡片废弃，并将卡片排列成能够一览无余的形式。b. 将内容相近的卡片集中 4~5 张，整理成几个组。c. 以能代表各组内容的名称命名，记入蓝色卡片。d. 再将 c 中内容相近的蓝色卡片集中成一组。e. 以能够代表 d 中各组内容的名称命名，记入红色卡片。

这样，e 中红色卡片的名称为一次水平，其代表着某一种类的质量需求信息；c 中蓝色卡片的名称为二次水平，其代表着在一次水平这一类质量需求信息下的质量需求信息分类；b 中原来卡片的内容就是 3 次水平的质量信息，其代表着顾客最细致的质量需求信息。最后，将具有层次结构的质量需求整理成质量需求展开表。

②质量特性展开。质量特性是指成为质量评价对象的特性、性能，是关于顾客真正需求的代用特性。获知顾客需求信息后，必须将质量需求数据转化为技术语言的质量特性。对象商品如果是硬件商品或专业技术比较成熟的商品，那么抽出的质量特性无论是量还是质一般都比较理想。但事实上，任何商品都有感性方面的特性，特别是对于服务而言。因此，应当从质量需求中提取出质量要素，即评价质量的尺度，若这种尺度可以测量，则成为质量特性。

一般而言，质量要素包含物理要素、机能要素、功效要素、时间要素、经济要素、生产要素和市场要素，每一类要素都有诸多特征可以提取。质量特性的抽取可以由技术部门和制造部门一起参与实施，其要领是要考虑质量需求。例如，能够计量和测度的，如速度、重量、长度等；不能够测量的，如设计性等；将质量需求变换成功能表现后，再提取质量要素，此时要遵循针对性、可测量性和全局性等原则。也就是要注意将顾客需求的内容变换成技术的内容，尽可能提取出能测量的质量特性。

③质量屋的构造。一般而言，狭义的 QFD 质量屋的构造步骤可以分为四步：第一步，质量需求展开表的构造。第二步，质量特性展开表的构造。第三步，将质量需求展开表和质量特性展开表组合成二维表。第四步，探讨对应关系，以特定符号记录。

构造质量屋之后，还需要对构造的质量屋进行一系列的分析与改良。这是因为在质量屋构造过程中虽然经过了具体项目的分类成组和层次化，但各层次水平是否与实际相符很难把握。因此，在质量屋构造完成并记入相应关系之后，应调整层次结构的水平，进行各种检查分析与改良。

质量屋分析与改良的主要内容有：首先，检查对应关系符号是否仅在对角线上。如果是，就要修正质量需求项目。考虑顾客需求的特性为什么是必要的，顾客为什么要提出这个特性，从而探求真正的质量需求，修正质量需求展开表。其次，检查一行（一列）的对应关系符号是否过多，然后经过分析决定是否对质量要素的结构等进行修正。最后，检查强相关符号是否集中在一起。在集中于一起的情况下，有可能是高层水平的质量需求中混杂着底层水平的质量需求项目，同时，在高层水平的质量特性项目中混杂有底层水平的质量特性。

（5）应用实例

下面用一个简单的例子来介绍 QFD 的过程，如某乳品公司要设计一种面向中老年人的奶粉，根据市场调查，消费者对奶粉提出如图 2-5 所示的功能要求。从图 2-5 中可知，用户所购买的奶粉应该满足以下要求：冷水能冲调、饮后不气、易保存、能充钙质。

针对上述要求，可将其转化为奶粉的设计需求（功能特性和质量要求）。它们分别是奶粉溶解度、乳糖含量、含水率、钙含量及维生素 D 含量。从图 2-5 中左下方的技术规格标准中可以看到，该公司与主要竞争对手（甲公司与乙公司）之间的差别。其中最后一行则是该公司对将要开发的新奶粉品种所提出的规格指标。奶粉的各项顾客需求和其相应的质量要求是彼此相关的，彼此相关的密切程度可分为强相关、弱相关、可能相关、不相关。图中左上半部分表示了它们之间的不同关系，图中右上半部分对顾客需求的重要性进行分级，5 表示重要，1 表示不重要。评定的结果是饮后不胀气和能补充钙质最重要，冷水能冲调次之，易保存居第三。该图还反映了公司之间的竞争情况（它们各自在多大程度上满足了顾客的需求），同样用 5 级评分制予以评定。图中的最后一列是该公司准备通过开发中老年奶粉赢得顾客满意的目标值。

		规格特点 • 强相关 □可能相关		△弱相关 /不相关		重要性程度	用户满意程度（按 5 级评分制）			
		溶解度/%	乳糖含量/%	含水量/%	Ca/维生素D（每100g）	（5 分制）	本公司（目前）	甲公司（目前）	乙公司（目前）	本公司（目标）
用户需求	冷水能冲调	•	△	△	/	4	3	4	3	4
	饮后不胀气	/	•	/	/	5	3	3	3	5
	易保存	□	/	•	/	3	4	4.5	3	4.5
	能补充钙质	•	□	/	•	5	3	3	3	5
规格标准	本公司（目前）	97.2	38.5	2.75	1.0g/20IU		9.0 元	11 元	9.0 元	12元	市场价格
	甲公司（目前）	99.0	39.0	2.50	1.1g/30IU		20%	15%	10%	25%	市场份额
	乙公司（目前）	97.0	35.0	2.90	0.9g/40IU		1.5 元	2.0 元	1.7 元	2.5元	利润
	本公司（目标）	99.2	15.0	2.50	2.5g/80IU					

图 2-5　QFD 方法应用实例

研究小组又继续制定类似顾客需求与产品规格之间的一个新矩阵。发现钙含量增加与溶解度呈负相关，而且乳糖经乳糖酶分解后对奶粉的冲调性和奶粉的吸湿性也可能有影响。故他们又对技术矩阵、技术相关性矩阵和技术解决方案矩阵进行研究。通过试验，优选出一种技术方法，既保证奶粉中钙的含量达到目标要求，又不影响溶解度。乳糖酶分解后增加了喷粉后的处理工艺，使用磷脂包被奶粉颗粒，提高奶粉的冲调性能和保存性能，虽然新配方和新工艺增加了成本，但是在性能方面优于竞争对手，只要加强生产管理，减少浪费，便能将成本控制在合理的范围内。

通过上述实例的说明，可知在将用户对产品功能要求转化为对企业欲开发产品的技术规格和质量要求方面，QFD 所起到的作用是极其显著的。利用这一工具，将使企业高层管理部门和产品设计部门在确定产品的质量标准时，能紧紧结合产品的功能要求，既不过分超出产品功能和实际需要，也不至于达不到产品功能的要求。QFD 把功能、质量、成本结合在一起，从而使产品能在满足功能要求的前提下，保证其质量为最好而成本又合理。

（6）QFD 的特点

1）QFD 的整个过程是以满足顾客需求为出发点的，每一个阶段的质量屋输入和输出都是由顾客需求驱动的。这也是市场经济规律在生产经营实际中的灵活应用，其目的是保证最大限度地满足顾客需求。

2）在 QFD 的整个过程中，各个阶段都是将顾客需求转化为管理者和设计人员能明确了解的各种指标信息，减少产品从规划到产出各个环节的信息阻塞，从而实现产品的成本降低和质量提高，提高产品的竞争力。

3）QFD 方法的基本思想是"需要什么"和"怎么满足"。在这种对应形势下，顾客的需求不会被误解或忽视，产品的质量功能不会疏漏和冗余。这实际上也是一种企业经济资源的优化配置。

4）质量屋是建立 QFD 的基础工具，也是 QFD 的精髓。典型的质量屋构成框架形式和分析求解方法不仅可以运用于新产品的研发，还可以运用于原有产品的改善等企业管理、产品设计的中间过程。

（7）QFD 的局限

1）顾客感知是通过市场调研获得的，一旦市场调研不准，其后的所有分析结果只会给公司带来灾难。

2）顾客的想法和需求瞬息万变。作为一项综合管理系统和结构化的质量控制方法，要顺应如此快速的市场变化，比较复杂。

（8）QFD 的意义

1）QFD 有助于企业正确把握顾客需求，并将这些需求转化为员工可操作的规范信息。QFD 是一种简单的、合乎逻辑的方法，它包含一套矩阵，这些矩阵有助于确定顾客的需求特征，以便于更好地满足和开拓市场，也有助于企业决定是否有能力成功地开拓这些市场。产品的整个研发过程直接由顾客需求所驱动，因此，顾客对所生产产品的满意度将会提高。通过 QFD 的实施与运行，提高全体员工对产品开发应该直接面对顾客需求的意识。

2）QFD 有助于打破企业机构部门间的隔，激发工作人员的热情。QFD 项目小组属于一个跨部门单位，由不同专业、不同部门的人员组成。由此，其必然能够改善不同部门和不同观点的人员之间的信息沟通，促进相互交流。另外，实施 QFD，打破不同部门间的隔阂，还可以使企业员工感到满足，使其在和谐的气氛中工作，提高工作效率。

3）QFD 与其他质量保证方法构成了完整的质量工程概念。QFD、失败模式和效果分析（FMEA）、田口方法等属于设计质量工程的范畴，即产品设计阶段的质量保证方法；统计质量控制（statistical quality control，SQC）、统计过程控制（statistical process control，SPC）等属于制造过程的质量保证方法。另外，就设计阶段质量保证而言，QFD 与 FMEA、田口方法也具有互补性。QFD 是使产品开发面对顾客需求，极大地满足顾客；FMEA 是在产品的开发阶段减少风险，提高可靠性；田口方法则是采用试验方法帮助设计者找到一些可控因素的参数设定，以寻求最佳组合。

4）QFD 最终给企业带来经济效益。企业应用 QFD 以后，由于在产品设计阶段考虑制造问题，产品设计和工艺设计交叉并行，因此可以使设计更改减少 40% ~ 60%。QFD 更强调在产品早期概念设计阶段的有效规划，因此可使产品启动成本降低 20%~40%，产品开发周期缩短 30%~60%。

2.3.2 失败模式与效果分析

FMEA 是一种系统分析工具，应用于产品过程设计。利用它在设计阶段找出潜在的失败，提供一个消除这些失败的有效途径。FMEA 有两种形式，一种是设计 FMEA，用于分析新产品和新服务中存在的潜在失败；另一种是过程 FMEA，用于分析制造过程和服务过程中的失败分析。

设计 FMEA 往往从列出设计目的希望做什么和不希望做什么开始，将设计意图通过 QFD 已知的产品要求和生产制造要求及顾客的需求综合起来。需求的特性定义越明确，就越容易识别潜在的失败模式，采取纠正措施。

在此主要介绍过程 FMEA 实施方法。由工艺设计、制造、质控、销售和市场服务等部门专家组成专门的 FMEA 小组，依下述步骤实施过程 FMEA。

a. 从整个过程的流程图开始，划分出不同功能组成单位。b. 对每个组成单位的潜在失败予以鉴定。c. 确定各个失败模式的失败原因。d. 确定各失败模式对内部（制造过程）和外部（消费者）的影响。e. 对用于或将用于监控有关失败的措施进行鉴定。f. 失败模式评价采用严重性（severity）、失败的发生（occurrence）和失败的检出能力（detect）三项指标，分别制定相应的 0~10 分等级，三项指标的得分乘积称为风险优先值（risk priority number, RPN）。如果 RPN>90，则应优先采取纠正措施。g. 在步骤 f 的基础上，鉴定纠正活动。h. 在步骤 f、g 的基础上，对失败模式评价和纠正活动进行总结。

过程 FMEA 提供了潜在失败模式的有关信息，并对这些信息处理排列出处理措施的优先等级，在设计阶段和生产制造阶段就采取纠正活动予以改进。基于 FMEA 原理，还产生了一项更为系统的质量控制与质量保证的工具 HACCP。HACCP 将在后面专题介绍。

表 2-1 介绍了某奶业公司对消毒牛奶加工过程的产品不合格问题进行 FMEA，找到了失败原因，从而提出了纠正措施，提高了产品质量。

表 2-1　消毒牛奶加工过程 FMEA

过程	目的	潜在失败	失败原因	失败作用	控制	RPN	推荐活动	纠正后 RPN
巴氏杀菌	杀灭病原菌及腐败菌，延长保质期	温度太高/太低、时间太长/太短	蒸汽阀损坏，时间不正确	降低产品安全性，缩短保质期，感官性状变劣	检查阀门，校正时间	5×5×7＝175 5×3×6＝90	执行质控图，改进检验	5×5×3＝75 5×3×2＝30
包装	防止污染，延长保质期	包装泄露，质量不准	封口条件不正确，包装操作错误	降低产品安全性，缩短保质期，材料浪费	设定规格，校正质量标准	5×3×3＝45 2×5×3＝30	没有活动计划	

2.3.3　试验设计与产品优化

试验设计方法是一种同时研究多个输入因素对输出的影响的方法。它是指通过对选定的输入因素进行精确、系统的人为调整来观察输出变量的变化情况，并通过对不同结果的分析，最终确定影响结果的关键因素及其最有利于结果的因素取值的方法。

试验设计法起源于英国。20 世纪 30 年代，由于农业试验的需要，英国著名统计学家费歇尔（R. A. Fisher）在考察各种肥料及施肥量对农作物产量的影响时，建立了试验设计最初的数学模型，在试验设计和统计分析方面做了一系列的工作，从而使试验设计成了统计科学的一个分支。随后，诸多的科学家、学者和实践者对试验设计都做出了较多的贡献，使该分支在理论上日益成熟，在应用上也日益广泛。20 世纪 40 年代，芬尼（D. J. Finney）提出多因素试验的部分实施方法，奠定了减少试验次数的正交试验设计法的基础。20 世纪 50 年代初期，田口玄一博士又在此基础上开发了正交试验设计技术，应用一套规格化的正交表来安排试验，采用一种程序化的计算方法来分析试验结果。由于这种方法的试验次数少、分析方法简便、重复性好、可靠性高、适用面广，因此获得迅速普及，成为质量管理的重要工具。到 20 世纪 80 年代中期，六西格玛管理兴起以后，试验设计已经成为过程改善不可缺少的重要组成部分。1988 年 1 月，美国摩托罗拉公司的质量与生产改善顾问博特（K. R. Bhote）发表了一篇题为《试验设计：通向质量的高速公路》的文章。文中认为："如果质量是带动公司前进的火车头，那么试验设计就是燃料。"我国从 20 世纪 50 年代开始开展对试验设计的研究，并逐步应用到工农业生产中。自 20 世纪 70 年代以来，大力推广。在正交试验设计理论上也有新的突破。20 世纪 80 年代开始，我国学者方开泰教授等创立了均匀试验设计法。相对于全面试验和正交试验设计，均匀试验设计的最主要的优点是大幅度地减少试验次数，缩短试验周期，从而大量节约人工和费用。

（1）试验设计的基本概念

1）指标。在试验中，用来衡量试验结果的量称为试验指标。产品的质量、成本、产量等都可以作为试验指标。能够用数量表示的指标为定量指标，如尺寸、合格率等；不能用数量表示的指标为定性指标。在正交试验中，总是把定性指标定量化，以便于分析试验结果。

2）因子。因子又称因素，在试验中，影响试验考核指标的参数称为因子，也就是作用因素或自变量。可进行人为调节和控制的因素是可控因素，如温度、时间等；由于试验技术限制，暂时还不能人为地加以调控的因素是不可控因素，如机床的振动、刀具磨损等。一般用字母 A、B、C 等来表示因素。

3）水平。水平是试验中各因素的不同取值。也就是说，因素在试验中所处状态和条件的变化可能引起指标的变动，把因素变化的各种状态和条件称为因素的水平。一个因素往往要考察几个水平，如采用不同的淬火温度、不同的反应时间等，一般用阿拉伯数字 1、2、3 等表示水平，如 A1 表示 A 因素 1 水平。

（2）试验设计的基本原则

试验设计的三个基本原则是重复性、随机化以及局部控制，通常称为费歇尔三原则。

1）重复性原则。重复是指在相同的条件下对某一观测值多做几次试验。采用多次重复的目的在于减少误差，提高精度。在实验过程中，总会不可避免地出现由偶然性原因而造成的随机误差，而通过重复试验，则可以在进行方差分析时定量地将误差成分的影响计算出来，进而客观地评价试验结果。但也并非重复试验次数越多越好，因为无指导的盲目进行多次重复试验，不仅无助于试验误差的减少，而且造成人力、物力和时间的浪费。

2）随机化原则。它是试验设计使用统计方法的基石。在试验中，人为地、有次序地安排试验往往会引起系统性误差。通过随机化可以最大程度地将系统误差转变为随机误差，从而避免在比较平均值时发生偏移。随机化要求试验材料的分配和各个试验进行的次序都是随机地确定的，观察值是独立分布的随机变量。随机性原则的实施，一般可借助于随机数表来安排实验。

3）局部控制原则，又称区组控制或分层控制。这一原则是为了消除试验过程中的系统误差对试验结果的影响而遵循的一条规律。局部控制原则是将试验对象按照某种分类标准或某种水平加以分组或分层。同一组内的试验尽量保证受同样的影响。同整个试验相比，一个区组内的性质应该更为类似，因而，可以降低抽样的样本数，同时提高了试验的精确度。

（3）正交试验设计

1）正交试验设计的含义。正交试验设计是试验设计的一种重要方法。它是利用规格化的正交表合理地安排试验，运用数理统计原理分析试验结果，从而通过代表性很强的少数试验了解各因素对结果的影响情况，并根据影响的大小确定因素的主次顺序，找出较好的生产条件或较优的参数组合，以减少试验误差和生产费用、减少试验工作量的一种试验设计方法。

2）正交表。正交表是一套已经制作好的规格化表格，是正交试验设计所依赖的基本工具。正交表的表示格式如图2-6所示。例如，正交表 $L_9(3^4)$ 的含义为做9次试验，最多可以安排4个因素，每个因素有3个水平。常见的正交表有 $L_4(2^3)$、$L_9(3^4)$、$L_8(2^7)$、$L_{18}(2^5)$、$L_{27}(3^{13})$、$L_8(4^1 \times 2^4)$ 等。其中，$L_8(4^1 \times 2^4)$ 表示可以安排水平不等的正交试验设计的正交表，即可安排1个4水平的因素和4个2水平的因素，试验次数为8次。

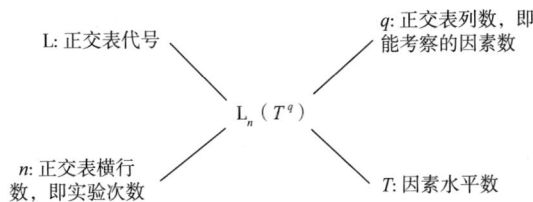

图2-6　正交表的表示格式

正交表主要有以下特点：a. 均匀分散性。正交表所安排的试验点均匀地分布在全面试验的不同位置。每个点都有很强的代表性，能够比较全面地反映试验域内的大致情况。因此，通过对试验结果的分析得到的较优生产条件自然是全面试验中的较优的生产条件。b. 整齐可比性。正交试验设计分析试验数据是在其他因素水平变动的情况下比较一个因素的水平。这样就使我们可以通过直接比较各因素的极差来确定因素的主次，根据各个因素不同水平的效应值来确定因素各水平的优劣。正是由于上述两个特性，才使正交表安排的试验具有较好的代表性。

例如，正交表 $L_9(3^4)$ 如表 2-2 所示。

表 2-2　正交表 $L_9(3^4)$

试验号	列号			
	1	2	3	4
1	1	1	1	1
2	1	2	2	2
3	1	3	3	3
4	2	1	2	3
5	2	2	3	1
6	2	3	1	2
7	3	1	3	2
8	3	2	1	3
9	3	3	2	1

这张正交表有 9 个横行、4 个纵列。其特点是：每个纵列的字码"1""2""3"各出现 3 次；任意两个纵列当中，每一行都形成一个有序数对，如（1，1）、（1，2）等出现的次数相等，说明任意两列的字码"1""2""3"间的搭配是均匀的。

正交试验设计常被用于以最少的试验设计产生最适宜的设计过程的最佳参数，它把质量概念转化为产品设计，能处理影响质量等级的因素，并且这种方法能节省时间。直接减少硬件成本。因此常常被应用于工程制品的设计、测试、质量开发和工序开发。这些应用包含一个共同的目标，就是在初始阶段就把质量构建到产品中。正交试验设计可以解决如下问题。

①科学合理地安排试验，从而减少实验次数、缩短试验周期，提高了经济效益。从众多的影响因素中找出影响输出的主要因素。分析影响因素之间交互作用影响的大小。

②分析实验误差的影响大小，提高实验精度。

③找出较优的参数组合，并通过对实验结果的分析、比较，找出达到最优化方案以进一步实验的方向。对最佳方案的输出值进行预测。通过对正交试验结果的直观分析和制作方差表进行方差分析，便可以了解每个因素对试验结果影响的重要程度，并进一步确定出设计参数值的最佳组合。

3）正交试验设计的应用程序。正交试验法的程序为下列八个步骤。

①确定试验目的。试验目的是多种多样的，如找出产品质量指标的最佳组合、确定最佳工艺条件等。

②选择质量特性指标。应选择那些能提高或改进的质量特性和因素效应以及具有可加性的质量特性，尤其是起主导作用的关键质量特性。

③选定相关因素。即选择和确定可能对试验结果或质量特性值有影响的那些因素，尤其是那些在技术上、管理上可以选择其水平并可人为控制可调节的因素，如机床转速、温度、

压力、材料成分等。这些因素之间有相互独立性。

④确定水平。水平，又称位级，是因素的一个给定值、一种特定的措施或一种特定的状态。如在考察种子品种、施肥量、田间管理措施对农作物产量影响的试验中，品种、施肥量、田间管理措施都是因素，所采用的每一品种、施肥量及每种田间管理措施分别是相应因素的一个水平。因此，水平也就是因素变化的各种状态。在确定水平时，应考虑选择范围、水平数和水平位置。

⑤选用正交表。应从因素数、水平数以及有无重点因素需要强化考察等各方面综合考虑选用正交表。一般情况下，首先根据水平数选用 2 或 3 系列表，然后，根据容纳试验因素数，选用试验次数最少的正交表。如有重点考察的因素，则根据其多考察的水平数，选混合型正交表。

⑥配列因素水平，制定实验方案。按随机原则，把因素配列于选用的正交表中，制定试验的顺序、时间、负责人等，即制定试验具体方案。

⑦实施试验方案。按试验方案，认真、正确地试验，如实记录各种试验数据。

⑧试验结果分析。对试验中取得的各种数据进行分析。如从数据中直接选出符合或接近质量特性期望值的试验条件组。如不能采用直观分析方法，则应采用其他分析方法，确定各因素主次地位可用极差分析方法，若定量分析各个因素对实验结果的影响程度，则用方差分析方法。

2.3.4 田口方法与稳健设计

（1）田口方法概述

20 世纪 40 年代末至 50 年代初，田口玄一博士受聘帮助修复处于瘫痪状态的日本电话系统。在工作过程中，田口玄一博士发现，靠传统的试差法来寻找设计中存在的问题有多种不足。最后，他设计出一套新的设计试验集成方法。这套新的试验集成方法一改传统的"只有用质量最好的元器件才能组装成质量最好的整机，只有用最严格的工艺条件才能制造出质量最好的产品"的设计思想，其新的设计概念是采用最低廉的元器件组装成质量最好、可靠性最高的整机，采用最宽松的工艺条件加工出质量最好、成本最低、收益最高的产品。美国将这套集成方法与理论称为"田口方法"。

田口方法不仅受到日本企业、学者的青睐，同时也受到欧美各国应用科学家、质量管理学家、工程设计专家和企业界人士的关注，并在工程实际中得到广泛应用。日本数百家公司每年应用田口方法完成 10 万项左右的实例项目研究，在不增加成本的情况下，大大提高了产品的设计和制造质量。田口方法于 20 世纪 80 年代初引入美国，首先在福特汽车公司获得成功并引起轰动。《日本工业新闻》曾以《田口方法轰动美国》为题做出了详细报道。福特汽车在汽车车体、刮水器、热交换器等多种配件的设计等工艺中运用田口方法，并取得了显著效果。美国通用汽车也十分重视田口方法在设计中的应用，通用汽车工程管理学院还专门设置了田口方法课程。

目前，田口方法在美国工业界已得到越来越广泛的应用，许多世界知名公司的"设计课程"中明确提出，设计人员在设计过程中必须采用田口方法，否则在技术评审中难以通过。美国波音公司已采用田口方法成功地进行了飞机尾翼的设计；美国国家航空航天局从 1994 年就开始计划用 3~4 年的时间推行田口方法。据美国麻省理工学院调查，美国 70% 以上的工程技术人员了解田口方法。田口方法于 1990 年引入我国，首先在机械工业系统中得到研究与应用。至今，田口方法已经在我国多个行业、系统中得到广泛的推广和应用。

稳健设计和三次设计是田口方法的主要内容。稳健设计是指产品性能的变化相对于因素状态的变化很小，即产品性能对该因素的变化不敏感，是一种优化的设计方法。它包含多方面的内容。例如，使产品性能对原材料的改变不灵敏，就能在很多情况下使用价钱便宜的低等级原材料；使产品对制造的变差不灵敏，就能减少劳动成本；使产品对使用变化不灵敏，就能改善产品的可靠性，并减少操作成本等。三次设计是建立在试验设计技术基础上的一种在新产品开发设计过程中进行三次设计的方式。三次设计以试验设计法为基本工具，在产品设计上采取措施，系统地考虑问题，通过对零部件或元器件的参数进行优选，以求减少各种内、外因素对产品功能稳定性的影响，从而达到提高产品质量的目的。

（2）稳健设计

稳健设计方法现广泛应用于技术开发、产品开发和工艺开发等领域。田口玄一是最早提出稳健设计的学者，其核心思想是运用试验设计将过程中的各项变异降至最低，或使过程、产品对噪声因子的敏感性降至最低。一般而言，影响产品质量特性的因子通常会有以下 3 种。

1）信号因子。信号因子是制定产品试验预期值的因子，是由产品使用者或操作者设定的参数，用以表示产品反应所应得的值。例如，一台电扇的转速即为使用者期望应有风量的信号因子。产品结构设计工程师基于其本身对开发产品所具有的工程知识，选定若干信号因子进行开发和设计。

2）噪声因子。产品性能由于噪声因子的存在而产生变化，它是设计者不能控制的因子。有些因子的调整很困难或费用昂贵，也归为噪声因子。噪声因子有三种类型，分别是外部的环境、产品非统一性造成的变差以及产品在存储或使用过程中因材料发生变化从而引起的波动，即外在因素、零件间的变异和坏损。

①外在因素。主要分为产品操作的环境和产品承受的负荷，如温度、湿度、灰尘、电压、电磁干扰、产品承受的任务量、连续工作时间等。

②零件间的变异。在制造过程中无法避免变异的发生，制造发生变异，则必然导致产品的参数逐渐产生变异。

③坏损。某一产品在售出时，可能其整批产品的质量特性均与目标值相符，但历经相当的时间后，其中个别产品可能发生变化，导致产品性能呈现坏损。

3）控制因子。控制因子是设计者能够自由指定的因子。控制因子通常均可能有高低值的变动，即"水平"。有些控制因子水平变动时，制造成本不变；而有些控制因子的水平变动将会带来制造成本的变动。

稳健设计就是要使噪声因子的影响效果最小，从而使质量特性达到最优，改进产品质量。因此，在稳健设计中，辨认出主要的噪声是很重要的。稳健设计的两个主要工具是信噪比和正交表。信噪比用来作为特征数衡量质量；正交表用来安排试验，选择最佳的参数组合。因此，从某种程度上来说，稳健设计就是信噪比的正交设计。

信噪比。信噪比的概念首先是在无线电通信中提出来的，接收机输出功率可分成两部分：信号功率和噪声功率。理论上和实践中经常要考虑信号功率与噪声功率的比值，人们把这个

比值称为信噪比，通常用 η 来表示。计算公式为

$$\eta = \frac{信号功率}{噪声功率}$$

η 越大，通信效果越好。1957 年，田口玄一提出在试验设计中采用信噪比。此后经过几十年的完善和实际应用，信噪比与正交试验相结合，解决了许多不同特性值的综合功能评价问题。

信噪比不是一个严格的定义式，而是某些特性的一种特定的表达式。引入信噪比之后，任何可量化的特性都可以用它的信噪比来代替。

灵敏度。灵敏度是稳健设计中用以表征质量特性可调整性的指标。灵敏度系数是控制因子值的函数，一个稳健的产品或工艺是灵敏度系数最小的情况。其中，灵敏度可以分为静态特性灵敏度和动态特性灵敏度。

稳健设计包括 7 个步骤：a. 确定主要功能、边际效果和失效的样式。为此，需要具备有关产品或工艺的管理知识，并了解顾客的需求。b. 识别噪声因子，确定估算质量损失的试验条件，并做到对噪声因子的灵敏度读数最小化。为此，必须适当选择试验条件，做到能估计灵敏度。c. 根据具体问题确定质量特性和优化的目标函数。d. 确定控制因子和它们的可选择水平。控制因子可能很多，但只能选择主要的，并根据问题的具体情况决定选择多少。因子定下来后，因子的水平数值和水平个数也要确定。选择水平数值时，要考虑各水平数值对试验影响的差别。e. 设计试验和进行正交试验。f. 数据分析，确定控制因子的最佳水平。g. 通过多次试验进行核实。

（3）三次设计

三次设计是系统设计（system design）、参数设计（parameter design）和容差设计（tolerance design）的统称。它是指在专业设计的基础上，用正交设计方法选择最佳参数组合和最合理的容差范围，尽量用价格低廉的、低等级的零部件来组装产品的优化设计方法。

1）系统设计。系统设计又称一次设计，是指传统的功能设计。顾客需求明确以后，如何有针对性地研发设计、生产出技术含量高、生命力强、满足顾客需求的产品，从根本上决定了产品的质量，也直接决定了企业经营的成败。从产品研发设计过程来说，急需科学的系统设计方法来指导和支持产品的研发设计，控制源头质量。在系统设计的步骤中，设计人员应以产品应用的功能为基础，研究分析多项不同的产品结构及工艺，然后从中选出一项被认为最合适的。系统设计是三次设计的基础，对于结构复杂的产品，要全面考察各种参数对质量特性值的影响，单凭专业技术进行定性的判断是不够的，因为这样无法定量地找出经济合理的最佳参数组合。系统设计可以帮助人们选择需要考察的因子及其水平。系统设计的设计质量由设计人员的专业技术水平和应用这些专业知识的能力所决定。

例如，在设计一台机床或一辆汽车时，首先要根据顾客使用的需要，选择结构模式、传动方式、重要零部件的材料，甚至要考虑到某些关键工艺的方法及实现的可能性。这些都是全局性的问题，而且是下一步进行更详细结构设计的依据。因此，系统设计质量水平的高低是形成产品质量的关键。

田口玄一倡导的三次设计创造性地提出了参数设计和容差设计的原理及方法，并开展了大量的实践，但没有提出系统设计的具体方法。长期以来，系统设计的具体方法一直影响着

参数设计、容差设计等方法的正确和有效应用。

2）参数设计。在产品结构设计前，一般应确定产品的主要参数，这些参数通常能反映产品主要的性能、质量特性或使用条件。所以，在系统设计的基础上，应该确定这些系统中各参数值的最优质量水平及其最佳组合。其基本思想就是利用试验设计等方法，寻求影响系统功能的各因素的最佳组合和系统、分系统或零部件间的最佳组合，从而尽量减少各种干扰的影响，以提高产品质量功能的稳定性。

在确定产品参数的同时，还应当考虑到其经济性，特别是对产品寿命、可靠性的参数，应当做经济分析和论证，选择最佳参数。例如，就产品寿命来讲，对于不同的产品，其考虑的原则可能不同。有的产品要求耐用，寿命越长越好；而有的产品却应当按照最经济的寿命设计，如考虑由于技术进步而引起的产品更新换代等；还有的产品寿命更短，仅使用一次就结束了。反映产品质量的性能参数往往很多，而且这些参数之间往往存在着相互影响，所以选择参数还有一个最佳组合问题。

在参数设计中，设计人员必须决定各项控制因子的最佳决策，使其不致影响制造成本，或保持质量损失最小。因此，必须降低产品或制造过程相对于全部噪声因子的敏感度，同时掌握各参数的目标值。进行参数设计时，要为噪声因子设定较宽的容差，并假定产品将采用较低等级的零部件或材料，也就是说要尽量降低制造成本，降低对噪声的敏感度，以减少质量损失。通过这一步的参数设计，如果质量损失符合规格了，说明已经达到最低成本，无须继续进行容差设计。然而在实际中，质量损失往往仍需再降低，因此仍需进行容差设计。

可见，参数设计是产品设计的核心工作。所谓参数设计，就是选择出影响质量特性值的各元器件参数的最佳值以及最适宜的组合，使系统的质量特性波动小、稳定性好。在产品的制造和使用过程中，由于受到多种因素的影响，产品的输出特性总是存在波动。要绝对消除这些波动是不可能的，但是通过合理选择参数的组合，可以大大减小这种波动的程度，从而保证质量的稳定性。

3）容差设计。容差设计是在完成系统设计和由参数设计确定了可控因素的最佳水平组合之后进行的。此时各元器件的质量水平较低，参数波动范围较宽。容差设计的目的是在参数设计阶段最佳条件的基础上，确定各个参数合适的容差。

容差设计的基本思想是根据各参数的波动对产品质量特性影响的大小，从经济性角度考虑有没有必要对影响大的参数给予较小的容差。由此，既可以进一步减少质量特性的波动，提高产品的稳定性，减少质量损失，又可以提高元器件的质量水平，使产品的成本有所提高。因此，容差设计阶段既要考虑进一步减少参数设计后产品仍存在的质量损失，又要考虑缩小一些元器件的容差将会增加的成本，权衡两者，采取最佳决策。

通过容差设计可以确定各参数最合理的容差，从而使总损失达到最小。容差设计的任务是针对主要的误差因素，选择波动值较小的优质元器件，以减少质量特性值的波动。由于这会带来质量成本的提高，所以只有在参数设计未能使内、外干扰充分减少的情况下，才进行容差设计。

对于容差设计，一般可以按照以下步骤进行：第一步：针对参数设计所确定的最佳参数水平组合，根据专业知识设想出可以选用的低质廉价的元器件。例如，可以选择较低等级的元器件进行试验设计和计算分析。第二步：为简化计算，通常选取与参数设计中相同的因素为误差因素，对任一误差因素，设其中心值为 m，波动的标准差为 σ。在最理想的情况下，取 3 个水平 $m-\sqrt{1.5\sigma}$、m、$m+\sqrt{1.5\sigma}$。第三步：选取正交表，安排误差因素进行试验，测出误差值。第四步：方差分析。为研究误差因素的影响，对测出的误差值进行方差分析。第五步：容差设计。根据方差分析的结果对各因素选用合适的元器件：对影响不显著的因素，可选用低等级、低价格的元器件；对影响显著的因素，要综合考虑各等级产品价格、各因素的贡献率大小、选用各等级元器件的质量损失等。

思考题

1）成功的食品质量设计应包括哪些要素？
2）食品新产品开发的基本流程。
3）质量功能展开的主要功效是什么？
4）举例说明食品加工过程实施 FMEA 的步骤和过程。
5）简述田口方法和稳健设计技术要点。

课程思政案例　　　　　　质量设计的过程管理和评审

3 食品质量控制

质量控制是通过监视质量形成过程，消除质量环上所有阶段引起不合格或不满意效果的因素，以达到质量要求，获取经济效益，而采用的各种质量作业技术和活动。食品质量控制是确保食品产品在生产、加工和分发过程中符合一定质量标准和要求的管理方法。

现代质量控制划分为若干阶段：

质量设计：在产品开发设计阶段的质量控制；

质量监控阶段：在制造中需要对生产过程进行监测；

事后质量控制：以抽样检验控制质量是传统的质量控制。

上述若干阶段中最重要的是质量设计，其次是质量监控，再次是事后质量控制。

质量控制大致分为 7 个步骤：a. 选择控制对象；b. 选择需要监测的质量特性值；c. 确定规格标准，详细说明质量特性；d. 选定能准确测量该特性值或对应的过程参数的监测仪表，或自制测试手段；e. 进行实际测试并做好数据记录；f. 分析实际与规格之间存在差异的原因；g. 采取相应的纠正措施。

采取相应的纠正措施后，仍然要对过程进行监测，将过程保持在新的控制水准上。一旦出现新的影响因子，还需要测量数据、分析原因进行纠正，因此这 7 个步骤形成了一个封闭式流程，称为"反馈环"。

3.1 质量波动与质量数据

3.1.1 质量波动的原因

质量波动指的是产品或过程的性能、特性或属性在一段时间内出现波动或变化的现象。这种波动可能是正常的，也可能是异常的，可能会影响产品的合格性、一致性和性能稳定性。质量波动可以是周期性的，也可以是随机的，其原因可能涉及原材料、生产工艺、设备状态、环境条件等多个因素。

食品质量波动是指在食品生产、加工、储存和分销过程中，同一批次或同一类食品产品的质量参数出现变化或波动的现象。如同一品种的水果，由于生长环境、季节等因素的变化，可能在颜色上出现波动；面包的制作过程中，面团的发酵时间、温度等因素可能波动，导致面包的质地出现硬度、松软度等方面的变化。这种波动可能会导致食品产品的味道、质地、外观、营养价值等方面出现变化，从而影响消费者对产品的感知和评价。

（1）"5M1E"模型

食品质量波动可以通过"5M1E"模型来解释，即人员（manpower）、机器（machine）、材料（material）、方法（method）、测量（measurement）和环境（environment）等六个方面的因素，以及外部因素（external factors）。

1）人员：操作员的技能水平、培训程度和经验可能影响产品质量控制。操作员的注意力、专注度和遵循操作规范的程度会影响生产过程的一致性。

2）机器：生产设备的状态、性能和准确度会影响产品的加工和质量。设备的维护情况和周期性校准的有效性也会影响产品的稳定性。

3）材料：不同批次或不同供应商的原材料质量差异会导致产品质量波动。原材料的来源、保存和处理方法可能对最终产品产生影响。

4）方法：生产工艺参数的变化可能对产品的质量产生影响。工艺流程、步骤的调整或变更可能会导致质量波动。

5）测量：测量仪器的准确性和稳定性对于质量控制至关重要。不准确的测量可能导致误判产品的质量。

6）环境：环境条件如温度、湿度、氧气含量等，会影响食品的物理和化学特性。温度控制、生产区域的清洁程度也可能影响产品的质量。

7）外部因素：供应链中的问题如原材料供应延迟、运输问题等，会影响产品的质量稳定性。政策法规的变化、市场需求的变化等也可能导致质量波动。

通过分析"5M1E"模型中的各个因素，食品生产企业可以更全面地了解质量波动的根本原因，并采取相应的措施来控制和减少这些原因对产品质量的影响。

（2）系统性因素和偶然性因素

食品质量波动的原因也可以分为系统性因素和偶然性因素，它们会影响食品的质量稳定性和一致性。以下是对这两种原因的详细说明：

1）系统性因素：系统性因素是长期存在、较为稳定的影响因素，会持续地影响食品的质量。这些因素通常需要系统性的管理和改进来减少其对质量的不良影响。一些可能的系统性因素包括：

①工艺参数稳定性：生产过程中工艺参数的波动可能导致食品质量的波动，确保工艺参数的稳定性是重要的。

②原材料供应链：原材料的质量稳定性受供应链管理的影响，供应链中的问题可能影响食品质量的一致性。

③设备维护和校准：设备的维护和定期校准对于保持生产过程的稳定性和一致性至关重要。

④员工培训与执行：员工的技能水平、培训和严格的操作规范可以减少人为因素对质量的影响。

⑤工艺流程优化：对工艺流程的优化和改进可以降低质量波动的可能性。

2）偶然性因素：偶然性因素是临时性、不稳定的因素，可能会在特定情况下导致食品质量的波动。这些因素通常难以预测，但需要及时识别和解决。一些可能的偶然性因素包括：

①原材料批次差异：不同批次的原材料可能存在微小差异，导致成品质量波动。

②突发设备故障：生产设备的意外故障可能会影响食品生产过程和质量。

③环境变化：突发的环境因素，如温度、湿度变化，可能导致质量问题。

④人为操作失误：操作员的疏忽、错误操作可能在某些情况下导致质量波动。

3）处理方法：针对系统性因素，企业应该建立严格的质量管理体系，持续监测和改进工艺、供应链等方面，以减少系统性因素对食品质量的影响。针对偶然性因素，建立快速反应机制，通过实时监测和及时纠正来应对偶然性因素的影响，以减少质量波动。

通过对系统性和偶然性因素的认识和应对，企业可以更好地控制食品质量波动，确保产品的稳定性和一致性，提高消费者满意度。

3.1.2　质量波动的分类

食品质量波动可以根据其表现和性质分为正常波动和异常波动。这两种波动描述了食品质量在生产过程中的变化情况，需要根据预定的标准和指标进行评估。

（1）正常波动

正常波动指在合理范围内、符合预期的质量参数变化。这种波动通常是由于生产过程的自然变化、批次差异等原因引起的，但仍然在产品规格和标准的允许范围内。例如，某种食品的颜色可能因原材料批次的不同而略有变化，但这种变化仍在标准颜色范围内，属于正常波动。正常波动是预料之中的，不会对产品的品质造成显著影响。

（2）异常波动

异常波动指产品质量参数出现超出正常范围、不符合预期的变化。例如，某种食品产品的味道、气味发生异常变化，超出了正常味道范围，可能是异常波动，需要进行调查和纠正。这种波动可能会导致产品性能、外观、安全性等方面的问题，可能需要立即采取措施来纠正。异常波动可能由生产过程中的问题、设备故障、原材料质量问题等引起。

在食品生产中，对正常波动和异常波动进行识别和分类是非常重要的。通过对波动进行监测、数据分析和及时反应，可以保障产品的一致性和合格性，降低食品质量问题的发生率。

3.1.3　质量数据的分类及其与统计推断的关系

质量数据是指在生产、制造、加工、检测等过程中，通过测量、观察或其他手段获得的与产品、过程或系统质量相关的数值或信息。这些数据可以包括产品的尺寸、重量、化学成分、机械性能等各种性质，用于评估产品的合格性、性能稳定性以及过程的可控性。

食品质量数据是指在食品生产、加工、检验和分销等过程中所收集到的与食品质量相关的各种信息和数字。例如，食品中化学物质残留的检测数据，如农药残留、重金属含量等，这些数据用于评估食品是否符合安全、卫生、营养和口感等方面的要求，以及监控生产过程的稳定性和一致性。质量数据在质量管理中起着重要的作用，帮助企业判断产品的质量水平、发现质量问题和制定改进措施。

（1）质量数据的分类

质量数据可以根据其度量方式、性质、用途和类型进行多种分类，其中包括计量数据、计数数据等其他类型的数据。

计量数据：计量数据是连续性的数据，通常用于表示数量、度量和度量的性质，如食品成分含量、热处理温度、时间。这些数据可以进行各种数学和统计分析。

计数数据：计数数据是离散性的数据，通常用于表示次数、频率、数量等，如产品缺陷数、不良事件次数等。这些数据可以用来计算百分比、频率分布等。

顺序数据：顺序数据是一种有序的数据，用于表示不同级别或程度的排列，如满意度评分、等级评价等。这些数据可以用来比较和排名。

名义数据：名义数据是用于分类和标识的数据，表示不同的类别或组别，如产品类型、颜色等。

时间序列数据：时间序列数据是按照时间顺序排列的数据，通常用于分析趋势、季节性变化等。

（2）数据与统计推断的关系

一般不可能对一批或某一工序的产品进行全部检查。只能从样本的测试结果推断整批产品。

1）总体（population）：总体是研究对象的全体，它包括了我们想要了解的全部单位、元素或对象。总体可以是一个人群、产品批次、过程的所有输出等。

2）样本（sample）：样本是从总体中抽取的部分，用来代表总体并进行统计分析。由于往往不可能检查全部单位，样本的测试结果用来推断总体的性质。

3）样品（individual）：样品是样本中的每一个成员，也称为观测值或数据点。每个样品都代表了总体中的一个单位或元素。

4）抽样（sampling）：抽样是从总体中取得样本的过程，旨在获得能够代表总体特征的部分数据。合适的抽样方法和样本容量可以确保样本具有代表性。

5）样本容量（sample size）：样本容量是指样本中所包含的样品数量。样本容量的大小会影响推断的可靠性，过小的样本容量可能不足以代表总体。

3.1.4 质量数据特征值

质量数据特征值是指一组数据中的各种统计性质、性质和特点，用于描述数据的分布、趋势和变化。在数据分析中，了解数据的特征值可以帮助我们更好地理解数据集，从而做出更准确的决策和推断。

质量数据特征值可以分为集中趋势和分散度两个方面，用于描述数据的中心位置和数据的离散程度。

（1）集中趋势

1）频数（frequency）：数据集中各个数值出现的次数。

2）算数平均值（arithmetic mean）：数据集中所有数据的总和除以数据的数量。

计算公式：

$$\overline{X} = \frac{1}{n} \sum_{i=1}^{n} X_i$$

式中：X_i 为数据集中的第 i 个数据；n 为数据的数量。

3）中位数（median）：数据集中将数据从小到大排列后，位于中间位置的值。

计算方法：

①如果数据数量 n 是奇数，中位数就是排序后的第 $\frac{n+1}{2}$ 个数据。

②如果数据数量 n 是偶数，中位数是排序后的第 $\frac{n}{2}$ 个数据和第 $\frac{n}{2}+1$ 个数据的均值。

4）众数（mode）：数据集中出现次数最多的值。

（2）分散趋势

1）极差（range）：数据集中最大值与最小值之间的差值，用符号 R 表示。
计算公式：

$$R = X_{\max} - X_{\min}$$

2）标准差（standard deviation）：衡量一组数据的离散程度或变异程度的统计量，用来衡量数据点相对于平均值的分散程度。

对于总体的标准差：

$$\sigma = \sqrt{\frac{\sum_{i=1}^{N}(x_i - \mu)^2}{N}}$$

对于样本的标准差：

$$S = \sqrt{\frac{\sum_{i=1}^{n}(x_i - \bar{x})^2}{n-1}}$$

式中：N 为总体中数据点的数量；n 为样本中数据点的数量；x_i 为第 i 个数据点的值；μ 为总体的平均值；$\bar{x}$ 为样本的平均值。

注意，样本的标准差使用 $n-1$ 作为分母，这是为了进行样本的无偏估计。总体的标准差使用 N 作为分母。

在数据分析中，使用这些集中趋势特征值可以帮助我们了解数据集的中心位置、分布和趋势。这些特征值的计算有助于对数据进行初步分析和解释。

3.1.5　质量数据的分布

质量数据的分布是指在一组数据中不同数值出现的频率和模式。在质量控制和统计分析中，常见的两种数据分布是正态分布（也称为高斯分布）和二项分布。

（1）正态分布

正态分布是一种连续型的概率分布，其特点是呈钟形曲线，对称分布在均值周围。在正态分布中，均值、中位数和众数是重合的，也就是说它们都位于曲线的中心。正态分布在自然界和实际数据中非常常见，如面包重量、果汁糖度等。

符合正态分布的质量数据具有一个重要性质——"3σ"法则，是指在正态分布下，数据落在 $(\mu+3\sigma)$ 范围内的概率分布规律。具体来说，根据这个法则的数据分布特点如下：$\mu \pm \sigma$ 范围内数据有 68.27%；$\mu \pm 2\sigma$ 范围内数据有 95.46%；$\mu \pm 3\sigma$ 范围内数据有 99.73%。

这个法则在统计分析和质量控制中非常有用，因为它允许我们通过标准差来估计数据的分布范围。如果质量数据呈正态分布，我们可以使用这个法则来判断数据是否符合预期或是否存在异常值。

（2）二项分布

二项分布是一种离散型的概率分布，适用于一组独立重复实验中成功与失败的次数。每次实验的结果只有两种可能（成功或失败），且各次实验之间相互独立。二项分布通常用于描述概率事件的频率，如硬币的正面朝上次数、产品的合格率等。

3.1.6　随机抽样

随机抽样是一种在统计学中常用的方法，用于从一个总体中随机选择样本，以便对总体的特征进行估计和推断。随机抽样的目的是保证样本能够代表整个总体，从而使针对样本的分析和推断能够在一定程度上推广到整个总体。在食品领域，随机抽样是确保食品质量和安全的重要手段之一。

简单随机抽样：从某一批次的食品产品中随机选择一定数量的样本进行检验。如从一批新鲜水果中随机选择几个水果，检测其甜度、营养成分等。

分层抽样：将食品样本按照不同属性或来源分成不同层，然后在每个层中随机抽取样本。如从不同种类的食品中选取样本，分别测试不同种类的营养成分，以确保样本的代表性。

整群抽样：从不同供应商或生产批次中随机选择部分进行抽样检验。例如，从不同供应商提供的同一食材批次中随机选择一部分进行微生物检验。

系统抽样：在生产线上每隔一定时间或数量抽取样本进行检验。如在食品加工线上每隔一小时抽取一次样品，检测产品的重量、颜色、外观等。

多阶段抽样：可以将不同生产阶段或不同销售地区作为不同阶段，逐步抽取样本。例如，从食品原料生产阶段开始，逐步抽样检测，直到最终产品销售阶段。

这些方法在食品领域用于抽取样本、检验产品，以确保食品的质量、安全和合规性。选择合适的抽样方法需要考虑食品特性、生产流程、监管要求等因素。

3.2　质量控制的老 7 种工具

质量控制的老 7 种工具，也被称为质量管理的 7 个基本工具，是一组用于问题识别、分析和解决的基本工具，广泛应用于质量管理和过程改进。这些工具可以帮助组织识别问题的根本原因，并采取适当的措施来改进和优化过程。以下是质量控制的老 7 种工具：

检查表（check sheet）：用于记录问题出现的频率、位置等关键信息，帮助整理数据并识别问题模式。

分层法（stratification）：将总体或样本划分为不同的层，以便更详细地分析每个层的特征和变异性。

排列图（pareto chart）：也称为帕累托图，用于识别问题的主要原因，通过将问题因素按照重要性排序，帮助确定优先解决的问题。

因果图（cause-and-effect diagram）：也称为鱼骨图或石川图，用于分析问题的根本原因，将问题拆分成不同的影响因素。

直方图（histogram）：将数据分布以柱状图形式展示，有助于了解数据的分布情况、中心趋势和离散程度。

工序能力分析（process capability analysis）：用于评估过程的稳定性和能力，确定过程是否能够满足规定的质量要求。

散布图（scatter diagram）：用于展示两个变量之间的关系，有助于分析变量之间的相关性和趋势。

这些工具和方法在质量控制和过程改进中都有重要作用，可以帮助组织识别问题、分析数据、制订改进计划，从而提高产品和过程的质量。

3.2.1　检查表

（1）定义

检查表，也称为调查表，是质量管理中常用的工具之一，用于记录和统计特定事件、缺陷或情况的发生情况。它是一种用于数据收集和可视化的工具，有助于系统地收集信息，识别问题，并为后续的分析和决策提供支持。食品质量控制中，检查表是一种常用的工具，用于监控、记录和分析食品生产、加工和分销过程中的关键要点和质量特性，如原材料验收检查表、问题解决和改进检查表，如表3-1所示。

表3-1　面包不合格原因检查表

生产日期	检查数	不合格数	不合格原因					
			重量不符	颜色异常	包装破损	大小不均匀	夹生或不熟	其他
8.1	500	20	5	4	3	4	2	2
8.2	500	10	3	2	1	2	1	1
8.3	500	5	2	1	1	1	0	0
8.4	500	15	4	3	3	2	1	2
8.5	500	8	2	2	1	1	2	0
8.6	500	3	0	2	1	0	0	0
8.7	500	25	6	5	6	4	1	3
8.8	500	12	4	2	0	1	4	1
8.9	500	6	0	1	2	2	1	0
8.10	500	18	3	1	4	2	4	4
8.11	500	7	2	3	1	0	1	0
8.12	500	4	1	0	2	0	1	0
合计　频数		133	32	26	25	19	18	13
合计　频率		1.000	0.241	0.195	0.188	0.143	0.135	0.098

（2）分类

1）按照用途分类：

①记录用检查表：这种检查表主要用于记录和统计特定事件、缺陷等的发生情况，以便后续分析和决策。它是用于数据收集和可视化的工具，有助于了解问题的发生情况、趋势和模式，以便采取相应的措施。

②检查用检查表：这种检查表用于指导和记录某个过程、产品或服务的检查步骤，以确保它们符合规定的质量标准和要求。在执行检查或验收时，检查用检查表将列出需要检查的关键要点、特征或标准，检查人员将根据表格内容进行逐项检查，记录检查结果。

这两种检查表在质量管理中起着不同的作用，记录用检查表用于数据收集和问题识别，帮助分析和改进；而检查用检查表则用于指导实际的检查和验收工作，确保产品或服务的质量符合标准。它们都是提高质量、控制效率和一致性的有用工具。

2）按照搜集数据的目的分类：

①矩阵调查表：把产生问题的因素排列成行和列，在交叉点上标出调查到的不合格情况，分析原因，提出解决方案。

②不合格项目调查表：调查和统计不合格项目及其占不合格品总数的比例。

③不合格位置调查表：调查产品各部位不合格情况，标记在示意图上。

④不合格原因调查表：按设备、操作、时间等标记进行分层调查。

⑤过程质量分布调查表：调查纯度、含量等计量数据的过程质量状况。

（3）步骤

实施检查表是一个重要的质量控制步骤，它可以帮助记录和分析关键要点，从而确保产品或过程的质量符合要求。

1）准备工作：a. 确定要检查的对象或过程。b. 定义要检查的关键要点和质量特性。c. 设定检查表的格式，包括表头、列和行。

2）培训操作者：培训负责填写检查表的操作者，确保操作者理解质量标准和要求，使其了解如何正确使用表格，以便准确地记录数据。

3）收集数据：a. 在指定的时间和地点，执行实际的检查，根据质量标准逐项进行记录。b. 根据表格中的指示，填写检查数、不合格数、不合格情况等数据。

4）记录数据：使用规定的方式填写检查表中的数据，可以是勾选、填写数字或文字等，确保数据填写准确、清晰，以便后续的数据分析。

5）分析数据：根据收集的数据，使用统计工具和方法，如图表、频率分布等，进行数据分析，识别趋势、问题和改进机会。

6）识别问题和改进：根据数据分析结果，识别可能存在的问题或质量缺陷，制定相应的改进措施，以防止问题再次发生。

7）采取纠正措施：如果有不合格情况，根据问题的性质和严重程度，采取适当的纠正措施，确保问题得到解决并不再出现。

8）持续监控：在后续的生产过程中，持续地执行检查和记录数据，以确保质量控制的持续性。根据数据的变化和趋势，不断调整检查表和质量标准。

9）文件保存：将填写的检查表保存好，用于未来的参考和审查，确保数据的可追溯性和可审核性。

10）持续改进：根据实际的使用和数据分析结果，不断改进和优化检查表的内容和标准。保持对质量控制流程的持续改进，以提高产品或过程的质量水平。

实施检查表需要有条不紊地进行，同时与操作人员的合作和培训非常重要，以确保数据的准确性和有效性。检查表的实施是质量管理过程中的一个关键环节，有助于实现产品或过程的持续改进和优化。表3-2为面包检验数据记录表。

表3-2　面包检验数据记录表

检验日期：2023年08月01日　　　　　　　　　　　　　　　　　　　　　　编号：JN0801

产品名称	面包	重量	100g	批次	0001
检验数量	5000	检验员	王小刚		
不合格项目	不合格项目记录（画"正"字）				小计
重量	正丁				7
颜色	正一				6
包装					0
大小	下				3
夹生					0
其他					0
本次不合格数	16	不合格率/%	0.32		

（4）应用

在食品领域，检查表被广泛用于记录和监控生产、加工和分发过程中的关键要点和质量特性。

1）食品生产工艺控制：在食品生产中，检查表用于记录生产过程中的各个阶段的关键参数，如温度、时间、pH值等，以确保产品的生产符合标准和要求。

2）卫生检查和清洁程序：食品加工厂和餐饮业常使用检查表来记录卫生检查和清洁程序的执行情况，以确保生产环境和设备的卫生达到标准。

3）原材料质量控制：食品生产过程中，使用检查表记录原材料的检验结果，如检测食材的外观、气味、质量等，以保证原材料的质量合格。

4）产品包装检查：检查表用于记录产品包装的完整性、标签是否准确等，以确保食品在分发和销售过程中的合规性和安全性。

5）食品安全和卫生检查：餐饮业、食品零售业等使用检查表记录食品安全和卫生检查，包括食材储存条件、食品加工环境等，以确保食品的卫生和安全。

6）生产日志记录：食品生产过程中，检查表可以用于记录生产日志，包括生产日期、生产数量、质检结果等，以便追溯和分析生产过程。

7）食品质量抽检：检查表用于记录食品质量抽检的结果，包括抽检数量、不合格情况、原因等，以及采取的纠正和预防措施。

通过使用检查表，食品企业可以更好地管理食品质量、确保卫生安全、提高效率，并持续改进生产过程。

3.2.2　分层法

（1）定义

分层法是将杂乱无章的数据和错综复杂的因素进行适当归类和整理，使其系统化和条理化，有利于找出主要的质量原因和采取相应的技术措施的方法。

质量管理中的数据分层就是根据使用目的、性质、来源、影响因素等将数据进行分类的方法，也就是把性质相同、在同一生产条件下收集到的质量特性数据归为一类。分层法有一个重要的原则，即使同一层内的数据波动幅度尽可能小，而层与层之间的差别尽可能大，否则就起不到归类汇总的作用。

在食品质量控制中，分层法是一种抽样方法，根据某些特定的特征或因素将食品总体划分成不同的层次，然后在每个层次中进行抽样和分析，以获取关于不同层次食品质量的信息。分层法能够帮助食品生产者更精确地了解不同层次中的质量情况，从而有针对性地进行质量控制和改进。

在食品领域，分层法的应用可以根据多种因素进行，如产品批次、供应商、生产线、地区等。例如，假设一个食品生产厂家生产多种类型的面包，可以将不同类型的面包分为不同的层次，然后在每个层次中进行抽样和检查，以了解不同类型面包的质量情况。

（2）分层方法

分层的目的不同，分层的标志也不一样。一般说来，分层可采用以下因素作为标志：

1）按时间分层：早班、中班、晚班，上旬、中旬、下旬。

2）按操作人员分层：不同技术级别工人。

3）按使用设备分层：不同型号设备。

4）按操作方法分层：不同温度、压力，不同工艺。

5）按检测手段分层：自动、手工。

6）其他：不同工厂、不同使用条件、不同使用单位。

（3）步骤

在食品领域，分层法的应用可以根据多个因素进行，如产品类型、生产批次、生产线、供应商等。例如，假设一个食品公司生产多种类型的果汁产品，可以将不同类型的果汁分为不同的层次，然后在每个层次中进行抽样检验，以了解不同类型果汁的质量状况。

确定分层因素：根据食品生产的实际情况，选择影响质量的特定因素，如产品特性、生产批次等。

划分层次：基于确定的分层因素，将食品总体划分为不同的层次，确保每个层次内的食品具有相似的特征。

抽样：在每个层次内进行抽样，采用随机抽样或其他适当的抽样方法，以获取样本。

质量检验和比较：对于每个层次的样本数据进行质量检验和分析，比较不同层次之间的质量情况。

通过分层法，食品生产者可以更准确地了解不同层次的食品质量，更有针对性地制定质量改进策略，从而确保生产的食品产品符合质量标准和要求。

（4）实例

某食品公司生产的果汁经常发生微生物超标的现象，为解决这一质量问题，对该杀菌工序进行现场统计。对杀菌后的 60 批次产品进行抽样检测，有 24 批次微生物超标，超标率为 40%。通过分析认为，造成微生物超标的原因有两个：一是杀菌工序由 A、B、C 三人操作的方法不同；二是浓缩果汁来源不同，分别来自美国、日本。

为了找到问题的根源，我们将数据进行分层，先按工人进行分层，得到的统计情况如表 3-3 所示。然后按浓缩果汁供应商进行分层，得到的统计情况如表 3-4 所示。

表 3-3　按操作工人分层的统计表

操作者	微生物超标/批	微生物未超标/批	超标率/%
A	8	12	40
B	4	16	20
C	12	8	60
合计	24	36	40

表 3-4　按供应商分层的统计表

供应商	微生物超标	微生物未超标	超标率/%
美国	14	16	47
日本	10	20	33
合计	24	36	40

由上面两个表可以得出这样的结论：为减少微生物超标率，应采用操作者 B 的操作方法，因为操作者 B 的操作方法微生物超标率最低；应采用日本供应商提供的浓缩果汁，因为它比美国供应商的微生物超标率低。实际情况是否如此，还需要通过更详细的分层分析。下面同时按操作工人和供应商分层，结果见表 3-5。

表 3-5　综合分层统计表

操作者		供应商		合计
		美国	日本	
A	微生物超标	6	0	6
	微生物未超标	2	11	13
B	微生物超标	0	6	6
	微生物未超标	5	7	12
C	微生物超标	4	8	12
	微生物未超标	7	4	11
合计	微生物超标	10	14	24
	微生物未超标	14	22	36
	合计	24	36	60

如果按照上面的结论，采用操作者 B 的操作方法和日本的浓缩果汁，微生物超标率为 6/13＝46.15%，而原来的超标率是 40%，所以微生物超标率不但没有下降，反而上升了。因此，这样的简单分层是有问题的。正确的方法应该是：a. 当采用美国浓缩果汁时，应推广采用操作者 B 的操作方法；b. 当采用日本浓缩果汁时，应推广采用操作者 A 的操作方法。这时它们的平均微生物超标率为 0。因此，运用分层法时，不宜简单地按单一因素分层，必须考虑各因素的综合影响效果。

3.2.3 排列图

（1）定义

排列图是找出质量问题中的主要问题或影响质量的主要原因所使用的图，又叫主次图、帕累托图。它用于对一组数据进行可视化分析，以确定其中最重要的问题或因素，从而有针对性地采取改进措施。排列图常用于识别引起问题或不合格情况的主要原因，帮助决策者优先处理影响最大的因素。

排列图建立在帕累托原理的基础上，帕累托原理指的是意大利经济学家帕累托发现少数人占有绝大多数财富，而绝大多数人却占有少量财富处于贫困的状态，他最早用此统计原理分析社会财富的分布状况。

美国质量管理专家朱兰，把"关键的少数、次要的多数"这一原理应用于质量管理中，认为"少量问题造成了不合格的大部分"。排列图成为质量管理常用方法之一，并广泛应用于其他的专业管理。

在食品领域，排列图可以用于识别导致食品质量问题的主要原因，如产品不合格、客户投诉等。通过分析排列图，企业可以更好地分配资源和优先处理影响最大的因素，从而改善食品质量和生产效率。

（2）步骤

排列图由两个纵坐标、一个横坐标、若干个直方图形和一条曲线组成（图 3-1）。左边的纵坐标表示频数，右边的纵坐标表示频率，横坐标表示影响质量的各种因素。若干个直方图形分别表示质量影响因素的项目，直方图形的高度则表示因素影响程度的大小，按大小顺序由左向右排列，曲线表示各影响因素大小的累计百分数。A 类质量问题：累积频率在 80% 以内的项目，是主要问题或主要因素；B 类质量问题：累积频率在 80%~90% 的项目，是次要问题或次要因素；C 类质量问题：累积频率在 90%~100% 的项目，是一般问题或一般因素。

排列图的制作步骤如下：

1）收集数据：收集与问题或现象相关的数据，这些数据可以是质量问题、故障原因、投诉类型等。

2）整理数据：对收集到的数据进行分类整理，将相同类型或原因的数据进行分组。

3）计算频数：计算每个分组中的数据频数（出现次数）。

4）绘制图表：在横轴上列出各分组，纵轴上绘制频数。然后，绘制条形图，条形的高度表示每个分组的频数。

5）排序：将条形按照频数从高到低排序，形成从左到右递减的排列图。

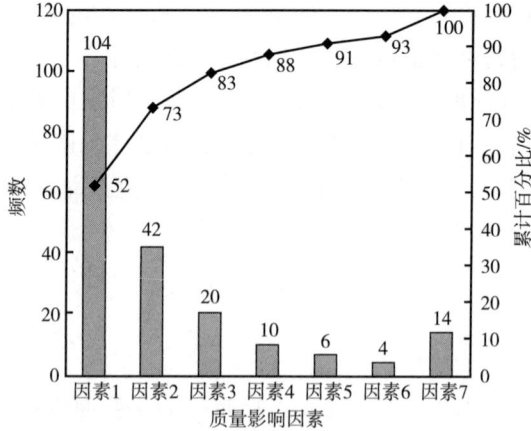

图 3-1 排列图

6）添加累计百分比线：在排列图上添加一个累计百分比曲线，表示累计频数的百分比。这有助于判断哪些因素导致了主要的问题。

（3）应用

帕累托原理又称为二八原理，即 80% 的问题是 20% 的原因造成的，该原理主要用来找出产生大多数问题的关键原因，用来解决大多数问题。

1）按不合格点内容分类，分析造成质量问题的薄弱环节。

2）按生产作业分类，找出产生不合格品最多的关键过程。

3）按生产班组或单位分类，分析比较各单位技术水平和质量管理水平。

4）将采取提高质量措施前后的排列图对比，分析改进措施是否有效。

5）用于成本费用分析、安全问题分析等。

3.2.4 因果图

（1）定义

因果图是以系统的方式图解造成某项结果的众多原因的图，即以图来表达结果（特性）与原因（因素）之间的关系，形状像鱼骨，又称鱼骨图（图 3-2），是一种用于分析问题和确定问题根本原因的可视化工具。首先提出这个概念的是日本质量管理权威石川馨博士，所以此图又称石川图。

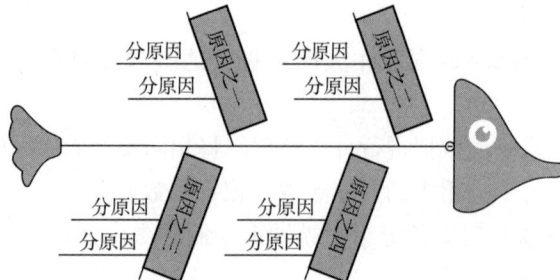

图 3-2 鱼骨图示意图

某项结果的形成必定有其背后原因，应设法利用图解法找出其因。鱼骨图可使用在一般管理及工作改善的各种阶段，特别是树立意识的初期，易于使问题的原因明朗化，从而设计步骤解决问题。它帮助团队识别导致特定问题的多个因素，并将这些因素按照逻辑关系组织起来，以便深入探究问题的起因。这种图形表示方法有助于团队厘清思路、进行头脑风暴，从而更好地解决问题。

因果图的基本格式由特性、原因、枝干三部分构成，问题的特性总是受到一些因素的影响，通过头脑风暴找出这些因素，并将它们与特性值一起，按相互关联性整理成层次分明、条理清楚的因果图，并标出重要因素。

（2）分类

1）整理问题型鱼骨图，各要素与特性值间不存在原因关系，而是结构构成关系，可对问题进行结构化整理。

2）原因型鱼骨图，鱼头在右，特性值通常以"为什么……"来表述。

3）对策型鱼骨图，鱼头在左，特性值通常以"如何提高/改善……"来表述。

（3）步骤

制作鱼骨图分两个步骤：分析问题原因/结构；绘制鱼骨图。

1）分析问题原因/结构。

①针对问题点，选择层别方法，如"5M1E 法"。

②按头脑风暴分别找出各层别所有可能的原因（因素）。

③将找出的各要素进行归类、整理，明确其从属关系。

④分析选取重要因素。

⑤检查各要素的描述方法，确保语法简明、意思明确。

2）绘制鱼骨图。

①查找要解决的问题。

②把问题写在鱼骨的头上。

③召集同事共同讨论问题出现的可能原因，尽可能多地找出问题。

④把相同的问题分组，在鱼骨上标出。

⑤根据不同问题征求大家的意见，总结出正确的原因。

⑥拿出任何一个问题，研究为什么会产生这样的问题。

⑦针对问题的答案再问为什么？这样至少深入 5 个层次（连续问 5 个问题）。

⑧当深入第 5 个层次后，认为无法继续进行时，列出这些问题的原因，而后列出至少二十个解决方法。

以某炼油厂情况作为实例，采用鱼骨图分析法对其市场营销问题进行解析（图 3-3）。

图中的"鱼头"表示需要解决的问题，即该炼油厂产品在市场中所占份额少。根据现场调查，可以把产生该炼油厂市场营销问题的原因概括为五类，即人员、渠道、广告、竞争和其他。在每一类中包括若干造成这些原因的可能因素，如营销人员数量少、销售点少、缺少宣传策略、进口油广告攻势等。

第一步：列出原因。将上述五类原因及其相关因素分别以鱼骨分布态势展开，形成鱼骨分析图。

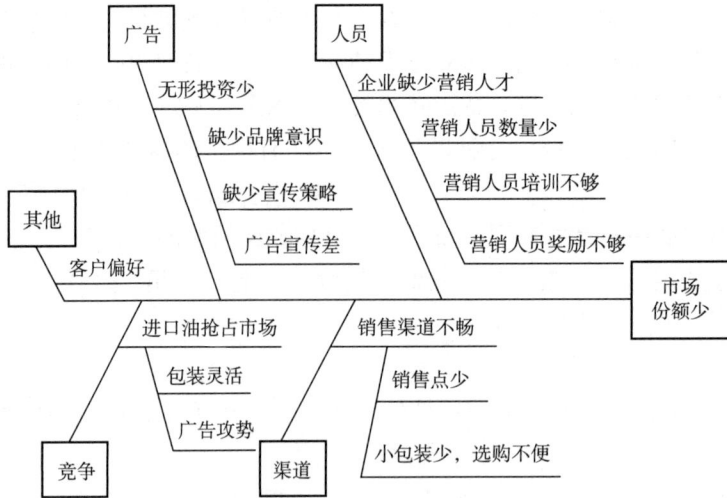

图 3-3　炼油厂市场营销问题鱼骨图

第二步：找出原因。找出产生问题的主要原因，为此可以根据现场调查的数据，计算出每种原因或相关因素在产生问题过程中所占的比重，以百分数表示。

例如，通过计算发现，"营销人员数量少"在产生问题过程中所占比重为 35%，"广告宣传差"为 18%，"小包装少"为 25%，三者在产生问题过程中共占 78%的比重，可以被认为是导致该炼油厂产品市场份额少的主要原因。

最后一步：分析原因。如果我们针对这三大因素提出改进方案，就可以解决整个问题的 78%。该案例也反映了"20：80 原则"，即根据经验规律，20%的原因往往产生 80%的问题，如果由于条件限制，不能 100%解决问题，只要抓住占全部原因的 20%，就能够取得 80%解决问题的成效。

找出主要原因以后，再以实验设计的方法进行实验分析，拟出具体实验方法，找出最佳工作方法，问题也许能得以彻底解决，这是解决问题，更是预防问题。

（4）应用

因果图在食品领域的应用非常广泛，可以帮助食品生产和加工过程中解决各种问题，提升产品质量和安全性。

食品安全问题分析：因果图可以用于分析食品安全问题，识别导致食品污染、细菌感染、食物中毒等事件的根本原因，从而采取相应的措施避免类似事件再次发生。

产品质量改进：食品生产过程中可能会出现产品质量问题，因果图可以帮助找到导致产品质量不合格的关键因素，指导生产流程的改进。

食品工艺优化：因果图可以用于分析食品生产工艺中的问题，如温度控制、压力变化等因素，以优化工艺流程，提高生产效率和质量。

供应链管理：食品供应链涉及多个环节，如采购、加工、运输等，因果图可以帮助识别供应链中的潜在问题，确保食品的质量和安全。

食品包装问题分析：食品包装可能引发食品变质、氧化等问题，因果图可以帮助找到包装环节的主要问题，改善包装设计和材料选择。

客户投诉分析：对于食品生产商而言，客户投诉是一个重要的反馈渠道，因果图可以帮助分析客户投诉的原因，改进产品和服务。

食品安全事故分析：在食品安全事故发生后，因果图可以用于深入调查事故的原因，找到事故背后的根本问题，以便采取防范措施。

总之，因果图在食品领域的应用有助于提升食品质量、安全性和生产效率，帮助食品生产企业解决各种问题，确保产品的合规性和消费者的健康。

3.2.5 直方图

（1）定义

直方图又称质量分布图，是对大量抽样产品质量特性检测数据进行加工整理的一种有效工具。它将数据划分为一系列的间隔（也称为"组"），并将每个组内的数据数量或频数表示为柱状条，能够显示数据的分布形状，以此判断和预测生产过程质量和不合格率。

用横坐标标注质量特性值（以组距为底边），纵坐标标注频数或频率值，各组的频数或频率的大小用直方柱的高度表示，绘制直方图（图3-4），可直观反映产品质量的分布状态，判断工序是否处于稳定状态。

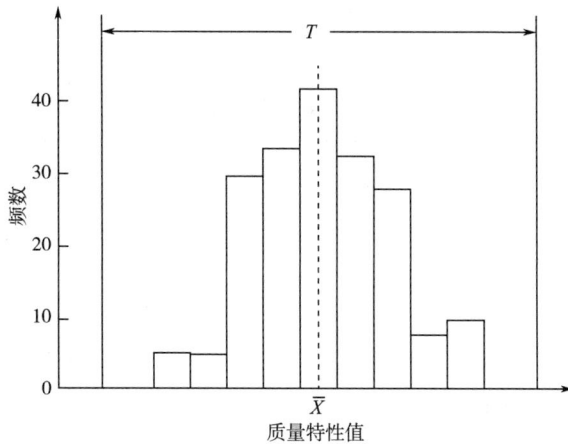

图 3-4　直方图示意图

（2）制作方法

1）搜集数据：将搜集到的数据填入数据表（表3-6）。作直方图的数据要大于50个，否则反映分布的误差太大。

表 3-6　蛋糕含水量数据表　　单位:%

43	28	27	26	33	29	18	24	32	14
34	22	30	29	22	24	22	28	48	1
24	29	35	36	30	34	14	42	38	6
28	32	22	25	36	39	24	18	28	16

38	36	21	20	26	20	18	8	12	37
40	28	28	12	30	31	30	26	28	47
42	32	34	20	28	34	20	24	27	24
29	18	21	46	14	10	21	22	34	22
28	28	20	38	12	32	19	30	28	19
30	20	24	35	20	28	24	24	32	40

2）按组距相等的原则确定分组数和组距。

①求极差，即一组数据中最大值与最小值的差：$R = X_{max} - X_{min} = 48 - 1 = 47$。

②确定组数 K，组距 H。组数 K 没有固定标准，常常需要一个尝试和选择的过程，应力求合适，以使其清楚地表现出来。组数的确定要适当，分组过多会使柱子的高度参差波动，直方图呈锯齿型，甚至出现空档，不易显示其分布规律，而且计算量也会增加。分组过少则会掩盖了组内数据可能的异常波动，直方图过于宽平，对分布状态反应不灵敏。组数的确定可以参考表 3-7。

本例中，$K = \sqrt{n} = \sqrt{100} = 10$。

表 3-7 组数 K 取值参考表

数据的总数 n	组数 K
50~100	6~10
100~250	7~12
250 以上	10~20

有了组数，还要确定组距也就是柱子的宽度，这样才能计算每根柱子该包含哪些数据。

组距的确定方法为 $H = R/K = 47/10 = 4.7 \approx 5$。

注意组距要取测量单位的整数倍，否则生成的直方图会有锯齿形的错误分布。如果计算出的组距不是测量单位的整数倍，则要上下调整圆整。当 H 向上圆整时，实际分组数 K 将比原选定的分组数小，当 H 向下圆整时，实际分组数将比原选定的分组数大，这并不影响直方图形态和分析结论。

3）确定各组上下界限，即每根柱子的起点和终点值。为避免出现数据值与组的边界值重合而造成频数计算困难的问题，组的边界值单位应取最小测量单位的 1/2，即把数据的位数向后移动 1 位，并取数值为 5。例如，个位数（1）取 0.5；小数 1 位数（0.1）取 0.05。分组的范围应能把数据表中最大值和最小值包括在内。

本例中最小测定单位为 1，所以起点为 $1/2 = 0.5$。根据组距为 5，各组界限结果见表 3-8。

表 3-8 上下界限值

组别	下界限值	上界限值
第一组	0.5	5.5
第二组	5.5	10.5
第三组	10.5	15.5
第四组	15.5	20.5
第五组	20.5	25.5
第六组	25.5	30.5
第七组	30.5	35.5
第八组	35.5	40.5
第九组	40.5	45.5
第十组	45.5	50.5

4）编制频数分布表，也就是落在各组的数据的数量是多少。填入组顺序号及上述已计算好的组界，计算各组组中值（每组上下限的平均值）。将质量数据归入相应的组中，统计各组的数据个数，即频数，得到频数分布表（表 3-9）。

表 3-9 频数分布表

组别	下界限值	上界限值	小计
第一组	0.5	5.5	1
第二组	5.5	10.5	3
第三组	10.5	15.5	6
第四组	15.5	20.5	14
第五组	20.5	25.5	19
第六组	25.5	30.5	27
第七组	30.5	35.5	14
第八组	35.5	40.5	10
第九组	40.5	45.5	3
第十组	45.5	50.5	3

5）画直方图，横坐标表示质量特性值，纵坐标表示频数，以组距为底，频数为高，画出各组的矩形图（图 3-5）。横坐标刻度应将最大、最小值及规格范围（公差）都含在坐标值内，总频数 N 和统计特征值 $\bar{X}$ 与 S 是直方图上的重要数据，一定要标出。

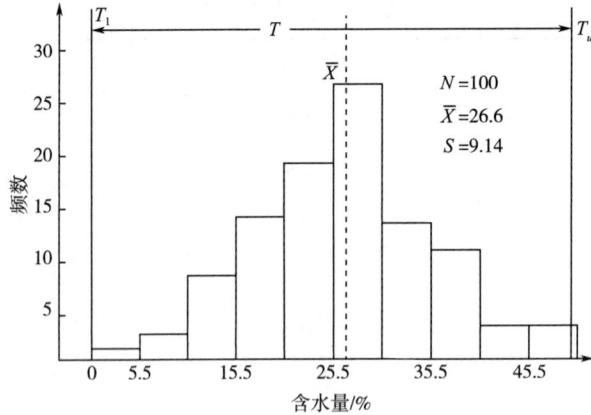

图 3-5　蛋糕水分含量直方图

（3）直方图分析

1）形状分析：直方图能够比较形象、客观地反映产品质量的分布状况。直方图绘制后，通过形状（图 3-6）分析可判断总体（生产过程）是正常或异常，进而采取措施保持稳定或寻找异常的原因。

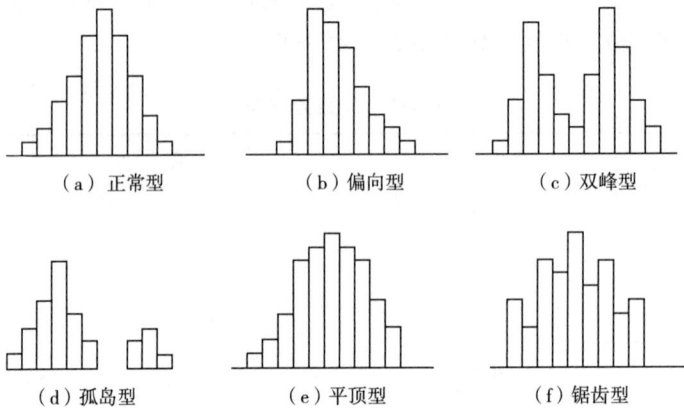

图 3-6　直方图类型

正常型：是指过程处于稳定的图形，它的形状是中间高、两边低，左右近似对称。近似是指主要看直方图的整体形状。

偏向型：数据平均值位于中间值的左侧（或右侧），从左至右（或从右至左），数据分布的频数增加后突然减少，形状不对称。当下限（或上限）受到公差等因素限制时，由于系统误差，往往会出现这种形状。

双峰型：直方图出现了两个峰，这是由观测值来自两个总体、两个分布的数据混合在一起造成的，也就是产品混杂。

孤岛型：直方图旁边有孤立的"小岛"出现，当这种情况出现时，表明过程中有异常原因。如原料发生变化、不熟练的新工人替人加班、测量有误等都会造成孤岛型分布，应及时查明原因、采取措施。

平顶型：直方图没有突出的顶峰，呈平顶型，形成这种情况一般有三种原因：a. 与双峰型类似，由于多个总体、多个分布的数据混在一起。b. 由于生产过程中某种缓慢的倾向在起作用，如工具的磨损、操作者的疲劳等。c. 质量指标在某个区间中均匀变化。

锯齿型：直方图存在凹凸不平的形状，这是由作图时数据分组太多、测量仪器误差过大或观测数据不准确等造成的，此时应重新收集数据和整理数据。

2）直方图与质量标准比较（图 3-7）。

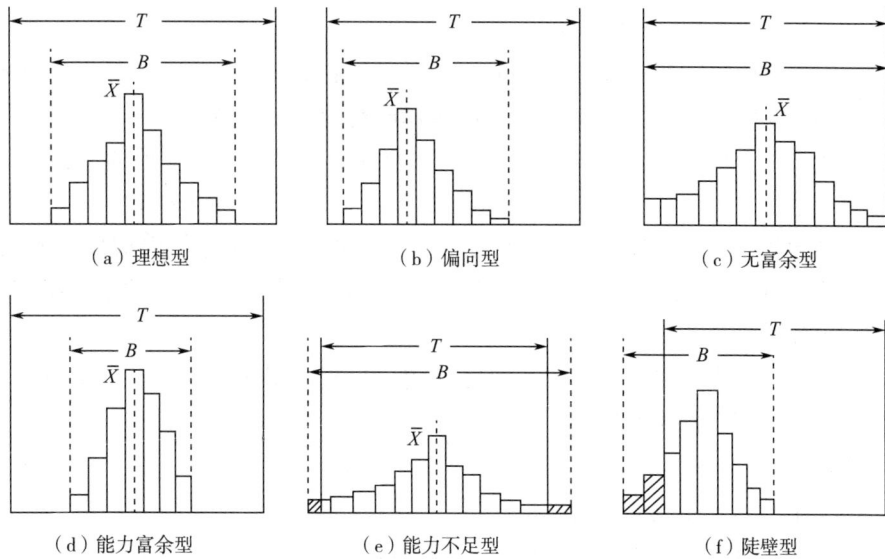

图 3-7　直方图与质量标准比较

理想型：这种图形最为常见，中间高、两边低，左右近似对称，样本分布中心 $\overline{X}$ 与公差中心 T 近似重合，分布在公差范围内且两边有一定余量，是理想状态。因此，可保持状态水平组仍需加以监督。

偏向型：分布中心 $\overline{X}$ 比公差中心 T 有较大偏移，这种情况下，稍有不慎就会出现质量不合格。因此要调整分布中心与公差中心近似重合。

无富余型：样本分布中心 $\overline{X}$ 与公差中心 T 近似重合，但两边与规格的上、下限紧紧相连，没有余地，表明过程能力已到极限，非常容易出现失控而造成质量不合格。因此，要立即采取措施，提高过程能力，减少标准偏差。

能力富余型：样本分布中心 $\overline{X}$ 与公差中心 T 近似一致，但两边与规格上、下限有很大距离，说明工序能力出现过剩，经济性差。因此，可考虑改变工艺，放宽加工精度或减少检验频次，以降低成本。

能力不足型：样本分布中心 $\overline{X}$ 与公差中心 T 近似重合，但分布已超出上、下限。这时不合格现象已经出现。因此，要采取措施提高加工精度，减少标准偏差。

陡壁型：当直方图像高山的陡壁一样向一边倾斜时，通常表现在产品质量较差时，为了生产符合标准的产品，需要进行全数检查，以剔除不合格品。

3.2.6　工序能力分析

（1）定义

工序能力（B）是指在正常稳定的条件下，生产的产品达到一定质量水平的能力，工序能力 $B=6\sigma$，处于这个范围之外的产品仅占总数的 0.27%。工序能力的评估是质量管理中的关键步骤，它帮助确定工序是否能够可靠地满足产品或服务的质量要求。

此时质量数据处于正态分布：$\mu\pm1\sigma$ 范围内数据有 68.27%；$\mu\pm2\sigma$ 范围内数据有 95.46%；$\mu\pm3\sigma$ 范围内数据有 99.73%。

质量公差（T）特定质量指标在公认的一定范围内的差异。对于国际同行业有公认的"质量公差"可以不在合同中明确规定，但若国际同行业对特定指标无公认的"质量公差"或买卖双方对质量公差的理解不一致，则需要在合同中具体规定质量公差的内容。

工序能力指数（C_p）是指公差 T 与工序能力 B 之比：$C_p=T/6\sigma=T/6S$。

工序能力指数等于1，则稍有偏差，就会产生不合格产品；工序能力指数大于1，以 $C_p=1.33$ 较理想；工序能力指数小于1，则工序能力不能满足公差要求，必须采取措施，提高工序能力，缩小工序质量分布标准差。

质量数据的平均值与公差中心不重合时，虽然 C_p 值大于1，但由于工序系统因素的影响，仍然会有较多的不合格品产生。

（2）应用实例

实例：饼干生产的工序能力分析。

一家饼干生产厂可生产多种口味的饼干，其中包括巧克力口味。该厂有一个自动化生产线，负责饼干的制作和包装。管理团队关注该生产线的工序能力，以确保生产出合格的饼干。

规格要求巧克力饼干的质量应在 25~30g。收集了一段时间内的样本数据（每小时从生产线上抽取一次样本）后，进行工序能力分析。

首先，计算了样本数据的平均值和标准偏差，然后使用这些数据计算了 C_p。假设平均值为 27.5g，标准偏差为 0.8g，上限规格为 30g，下限规格为 25g。

计算得到：$C_p=(30-25)/(6\times0.8)\approx1.04$

分析结果显示，C_p 指数略高于1，表示工序的潜在能力较好，大部分数据在规格要求范围内。

基于这些分析结果，管理团队决定采取以下措施来提高工序能力：调整生产线参数，以减小饼干质量的波动。对生产设备进行维护和校准，确保其稳定性。增加抽样频率，更及时地监控生产过程。培训工作人员，提高操作的一致性和准确性。

通过这些改进措施，他们期望能够提高巧克力饼干的生产工序能力，减少不合格品的产生，提高产品质量的稳定性和可靠性。

3.2.7　散布图

（1）定义

散布图是一种用于展示两个变量之间关系的图表，它通过在坐标轴上绘制点来表示数据。散布图常用于探索变量之间的相关性或趋势，以及识别异常值或离群点。

散布图的横轴通常表示一个变量，纵轴表示另一个变量。每个数据点在图上的位置由两个变量的值决定，因此散布图可以直观地反映两个变量之间的关系。如果两个变量之间存在某种趋势或模式，散布图可以帮助我们更好地理解这种关系。

散布图可以用于以下4个方面的分析：

相关性分析：通过观察散布图中点的分布，可以判断两个变量之间的相关性。如果点大致呈线性分布，说明两个变量之间可能存在正向或负向相关关系。如果点分散在图中，说明两个变量之间可能没有明显的相关性。

趋势分析：如果散布图呈现出某种明显的趋势，如直线、曲线等，可以基于一个变量的变化趋势预测另一个变量的值。

异常值检测：散布图可以帮助识别可能的异常值或离群点。这些点可能是数据记录中的异常情况，或是数据采集、记录中的错误。

群集分析：如果散布图中出现了不同的点群集，可能表示数据在某些区域内具有相似的特性，而在其他区域内则具有不同的特性。

在食品质量控制中，散布图可以用于分析不同变量之间的关系，如原材料的质量与成品的质量之间的关系，生产工序的参数与产品质量之间的关系等。通过绘制散布图，可以更好地理解变量之间的联系，从而有针对性地进行改进和调整。

（2）散布图的观察与分析

散布图的类型主要是看点的分布状态，判断自变量 x 与因变量 y 有无相关性。两个变量之间散布图的图形形状多种多样，归纳起来有6种类型（图3-8）。

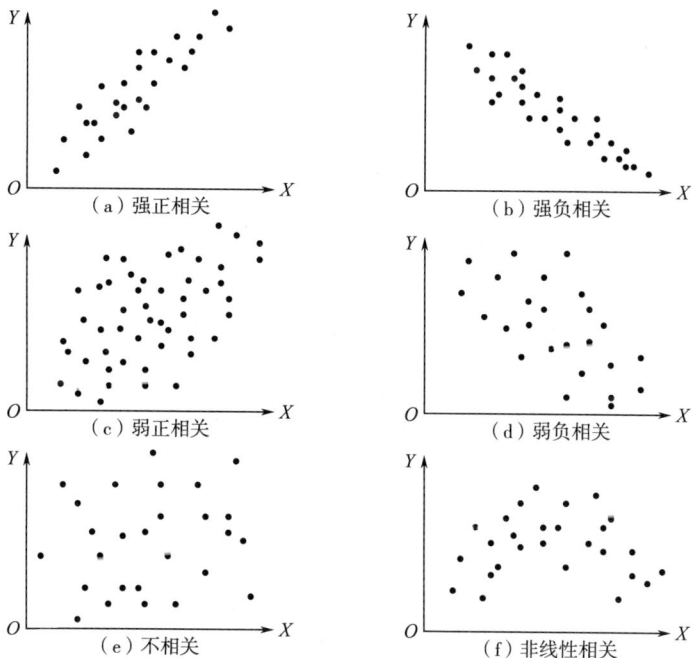

图3-8　散布图类型

1）强正相关的散布图，其特点是 x 增加，导致 y 明显增加，说明 x 是影响 y 的显著因素，x、y 相关关系明显。

2）强负相关的散布图，其特点是 x 增加，导致 y 显著减少，说明 x 是影响 y 的显著因素，x、y 之间相关关系明显。

3）弱正相关的散布图，其特点是 x 增加，也导致 y 增加，但不显著，说明 x 是影响 y 的因素，但不是唯一因素，x、y 之间有一定的相关关系。

4）弱负相关的散布图，其特点是 x 增加，也导致 y 减少，但不显著，说明 x 是影响 y 的因素，但不是唯一因素，x、y 之间有一定的相关关系。

5）不相关的散布图，其特点是 x、y 之间不存在相关关系，说明 x 不是影响 y 的因素，要控制 y，应寻求其他因素。

6）非线性相关的散布图，其特点是 x、y 之间虽然没有通常所指的那种线性关系，却存在着某种非线性关系。图形表明 x 仍是影响 y 的显著因素。

3.3 质量控制的新 7 种工具

质量控制的新 7 种工具是一组在现代质量管理中被广泛使用的工具，用于分析和解决质量问题、改进过程以及优化绩效。这些工具在与传统的 7 种工具相结合的情况下，能够提供更全面的方法来应对不同类型的质量挑战。

关联图法：用于组织和分类大量信息、观点或问题，帮助团队识别出共同的主题和关联。通过关联图法，可以理清复杂问题的结构，找到解决问题的线索。

系统图法：用于揭示一个系统内各要素之间的相互关系和作用。系统图法有助于更好地理解问题的复杂性，从而采取有针对性的措施。

矩阵图法：用于分析和比较各种因素之间的关系，帮助决策者做出优先级排列和资源分配。矩阵图法有助于确定关键问题和解决方案。

过程决策程序图法（process decision program chart，PDPC）：用于分析一个计划或流程中可能出现的问题，预测可能的后果并制定相应的对策。PDPC 法有助于减少风险并提前做好准备。

网络图法：用于显示和分析项目或流程中的活动和依赖关系。网络图法有助于确定项目的关键路径和时间计划，优化资源分配。

KJ 法：用于团队讨论和集体决策，将成员的观点和意见整合成一个共识。KJ 法有助于促进团队合作和创新。

矩阵数据分析法：用于分析大量数据的关系和模式，帮助发现隐藏的信息和趋势。矩阵数据分析法有助于做出数据驱动的决策。

新 7 种工具形成发展于日本，是日本科学技术联盟于 1972 年组织一些专家运用运筹学或系统工程的原理和方法，经过多年的研究和实践，于 1979 年正式提出用于质量管理。

老 7 种工具的特点是强调用数据说话，重视对制造过程的质量控制。新 7 种工具基本是整理、分析语言文字资料（非数据）的方法，着重用来解决全面质量管理中 PDCA 循环的 P（计划）阶段的有关问题。"新 7 种工具"有助于管理人员整理问题、展开方针目标和安排时间进度。

3.3.1 关联图法

（1）定义

关联图法，又称关系图，是用来整理、分析、解决在原因和结果、目的和手段等方面存在复杂关系的问题的一种方法，分析事物之间"原因与结果""目的与手段"等复杂关系，它能够帮助人们从事物之间的逻辑关系中寻找出解决问题的办法。

关联图法可以用来分析和解决企业活动甚至社会活动中的许多复杂问题。在质量管理中，主要用在以下四方面：a. 制订质量保证方针；b. 拟订质量管理计划；c. 寻求改进产品质量和工作质量的措施；d. 制订改进其他各项工作的计划和措施等。

关联图由圆圈（或方框）和箭头组成（图3-9），其中圆圈中是文字说明部分，箭头由原因指向结果、由手段指向目的。文字说明力求简短、内容确切、易于理解，重点项目及要解决的问题要用双线圆圈或双线方框表示。

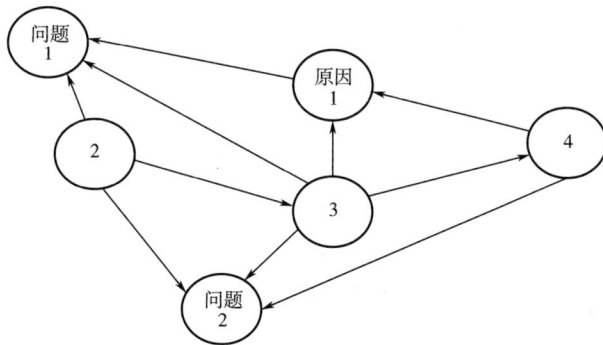

图3-9　关联图示意图

与因果图相比，关联图着重分析因素间的横向关系，因果图以一项质量问题为主，着重研究因素与质量之间的纵向关系。

（2）类型（图3-10）

1）中央集中型的关联图（单一目的）。尽量把重要的项目或要解决的问题安排在中央位置，把关系最密切的因素尽量排在它的周围。

2）单向汇集型的关联图（单一目的）。把重要的项目或要解决的问题安排在右边（或左边），按主要因果关系把各种因素从左（从右）向右（或左）排列。

3）关系表示型的关联图（多目的）。以各项目间或各因素间的因果关系为主体的关联图，排列上比较自由灵活。

（3）步骤

关联图法的使用非常简单，它先把存在的问题和因素转化为短文或语言的形式，再用圆圈或方框将它们圈起来，然后再用箭头符号表示其因果关系，借此来进行决策、解决问题。具体如下：

1）定义问题：确定需要分析的问题，明确要解决的主要疑问或挑战。

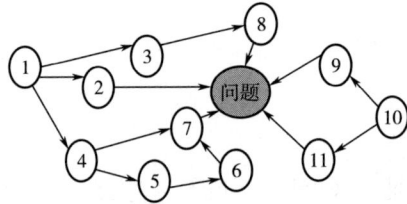

（a）中央集中型关联图

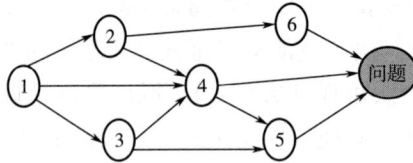

（b）单向汇集型关联图

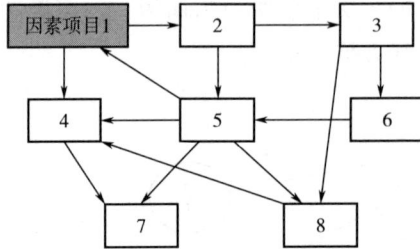

（c）关系表示型关联图

图 3-10　关联图类型

2）组建团队：组建一个多元化的团队，团队成员应涵盖与问题相关的各个领域，以确保全面的思考和讨论。

3）开展头脑风暴：在团队的协助下，进行头脑风暴，收集所有可能与问题相关的因素、影响因素、原因等。不要对任何想法进行过滤，充分展开思维。

4）分类和整理：将头脑风暴产生的各种因素进行分类和整理，将相似的因素归为一类，形成一个初步的因素列表。

5）制作图表：将整理好的因素列表转化为图表，通常是垂直方向的柱状图，其中横轴表示因素，纵轴表示数量或重要性。

6）排序和分析：根据团队成员的经验和知识，对每个因素进行排序和分析，确定哪些因素更可能与问题有关。

7）标记关联：在图表上标记出与问题关联较大的因素，通常是在图表的右侧，形成类似"80/20 法则"的分布，即少数因素影响了大部分问题。

8）验证和确认：通过数据和实际情况验证标记的关联，确保关联图反映了问题的实际情况。

9）制订改进计划：基于关联图的分析结果，制定具体的改进计划，针对性地解决问题的根本原因。

10）实施和监控：实施改进计划，并持续监控结果。如果问题得到解决或改善，那么关联图的分析就得到了验证。

（4）判别方法

各因素间的关系是原因——结果型，则从原因指向结果（原因→结果）。

各因素间的关系是目的——手段型，则从手段指向目的（手段→目的）。

1）箭头只进不出的位置是问题（最终结果）。

2）箭头有进有出的位置是中间因素。

3）箭头只出不进的位置是末端因素（可能是主因，原因的根源）。

4）箭头出多于进的中间因素是关键中间因素。

5）在所有末端因素中逐条确认客观证据和数据等，以识别主要原因。

除此之外，还需要检查所有末端因素是否均已到可直接采取对策的程度，如果还不具体或还不能直接采取对策，则仍需往下展开分析。

（5）应用

关联图法可以用来分析和解决企业管理活动和社会活动中的许多复杂问题。在企业质量管理中，主要用在以下五方面：

1）用于质量管理活动的深入展开，制定质量方针和质量管理工作计划，如进行项目质量策划或 QC 小组活动策划。

2）研究解决如何提高产品质量和减少不良品的措施，从大量的质量问题中找出主要问题和重点项目。

3）用于市场调查及客户投诉分析，根据客户意见，研究满足用户的质量、交货期、价格及减少索赔的要求和措施。

4）用于整个供应链的质量管控，研究制定全过程质量保证措施，制定生产过程的质量保证措施，如原材料采购的质量管理。

5）用于现场问题的掌握，寻求改进工作质量的措施，提高职能部门的工作质量，进而改进产品质量。

（6）实例

某公司生产的果汁在一段时间内经常出现在保质期内变质的现象。公司派人对果汁的变质原因进行调查，并用关联图法寻找导致果汁变质的主要原因（图 3-11），最终确定导致果汁在保质期内变质的原因是杀菌不彻底，残留细菌大量繁殖。

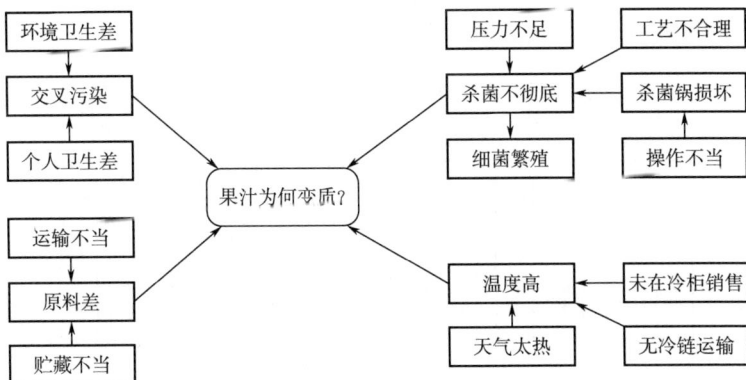

图 3-11　果汁变质原因的关联图

3.3.2 系统图法

（1）定义

系统图法是一种用于分析问题、探究系统结构和关系的方法。它有助于将一个复杂的系统或问题分解成各个组成部分，并揭示它们之间的相互作用和关联。系统图法通常用于解决复杂的管理、工程、科学等领域的问题，以及分析系统的运行机制、流程和影响因素。

在质量管理中，为了达到某种目的/目标，需要选择和考虑某一种手段；为了采取这一手段，又需考虑它下一级的相应手段；上一级手段为下一级手段的行动目的。把要达到的目的和所需要的手段按照系统展开，再按照顺序分解做出图形，对问题有一个全貌的认识；找出问题的重点，提出实现预定目标的最理想途径。

系统图一般分成两种，即对策型系统图和原因型系统图（图3-12），其中，对策型系统图以目的—方法展开；原因型系统图以结果—原因展开。

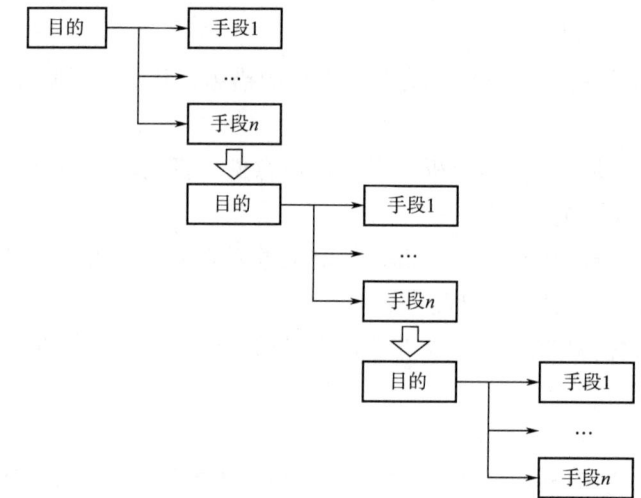

（a）对策型系统图

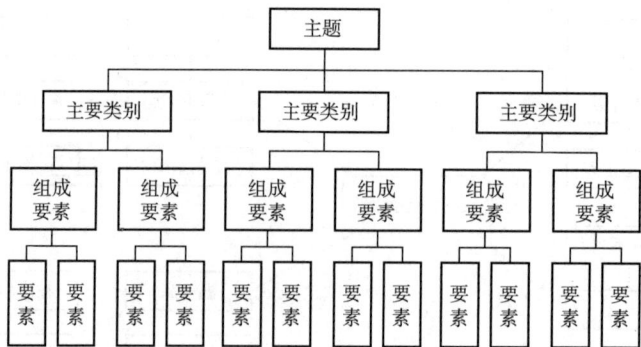

（b）原因型系统图

图3-12 系统图类型

（2）步骤

系统图法的步骤如下：

1）确定主题或问题：明确要分析的主题或问题，以及相关的系统或组织。

2）识别关键要素：识别影响系统或问题的关键要素、组成部分和因素。

3）绘制图表：使用图表、图形或符号将这些关键要素表示出来，创建一个可视化的系统图。

4）建立关联：使用箭头、线条等表示不同要素之间的关联、作用和影响。箭头的方向表示影响的方向。

5）分析关系：通过观察图表，分析不同要素之间的关系、作用和影响。可以识别出主要影响因素和关键节点。

6）探究解决方案：根据图表分析的结果，探究解决方案、改进措施或决策，以优化系统的运行。

7）反馈和调整：根据实际应用和结果，不断调整系统图，完善分析和解决方案。

系统图法可以帮助人们更好地理解问题的本质、关系和影响，从而在管理和决策中做出更明智的选择。它可以应用于各种不同的领域，如企业管理、工程项目、流程优化等。

（3）应用

在质量管理活动中，下面五个方面经常用到系统分析图法。

1）在开发新产品中，将满足用户要求的设计质量进行系统地展开。

2）在质量目标管理中，将目标层层分解和系统地展开，使之落实到各个单位。

3）在建立质量保证体系中，可将各部门的质量职能展开，进一步开展质量保证活动。

4）在处理量、本、利之间的关系及制订相应措施时，可用系统图法分析并找出重点措施。

5）在减少不良品方面，有利于找出主要原因，采取有效措施。

（4）实例

吃罐头发生食物中毒的原因分析及对策，如图 3-13 所示。

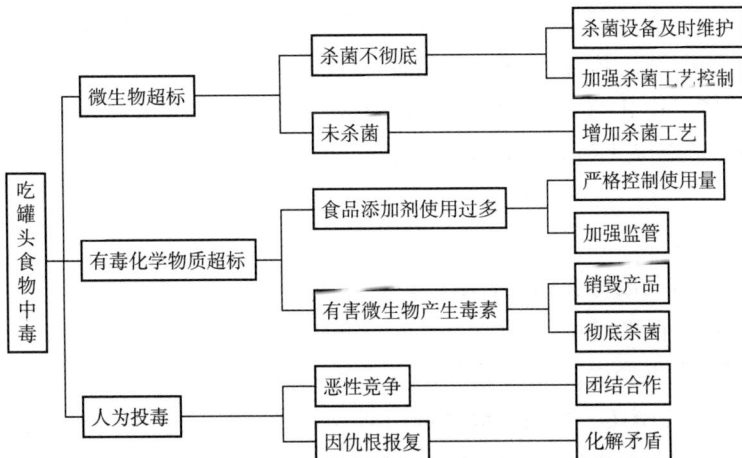

图 3-13　吃罐头发生食物中毒的原因分析及对策

3.3.3 矩阵图法

（1）定义

矩阵图法是从多维问题的事件中找出成对的因素，借助数学矩阵的形式，把与问题有对应关系的各个因素排列成矩阵图（图3-14），然后根据矩阵图来分析问题，确定关键点的方法，是一种通过多因素综合思考，探索问题的好方法。

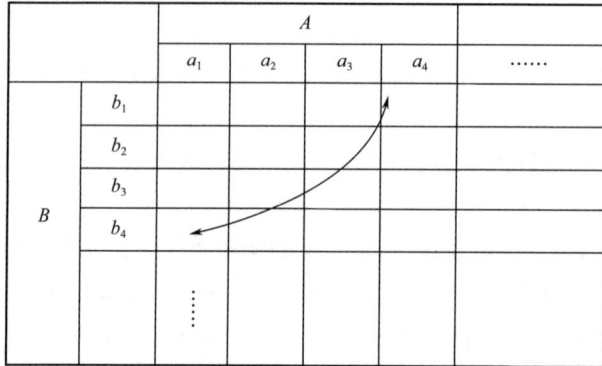

		A				
		a_1	a_2	a_3	a_4	……
B	b_1					
	b_2					
	b_3					
	b_4					
	⋮					

图 3-14　矩阵图示意

（2）类型

矩阵图类型包括 L 型矩阵、T 型矩阵、Y 型矩阵、X 型矩阵、C 型矩阵五大类。其中前四种比较常见，C 型矩阵很少见，如图3-15所示。

1）L 型矩阵图。最基本的矩阵图，用来表示两组事件之间的关系或关系的程度，也适用于各种结果与原因的关系。

2）T 型矩阵图。用来表示 A、B 两组事件及 A、C 两组事件两两之间的关系，即将 A 与 B 的 L 型矩阵图和 A 与 C 的 L 型矩阵图连接，以 A 共通而组合成 T 形的矩阵图，由图中可看出 A 与 B、C 间的关系。

3）Y 型矩阵图。由 A 与 B、B 与 C、A 与 C 的 3 个 L 型矩阵图组合而成，其外形类似 Y。由图中可看出 A 与 B、C，B 与 A、C，C 与 A、B 彼此间的关系。

4）X 型矩阵图。由 A 与 B、B 与 C、C 与 D、D 与 A 的 4 个 L 型矩阵图组合而成，其外形类似 X。由图中可看出 A 与 B、D，B 与 A、C，C 与 B、D，D 与 A、C 彼此间的关系。

（3）步骤

1）列出质量因素。

2）把成对因素排列成行和列，表示其对应关系。

3）选择合适的矩阵图类型。

4）在成对因素交点处表示其关系程度，一般凭经验进行定性判断，关系程度可分为 3 种：关系密切、关系较密切、关系一般（或可能有关系），并用不同符号表示。

5）根据关系程度确定必须控制的重点因素。

6）针对重点因素作对策表。

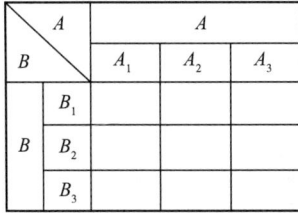

（a）L型矩阵

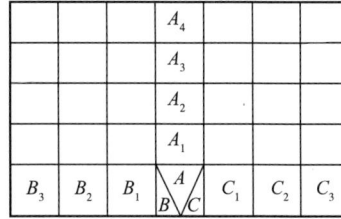

（b）T型矩阵

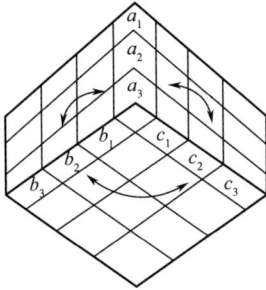

（c）Y型矩阵

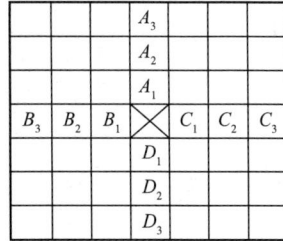

（d）X型矩阵

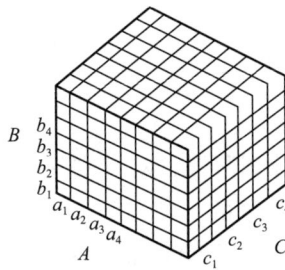

（e）C型矩阵

图3-15　五种类型的矩阵图

（4）应用

在质量管理中，常用矩阵图法解决以下问题：

1）把系列产品的硬件功能和软件功能相对应，并从中找出研制新产品或改进老产品的切入点。

2）明确应保证的产品质量特性及其与管理机构或保证部门的关系，使质量保证体制更可靠。

3）明确产品的质量特性与试验测定项目、试验测定仪器之间的关系，力求强化质量评价体制或使之提高效率。

4）当生产工序中存在多种不良现象，且它们具有若干个共同的原因时，希望搞清这些不良现象及其产生原因的相互关系，进而把这些不良现象一举消除。

5）在进行多变量分析、研究从何处入手以及以什么方式收集数据。

（5）实例

某西式快餐店想改进汉堡包，于是通过矩阵图来寻找影响汉堡包质量的各因素之间的相关性（图3-16）。

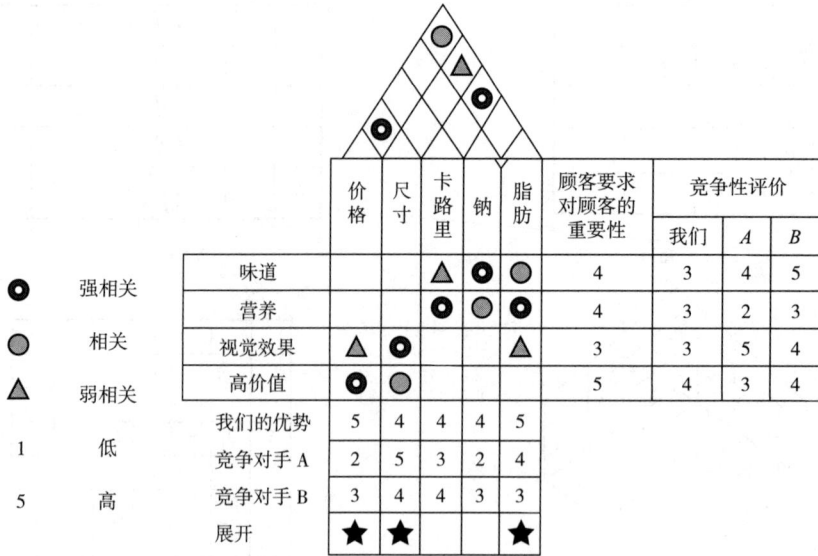

图 3-16　汉堡包质量改进的功能展开图

3.3.4　PDPC 法

（1）定义

PDPC 法是在制订达到研制目标的计划阶段，对计划执行过程中可能出现的各种障碍及结果做出预测，并相应地提出多种应变计划的一种方法。

在计划执行过程中，遇到不利情况时，仍能有条不紊地按第二、第三或其他计划方案进行，如图 3-17 所示。假定 A_0 表示不合格品率较高，要把不合格品率降低到 Z 水平。

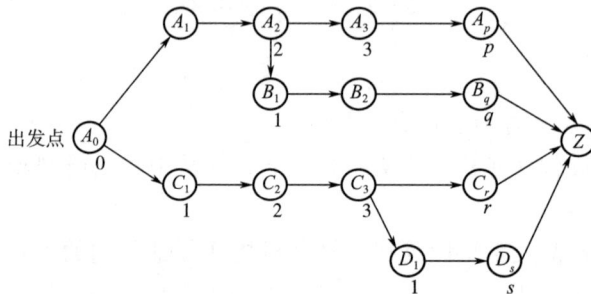

图 3-17　PDPC 法示意图

先制订出从 A_0 到 Z 的措施，即 A_1、A_2、A_3、……、A_p 的一系列活动计划。考虑到技术上或管理上的原因，实现措施 A_3 有不少困难。于是从 A_2 开始制订出应变计划（第二方案），即 A_1、A_2、B_1、B_2、……、B_q 到达 Z 目标。同时，还可以考虑同样能达到目标 Z 的 C_1、C_2、C_3、……、C_r 或 C_1、C_2、C_3、D_1、……、D_s 的另外两条系列活动计划。

当前面的活动计划遇到问题、不合格品率难以实现 Z 水平时，仍能及时采用后面的活动计划，达到 Z 水平。

（2）特点

PDPC 法可以随机应变地按照预先想好的方案或预计可能性采取相应的措施，兼备了预见性和随机应变性具有以下特点：从全局、整体把握系统状态，查明所研究的问题有无大漏洞或找出重大问题之所在；能够按时间顺序掌握系统状态的变化情况；能够以系统为中心，掌握系统输入与输出之间的关系，找出"不良状态"发生的原因；具有动态管理的特征，计划措施可被不断补充、修订。

（3）步骤

1）首先确定课题，然后召集有关人员讨论存在的问题。

2）从讨论中提出实施过程中各种可能出现的问题，并一一记录下来；确定每一个问题的对策或具体方案。

3）把方案按照其紧迫程度、难易情况、可能性、工时、费用等分类，确定各方案的优先程序及有关途径，用箭头向理想状态连接。

4）在实施过程中，根据情况研究修正路线。

5）决定承担者。

6）确定日期。

7）在实施过程中收集信息，随时修正。

（4）应用

1）能从整体上掌握系统的动态并依此判断全局。

2）制订目标管理的实施计划，怎样在实施过程中解决各种困难和问题。

3）制订科研项目的实施计划。

4）预测系统可能发生的重大事故，并制定预防措施。

5）制定工序控制的一些措施。

6）选择处理纠纷的各种方案。

（5）实例（图 3-18）

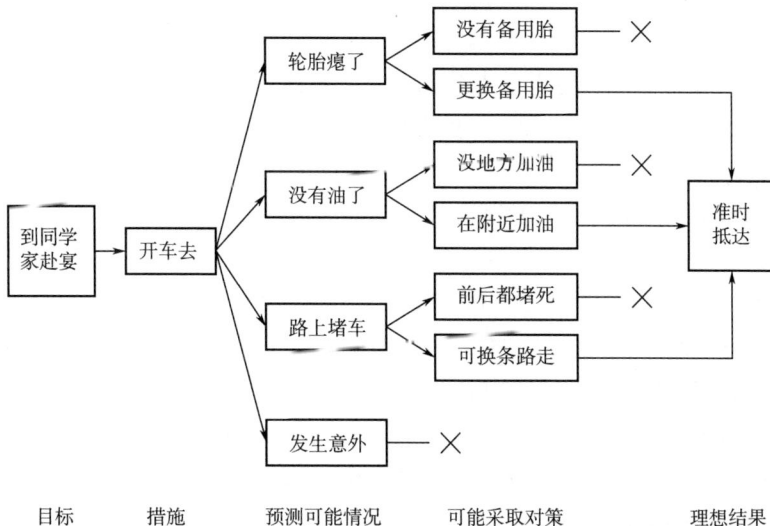

图 3-18 利用 PDPC 法确认赴宴过程

3.3.5　网络图法

（1）定义

网络图法是质量管理中安排和编制最佳日程计划、有效实施时间进度管理的一种科学管理方法，有利于从全局出发、统筹安排、抓住关键线路，集中力量，按时甚至提前完成计划。网络图主要由圆圈（或方框）和箭头构成（图3-19），又称箭条图或矢线图。

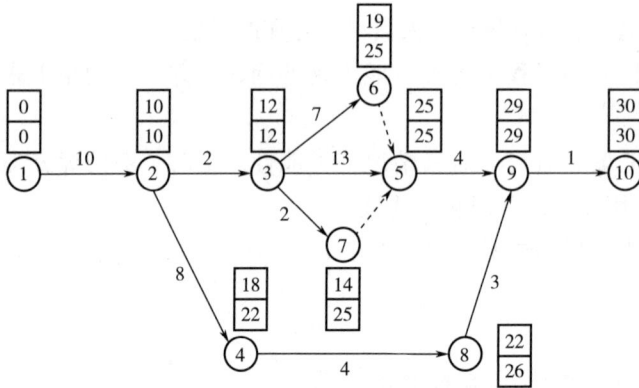

图 3-19　网络法示意图

网络图由作业、事件和路线3个因素组成。

作业（activity），用箭线表示，指一项工作或一道工序，需要消耗人力、物力和时间。箭尾表示作业开始，箭头表示作业结束，作业名称标注在箭线上面，作业时间标注在箭线下面。虚箭线是一项虚设工作，无工作名称，不消耗资源和时间，用于正确表达工作之间的逻辑关系。

事件（event），用圈表示，不消耗任何资源和时间，是两条或两条以上箭线的交接点，又称为结点。每一项事件都有固定编号，标在圈内，箭尾的号码小于箭头，由小到大，不能重复。

路线（path），起始节点和终点节点分别表示一项计划或工程的开始和完成；从起始节点沿箭头方向通过"一系列箭线与节点"达到终点节点的通路，称为路线。

一个网络图中有多条路线，其中总长度最长的称为关键路线，关键路线上的各事件为关键事件，关键事件的周期等于整个工程的总工期。

（2）步骤

1）调查工作项目，把工作项目的先后次序按由小到大进行编号。

2）用箭条代表某项作业过程，如◎→①、①→②等。箭杆下方可标出该项作业过程所需的时间数，作业时间单位常以日或周表示。各项作业过程时间的确定，可用经验估计法求出。通常，作业时间按3种情况进行估计：

乐观估计时间，用 a 表示；悲观估计时间，用 b 表示；正常估计时间，用 m 表示。则：经验估计作业时间 $=(a+4m+b)/6$。

这种经验估计法，又称三点估计法。例如，对某一作业过程的时间估计 a 为2天，b 为9

天，m 为 4 天。则用三点估计法求得的作业时间为 $(2+4×4+9)/6=4.5$（天）。

3）画出箭条图。假定某一箭条图如图 3-20 所示。

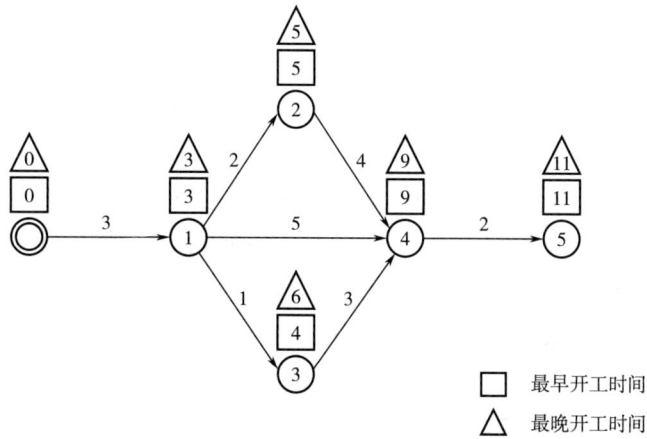

图 3-20 箭条图

4）计算每个结点上的最早开工时间。某结点上的最早开工时间是指从始点开始顺箭头方向到该结点的各条路线中，时间最长的一条路线的时间之和。例如，从结点◎到结点④，就有三条路线，这三条路线的时间之和分别为 9、8、7。所以，结点④的最早开工时间为 9，通常可写在方框内表示。其他各结点最早开工时间的计算同理。

5）计算每个结点上的最晚开工时间。某结点上的最晚开工时间是指从终点逆箭头方向到该结点的各条路线中时间差最小的时间，如从终点到①有三条路线：这三条路线的时间差分别为 3、4、5。所以，结点①的最晚开工时间为 3。通常可将此数写在三角形内表示。其他各结点的最迟开工时间计算同理。

6）计算富余时间，找出关键线路。富余时间是指在同一结点上最早开工时间与最晚开工时间之间的时差。有富余时间的结点对工程的进度影响不大，属于非关键工序。无富余时间或富余时间最少的结点就是关键工序。把所有的关键工序按照工艺流程的顺序连接起来，就是这项工程的关键路线，图 3-20 中◎→①→②→④→⑤就是关键路线。

3.3.6 KJ 法

（1）定义

KJ 法是由日本川喜田二郎在探险尼泊尔时将野外的调查结果资料进行整理研究开发出来的，又叫亲和图。

KJ 法将未来的问题、未知的问题、无经验领域的问题的有关事实、意见、构思等语言资料收集起来，按相互接近的要求进行统一，从复杂的现象中整理出思路，以便抓住实质，找出解决问题途径的一种方法。具体来讲，就是把杂乱无章的语言资料，依据相互间的亲和性（相近的程度、亲感性、相似性）进行统一综合，对于将来的、未知的、没有经验的问题，通过构思以语言的形式收集起来，按它们之间的亲和性加以归纳，分析整理，绘成亲和图，以期明确怎样解决问题。KJ 法适用于情况复杂、混淆不清、允许用一定时间去解决的问题。

对于要求迅速解决的问题，不宜用 KJ 法。

（2）步骤

1）确定对象或用途。

2）收集语言、文字资料。收集时，要尊重事实，找出原始思想（"活思想""思想火花"）。收集这种资料的方法有三种。直接观察法：到现场去调查，取得感性认识，从中得到某种启发，立即记下来。面谈阅览法：通过与有关人谈话、开会、访问，查阅文献、集体头脑风暴法来收集资料。个人思考法：通过自我回忆，总结经验来获得资料。

3）做成卡片。把所有收集到的资料，包括"思想火花"，都写成卡片。

4）整理卡片。对杂乱无章的卡片，不是按已有理论和分类方法来整理，而是把相似的归并在一起，逐步整理出新的思路来。不能归类的每张卡片自成一组。

5）做标题卡。把同类的卡片集中起来，归纳写出标题卡，带有标题卡的整组卡片视为同一卡张卡片。

6）编排卡片。将所有分门别类的卡片按其相互关系展开和排列，并用适当符号画出卡片之间的联系。

7）确定方案。根据不同的目的，选用上述资料片段，整理出思路，写出文章或报告。

（3）实例

大学刚毕业的王明和赵刚两人合伙开一家快餐店，由于没有经验，再加上现在市场上的快餐店比较多，竞争也非常的激烈，所以生意一直不是很好。于是他们开始考虑如何才能让快餐店生意红火起来呢？

在这里主题已经确定，就是如何开一家受欢迎的快餐店。根据这个主题两人采用头脑风暴法收集语言资料信息，并把它们分别记录在卡片上，将所有的卡片汇总、分类整理，最终做出的亲和图见图 3-21。

图 3-21　亲和图

3.3.7 矩阵数据分析法

（1）定义

矩阵数据分析法是将已知的庞大资料，经过整理、计算、判断、解析得出结果，以决定新产品开发或体质改善重点的一种方法，是新七种工具中唯一利用数据分析问题的方法，但其结果仍要以图形表示。

矩阵数据分析是多变量质量分析的一种方法。矩阵数据分析法与矩阵图有些类似，其主要区别是：不是在矩阵图上填符号，而是填数据，形成一个数据分析的矩阵。

矩阵数据分析法的主要方法为主成分分析法，利用此法可从原始数据中获得许多有益的信息。主成分分析法是一种将多个变量化为少数综合变量的多元统计方法。

另外，数据矩阵分析法是一种定量分析问题的方法。目前尚未广泛应用，只是作为一种"储备工具"。应用这种方法，往往需要借助电子计算机来求解。

（2）步骤

1）整理资料成矩阵。

2）计算行间或列间的相关系数。

3）计算定出特征值、贡献率、累积贡献率。

4）决定主成分。

5）对应主成分，算出固有向量、因子负荷量。

6）依各个主成分，算出主成分得分。

7）做成图表。

（3）实例

为了了解人们对 60 种食品的嗜好程度进行调查，评分标准为 1~9 分，即最喜欢的评 9 分，最不喜欢的评 1 分。将调查人群分为 10 组，每组 50 人，经过统计平均得出局部数据资料如表 3-10 所示。

表 3-10 局部数据资料统计表

评价分组	食品 1，(X_{1j})	食品 2，(X_{2j})	食品 i，(X_{ij})	食品 60，(X_{60j})
X_1（男 10 岁以下）	6.7	4.3	…	3.4
X_2（男 11~20 岁）	5.4	5.1	…	2.6
X_3（男 21~30 岁）	3.2	4.7	…	5.1
X_4（男 31~40 岁）	4.3	2.3	…	7.6
X_5（男 40 岁以上）	3.1	7.1	…	8.8
X_6（女 10 岁以下）	8.3	8.3	…	7.6
X_7（女 11~20 岁）	6.5	4.5	…	1.5
X_8（女 21~30 岁）	7.0	6.2	…	3.4
X_9（女 31~40 岁）	6.6	6.3	…	6.8
X_{10}（女 40 岁以上）	1.8	9.0	…	4.4

本调查所研究的问题是男女性别及各种年龄对食品嗜好的影响有无差异。若有差异，则应估计出每个年龄组喜欢什么样的食品。而上面的数据并不能反映出来想要的结果，因为数据的相关因素太多，并没有达到调查的目的。对上述数据进行处理，得相关矩阵（即协方差矩阵）$R = \left[r_{ij} \right]$

$$\overline{X}_j = \frac{1}{60} \sum_{i=1}^{60} X_{ij} (j = 1, 2, \cdots, 10)$$

$$S_j^2 = \frac{1}{60-1} \sum_{i=1}^{60} (X_{ij} - \overline{X}_j)(j = 1, 2, \cdots, 10)$$

$$\overline{Y}_{ij} = \frac{X_{ij} - \overline{X}_j}{S_j}(i = 1, 2, \cdots, 10, j = 1, 2, \cdots, 10)$$

$$r_{ij} = \frac{\sum_{k=1}^{60} Y_{ki} \times Y_{ki}}{\sqrt{\sum_{k=1}^{60} Y_{ki}^2 \times \sum_{k=1}^{60} Y_{ki}^2}}(i = 1, 2, \cdots, 60, j = 1, 2, \cdots, 10)$$

$$R = \begin{bmatrix} 1 & 0.870 & 0.615 & 0.432 & 0.172 & 0.903 & 0.811 & 0.154 & 0.742 & 0.330 \\ & 1 & 0.698 & 0.640 & 0.402 & 0.815 & 0.678 & 0.657 & 0.666 & 0.330 \\ & & 1 & 0.524 & 0.726 & 0.517 & 0.838 & 0.687 & 0.687 & 0.558 \\ & & & 1 & 0.208 & 0.314 & 0.658 & 0.624 & 0.735 & 0.457 \\ & & & & 1 & 0.213 & 0.345 & 0.542 & 0.710 & 0.634 \\ & & & & & 1 & 0.889 & 0.746 & 0.624 & 0.745 \\ & & & & & & 1 & 0.897 & 0.768 & 0.486 \\ & & & & & & & 1 & 0.546 & 0.773 \\ & & & & & & & & 1 & 0.901 \\ & & & & & & & & & 1 \end{bmatrix}$$

通过对原始数据进行标准化处理后，利用标准化后的样本估计，获得一个对称的协方差矩阵，从而可以通过计算得到反映系统特性的特征根。用计算机求解矩阵 R，得到特征根 λ_i 和相应的特征向量 $[a_i]$，由于在由小到大排列的所有特征根 λ_i 中前 3 个的累计贡献率 $(\sum_{i=1}^{3} \lambda / \sum_{i=1}^{n} \lambda)$ 为 90.1%，所以取其前 3 位作为主成分来综合描述原来 10 项分组指标，更能反映人群对食品系列的嗜好程度。计算结果如表 3-11 所示。

表 3-11 对食品的嗜好程度的计算结果

评价分组	特征向量		
	a_1（第一主成分）	a_2（第二主成分）	a_3（第三主成分）
X_1	0.264	0.371	0.194
X_2	0.331	0.245	0.336
X_3	0.323	−0.166	0.442
X_4	0.239	−0.359	0.375
X_5	0.245	−0.544	0.128

评价分组	特征向量		
	a_1（第一主成分）	a_2（第二主成分）	a_3（第三主成分）
X_6	0.254	0.408	-0.284
X_7	0.344	0.235	-0.127
X_8	0.348	0.032	-0.290
X_9	0.303	-0.164	-0.189
X_{10}	0.411	-0.267	-0.256
特征根 λ_i	6.45	1.64	0.92
贡献率 $\lambda_i/10$	0.645	0.164	0.092
累计贡献率	0.645	0.89	0.901

表 3-11 中的数据可以反映各主成分的系数，3 个主成分的意义可用特征矢量来表示。

第一主成分下有 10 个数值，即特征向量。各数值表示各观测组同该嗜好类型（主成分）的关系。第一主成分下的数值大体相近，而且符号相同，表示不论哪一个年龄组均喜欢它。因此，称这个新的综合指标为一般嗜好指标。

第二主成分的特征值从第一组到第五组变小，第六组到第十组变小，表示各年龄组男女对食品嗜好的喜欢程度随年龄增长而下降。因此，称这个新的综合指标为年龄影响嗜好指标。

第三主成分中，男性的特征向量为正值，女性为负值。由此看出男女之间的嗜好差别。因此，称该指标为性别影响嗜好指标。

从以上分析可以看出，关于食品的嗜好调查分析可以用 3 个综合指标来描述。它们的影响率分别是 64.5%、16.4% 和 9.2%，累计贡献率为 90.1%。

为做进一步分析，对食品按各种嗜好类型排列。为此，用计算机求得主成分得分：

$$Z_{mi} = \sum_{i=1}^{10} a_{mi} y_{ij}$$

式中：a_{mi} 为第 m 个主成分的第 i 个观测组所对应的特征向量值，具体数值表示在表 3-10 中。针对 $m=1$，2，3 的各主成分，求得各食品的 $j=1$，2，…，60 时的主成分得分，且将第一主成分与第二主成分的得分分别表示在横、纵坐标轴上，横轴正方向表示一般喜欢的食品、负方向表示不太喜欢的食品。纵轴向上表示年轻人喜好的食品、向下表示不太喜欢的食品。若将第一主成分与第二主成分的得分描在图中，可以得到一般嗜好和老少嗜好值相区别的情况。同理，也可以分析第三主成分的信息。

思考题

1）什么是质量波动的系统性原因和偶然性原因？质量波动的原因可能涉及哪些方面，可以用实际例子来说明吗？

2）如何使用质量数据来识别质量波动的趋势？有什么方法可以监测数据的变化？如何分析质量数据的分布情况，以确定是否存在质量波动？

3）排列图如何用于确定影响问题的主要因素？提供一个食品生产的场景，描述如何使用排列图找出引起不合格问题的主要原因，并指导改进措施。

4）因果图如何揭示问题的根本原因？通过一个食品质量问题的案例，说明如何使用因果图识别问题的根本原因，并将其与表面原因区分开来。

5）直方图在质量控制中的应用场景是什么？以食品加工过程为例，描述如何使用直方图来分析数据分布，以便了解过程的变化和稳定性。

6）工序能力分析如何衡量工艺的稳定性和一致性？使用食品包装的例子，说明如何利用工序能力分析来评估工艺的能力，确保产品的一致性和稳定性。

7）散布图在质量控制中的应用是什么？用食品质量的案例解释如何使用散布图来分析两个变量之间的关系，帮助识别潜在的问题。

8）关联图法如何帮助团队识别和理解问题之间的关系？请举一个实际的质量管理场景来说明其应用。

9）在质量管理中，系统图法如何帮助我们从系统角度考虑问题，并找出影响因素之间的相互作用？请提供一个案例。

10）PDPC法如何帮助团队预测可能的问题和制定解决方案？举一个质量管理的实际案例进行解释。

11）网络图法在质量管理中如何用于规划和管理复杂的项目？请说明其在项目时间管理和资源分配方面的应用。

12）质量管理新7种工具与旧7种工具有何不同？它们在解决复杂问题和促进团队协作方面有哪些优势？

13）工序能力分析与控制图有何关联？它们在质量管理中的协同作用是什么？

14）举一个实际的例子，说明如何在工序能力分析的基础上选择适当的控制图类型。

15）请提供一个您所了解的实际案例，说明如何使用工序能力分析和控制图来改进质量管理并确保生产过程的稳定性和一致性。

课程思政案例　　　　　　　　工序能力分析与控制图

4 食品质量保证

为了确保食品质量安全，企业面临着诸多挑战，如原材料质量不稳定、生产工艺复杂多变、市场需求多样化等。为了应对这些挑战，需要建立完善的食品质量保证体系。这个体系应该包括从原材料采购、生产加工、储存运输到销售服务的全过程管理，以及相应的质量控制措施和监管机制。通过实施严格的质量管理体系，可以有效地控制食品生产过程中的各种风险，提高食品质量的稳定性和可靠性。

4.1 质量保证与食品质量保证

4.1.1 质量保证的概念

美国著名的质量管理专家朱兰博士认为："质量保证是为了使顾客确信产品质量能够满足要求所需有关证据的活动。"日本专家石川馨认为："质量保证是保证消费者能够安心地购买商品，在使用商品时也感觉满意，并且商品能够持久耐用。"在 ISO 9000：2015 中，对质量保证定义为：致力于提供质量要求会得到满足的信任。

对于质量保证，中国质量协会的定义：质量保证是企业对用户在产品质量方面提供的担保，保证用户购得的产品在寿命期内质量可靠，使用放心。美国质量管理协会的定义：质量保证是以保证各项管理工作实践有效地达到质量目标为目的的活动体系。日本工业标准的定义：质量保证就是保证质量达到规定标准。

综上可知，质量保证包含两方面的内容：一要加强工厂内部各环节的质量管理，以保证最终出厂的产品质量；二要在产品出厂进入流通领域和使用过程之后，加强售后服务，保证用户正常使用，对用户负责到底。质量保证是质量管理的延伸和继续。

4.1.2 质量保证的发展阶段

质量保证大致有四个发展阶段：注重检验的质量保证阶段、注重过程控制的质量保证阶段、注重以顾客为导向的新产品开发的质量保证阶段和注重产品责任的质量保证阶段。

（1）注重检验的质量保证阶段

在质量管理的早期阶段，质量检验是保证产品质量的主要手段，统计质量和全面质量管理都是在质量检验的基础上发展起来的。在工业生产的早期，生产和检验本是合二为一的，生产者也就是检验者。后来由于生产的发展、劳动分工的细化，检验才从生产加工中分离出来，成为一个独立的工种，但检验仍然是加工制造的补充。

（2）注重过程控制的质量保证阶段

统计过程控制（statistical process control，SPC）是一种借助数理统计方法的过程控制工具。自从 20 世纪 20 年代美国的休哈特提出过程控制的概念和监控过程的工具——控制图，迄今已有百年的历史。SPC 是小概率事件原理的应用，对观测值落入控制线内的判断是依据连续假设检验理论。SPC 为使过程稳定化所采用的策略是将生产流程和原材料标准化，主要应用控制图理论来对生产过程进行实时监控，区分正常波动和异常波动，并能对异常波动预警，以便采取措施，消除异常波动，恢复过程的稳定，从而达到提高和控制质量的目的。

（3）注重以顾客为导向的新产品开发的质量保证阶段

所谓顾客导向，是指企业以满足顾客需求、增加顾客价值为企业经营出发点，在产品设计过程中，特别注意顾客的消费需求、消费偏好以及消费行为的调查分析，重视新产品开发和营销手段的创新，以动态地适应顾客需求。它强调的是要避免脱离顾客实际需求生产产品或对市场的主观判断。

（4）注重产品责任的质量保证阶段

产品责任是指由于产品有缺陷，造成了产品的消费者、使用者或其他第三者的人身伤害或财产损失，依法应由生产者或销售者分别或共同负责赔偿的一种法律责任。

4.1.3　食品质量保证的模式

食品质量保证是指通过一系列系统的管理措施和技术手段，确保食品从原材料采购到最终消费的整个过程中，符合既定的质量标准和安全要求。其核心目标是提供安全、卫生、营养且符合消费者期望的食品。食品质量保证不仅关注最终产品的质量，还涵盖了整个生产链的每一个环节，包括原料的选择和采购、生产工艺的控制、储存和运输的管理等。食品质量保证体系则是基于食品质量保证的目的，形成的一套或多套综合性的管理和操作规范，旨在确保食品从生产到消费的整个过程中保持高质量和安全性。

食品质量保证的模式体现在多个维度，以食品的加工流通过程为例，在原料质量保证阶段包括 GAP、食用农产品承诺达标合格证制度和农产品地理标志登记制度等，在生产过程阶段包括食品卫生标准操作程序（sanitation standard operation procedures，SSOP）、GMP 和 HACCP 食品安全管理体系等，在流通阶段包括食品供应链管理、食品可追溯体系和食品安全危机管理等。通过识别和控制潜在危害、制定标准操作程序、进行过程监控和持续改进，来保障食品安全和质量。这些模式或体系强调全员参与、系统管理和持续改进，以确保食品符合法规要求和消费者期望。

4.1.4　食品质量保证的意义

食品质量保证的意义主要体现在以下七个方面。

（1）保障消费者健康

食品是人们日常生活中不可或缺的一部分，其安全性直接关系到消费者的健康。通过实施食品质量保证措施，可以确保食品在整个生产过程中避免受到污染，从而保障消费者食用到安全、卫生的食品。这对于预防食源性疾病的发生具有重要意义。

（2）提升企业信誉

企业通过建立完善的食品质量保证体系，能够向消费者展示其对产品质量和安全的重视，从而增强消费者对企业的信任。这种信任是企业在市场上获得竞争优势的关键因素之一。同时，良好的企业信誉也有助于吸引更多的合作伙伴和投资者，为企业的长期发展奠定基础。

（3）符合法规要求

随着食品安全法律法规的不断完善，政府对食品生产企业的监管力度也在不断加强。企业实施食品质量保证措施，有助于确保其产品符合相关法规要求，避免因违规操作而受到处罚。这不仅能够保护企业的合法利益，还能够促进整个行业的健康发展。

（4）提高产品质量

食品质量保证措施涵盖了从原料采购到产品出厂的全过程，通过对各个环节的严格控制，可以有效提高产品的质量和稳定性。高质量的产品能够满足消费者的需求，提高消费者的满意度，从而增加企业的市场份额。

（5）降低风险成本

食品质量问题可能导致产品召回、赔偿等风险成本的增加。通过实施食品质量保证措施，企业可以降低这些风险成本的发生概率。此外，质量保证措施还有助于减少生产过程中的浪费和损失，提高生产效率，进一步降低成本。

（6）促进国际贸易

在全球化的背景下，食品国际贸易日益频繁。许多国家和地区对进口食品的质量要求非常严格。企业通过实施国际认可的食品质量保证措施，可以获得进入国际市场的"通行证"，拓展海外市场，增加出口份额。

（7）推动行业进步

食品质量保证措施的实施不仅有助于单个企业的发展，还能够推动整个行业的进步。当越来越多的企业重视并实施食品质量保证措施时，整个行业的产品质量和安全水平将得到提升，从而增强整个行业的竞争力。

4.2　食品原料质量保证体系

4.2.1　良好农业规范

根据联合国粮食及农业组织的定义，GAP 是良好农业规范的英文 good agricultural practice 的缩写。GAP 作为一种适用方法和体系，通过采用经济的、环境的和社会的可持续发展措施来保障食品安全和食品质量。它是以危害预防、良好卫生规范、可持续发展农业和持续改良农场体系为基础，避免农产品在生产过程中受到外来物质的严重污染和危害。

GAP 认证关注农产品种植、养殖、采收、清洗、包装、贮藏和运输过程中有害物质和有害生物的控制及其保障能力，保障农产品质量安全，同时还关注生态环境、动物福利、职业健康等方面的保障能力。

（1）GAP 的基本术语

注册：农业生产经营者向农业生产经营者组织申请登记；认证委托人在认证机构的登记；国家主管部门要求的委托人登记。

分包方：是与农业生产经营者或其组织签订合同以执行特定任务的组织或自然人。分包方是与农业生产经营者或农业生产经营者组织签订合同以执行特定任务的组织或自然人。

农场：是一个具有同样的操作程序和管理措施的农业生产单元或农业生产单元的组合。

农业生产经营者：代表农场的自然人或法人，并对农场出售的产品负法律责任，如农户、农业企业。

农业生产经营者组织：农业生产经营者联合体，该农业生产经营者联合体具有合法的组织结构、内部程序和内部控制，所有成员按照 GAP 的要求注册，并形成清单，说明注册状况。农业生产经营者组织必须和每个注册农业生产经营者签署协议，并确定一个承担最终责任的管理代表，如农村集体经济组织、农民专业合作经济组织、农业企业加农户组织。

农产品处理：指归属农业生产经营者或农业生产经营者组织的收获后的大田作物、果蔬，在农场或离开农场后进行的低风险的处理，如包装、存储、化学处理、修整、清洗，或使产品有可能和其他原料或物质有物理接触的处理方法运出农场。

生产场所：按照相同的生产方式（如水源、技术管理人员、农业生产设备等）实施管理的生产区域。

生产管理单元：在平行生产的情况下，由农业生产经营者根据管理需求确立的农产品生产单元（可以是一个或多个农场、耕地、鱼塘、果园、畜群或温室等）。这些需求包括不同生产单元的产品能够区分，保持独立的记录，存在平行生产时防止认证和非认证产品的混杂等。一个生产管理单元可以包含多个生产场所。一个生产场所也可以根据管理需要划分成多个生产管理单元。

产品处理单元：指相对独立的农产品处理场所，但不一定是独立的法人实体。一个农业生产经营者/农业生产经营者组织可以有一个或多个产品处理单元。

平行生产：农业生产经营者/农业生产经营者组织同时生产相同或难以区分的认证或非认证产品的情况。

平行所有权：农业生产经营者/农业生产经营者组织生产某一认证产品，同时外购非认证的同一产品的情况。

（2）全球 GAP 和我国 GAP

农药、兽药、化肥、饲料添加剂等在农牧业生产活动中的广泛使用，导致农产品质量安全问题、动物福利问题、环保问题日趋严重。GAP 在此背景下应运而生，其基本思想是通过建立规范的农业生产经营体系，关注食品安全、环境保护、动物福利和员工健康四方面的要求，在保证农产品产量和质量安全的同时，更好地配置资源，寻求农业生产和环境保护之间的平衡，实现农业的可持续发展。

目前，许多国家农业生产经营者组织农产品生产经营企业、零售商，为保证农产品质量的安全和使消费者满意，制定了相关 GAP 要求。工业加工商和零售商为实现质量保证、消费者满意和从整个食物链中或从生产安全优质食品中获利而使用 GAP，如欧洲零售商组织制定的欧盟 GAP 标准、美国零售商组织制定的 SOF/1000 标准、可持续农业举措，以及 EISA 综合农业统一规范。食品加工商和零售商通过促进 GAP 规范为农民提供了潜在的增值机会而形成鼓励措施，促使农民采用可持续农作方法。

全球 GAP 认证又称作全球良好农业操作认证。全球 GAP 认证标准版本包含以下五个单元：a. 作物（包含新鲜水果和蔬菜标准、鲜花和观赏植物标准、大田作物标准绿色咖啡标准、茶叶标准模块）；b. 家畜家禽（包含牛羊、奶牛、生猪、家禽模块）；c. 水产包含鲑鱼模块）；d. 动物饲料；e. 繁殖材料。2008 年欧盟 GAP 改为全球 GAP，以适应全球对 GAP 认证的需求。

我国 GAP 即中国良好农业规范，是结合中国国情、依据中国的法律法规，参照欧盟 GAP 的有关标准制定的，用来认证安全和可持续发展农业的规范性标准。2003 年我国卫生部（现国家卫生健康委员会）发布了"中药材 GAP 生产试点认证检查评定办法"，作为官方对中药材生产组织的控制要求；2003 年 4 月国家认监委首次提出在中国食品链源头建立"良好农业规范"体系，并于 2004 年启动了我国 GAP 标准的编写和制定工作，我国 GAP 标准起草主要参照欧盟 GAP 标准的控制条款，并结合中国国情和法规要求编写而成。为建立我国 GAP 认证和标准体系，自 2004 年起，国家认监委组织有关方面的专家已制定并由国家标准委发布了 27 项 GAP 国家标准。2006 年 1 月，国家认监委制定了《良好农业规范认证实施规则（试行）》；2007 年 8 月，国家认监委又对 2006 年 1 月发布的《良好农业规范认证实施规则（试行）》进行了修订，自 2008 年 1 月 1 日起实施。同时，为与全球 GAP 标准（3.0 版）实现互认，国家认监委组织有关专家对农场基础等 9 项 GAP 国家标准（GB/T 20014.2 至 20014.10）进行了修订，并于 2008 年 10 月 1 日起实施。

目前，全球 GAP 更新了其承认的认可机构名单，中国合格评定国家认可委员会（China National Accreditation Service for Conformity Assessment，CNAS）认可结果获得了全球 GAP 的承认。CNAS 已于 2008 年 10 月与国际认可论坛签署了产品多边互认协议，为中国良好农业规范认证机构的认可获得全球 GAP 的承认奠定了基础。CNAS 认可结果获得了全球 GAP 承认以后，经国家认监委批准且获得 CNAS 认可的中国良好农业规范认证机构可以根据相关要求向全球 GAP 申请使用全球 GAP 的认证标志，其认证结果将得到全球 GAP 的承认。

（3）GAP 的基本原理

1）对新鲜农产品的微生物污染，其预防措施优于污染发生后采取的纠正措施（即防范优于纠正）。

2）为降低新鲜农产品的微生物危害，种植者、包装者或运输者应在他们各自控制范围内采用良好农业操作规范。

3）新鲜农产品在沿农场到餐桌食品链中的任何一点，都有可能受到生物污染，主要的生物污染源是人类活动或动物粪便。

4）无论什么时候与农产品接触的水，其来源和质量规定了潜在的污染，应减少来自水的微生物污染。

5）生产中使用的农家肥应认真处理以降低对新鲜农产品的潜在污染。

6）在生产、采收、包装和运输中，工人的个人卫生和操作卫生在降低微生物潜在污染方面起着极为重要的作用。

7）良好农业操作规范的建立应遵守所有法律法规或相应的操作标准。

8）各操作阶段（农场、包装设备、配送中心和运输操作）的责任，对一个成功的食品安全计划是很重要的，必须配备有资格的人员和有效的监控，以确保计划的所有要素运转正常，并有助于通过销售渠道溯源到前面的生产者。

（4）GAP 的实施要点

1）生产用水与农业用水的良好规范。在农作物生产中使用大量的水灌溉，水对农产品的污染程度取决于水的质量、用水时间和方式、农作物特性和生长条件、收割与处理时间以及收割后的操作，因此，应采用不同方式、针对不同用途选择生产用水、保证水质、降低风险。有效的灌溉技术和管理将有效减少浪费，避免过度淋洗和盐渍化。农业负有对水资源进行数量和质量管理的高度责任。

2）肥料使用的良好规范。土壤的物理和化学特性及功能、有机质及有益生物活动是维持农业生产的根本，其综合作用是提高土壤肥力和生产率。

3）农药使用的良好操作规范。按照病虫害综合防治的原则，利用对病害和有害生物具有抗性的作物，进行作物和牧草轮作，预防疾病暴发，谨慎使用防治杂草、有害生物和疾病的农用化学品，制定长期的风险管理战略。任何作物保护措施，尤其是采用对人体或环境有害物质的措施，必须考虑到潜在的不利影响，并掌握、配备充分的技术支持和适当的设备。

4）作物和饲料生产的良好规范。作物和饲料生产涉及一年生和多年生作物、不同栽培的品种等，应充分考虑作物和品种对当地条件的适应性，因管理土壤肥力和病虫害防治而进行的轮作。

5）畜禽生产良好规范。畜禽需要足够的空间、饲料和水才能健康生长和生产。除放牧的草场或牧场之外，应根据需要提供补充饲料。畜禽饲料应避免化学和生物污染物，保持畜禽健康，防止其进入食物链。

6）收获、加工及储存良好规范。农产品的质量也取决于实施适当的农产品收获和储存方式，包括加工方式。收获时间必须符合与农用化学物停用期和兽药停药期有关的规定。产品储存在所设计的适宜温度和湿度条件下的专用空间中。涉及动物的操作活动如剪毛和屠宰必须坚持畜禽健康和福利标准。

7）工人健康和卫生良好规范。确保所有人员，包括非直接参与操作的人员，如设备操作工、潜在的买主和害虫控制作业人员健康条件符合卫生规范。生产者应建立培训计划以使所有相关人员遵守良好卫生规范，了解良好卫生控制的重要性和技巧，以及使用厕所设施的重要性。

8）卫生设施的操作规范。人类活动和其他废弃物的处理或包装设施操作管理不善会增加污染农产品的风险。要求厕所、洗手设施的位置应适当、配备应齐全、应保持清洁并应易于使用。

9）田地卫生良好规范。田地内人类活动和其他废弃物的不良管理能显著增加农产品污染的风险，采收应使用清洁的采收储藏设备，保持装运存储设备卫生，放弃那些无法清洁的容器以尽可能地减少新鲜农产品被微生物污染的概率。在农产品被运离田地之前应尽可能地去除农产品表面的泥土，建立设备的维修保养制度，指派专人负责设备的管理，适当使用设备并尽可能地保持清洁，防止农产品的交叉污染。

10）包装设备卫生良好规范。保持包装区域的厂房、设备和其他设施以及地面等处于良好状态，以减少微生物污染农产品的可能。制订包装工人的良好卫生操作程序以维持对包装操作过程的控制。在包装设施或包装区域外应尽可能地去除农产品泥土，修补或弃用损坏的包装容器，用于运输农产品的器具使用前必须清洗，在储存中防止未使用的、干净的和新的包装容器被污染。包装和储存设施应保持清洁状态，用于存放、分级和包装新鲜农产品的设备必须用易清洗材料制成，设备的设计、建造、使用和一般清洁能降低产品交叉污染的风险。

11）运输良好规范。应制订运输规范，以确保在运输的每个环节，包括从田地到冷却器、包装设备、分发至批发市场或零售中心的运输卫生，操作者和其他与农产品运输相关的员工应细心操作。无论在什么情况下运输和处理农产品，都应进行卫生状态的评估。运输者应把农产品与其他的食品或非食品的病原菌源相隔离，以防止运输操作对农产品的污染。

12）溯源良好规范。要求生产者建立有效的溯源系统，相关的种植者、运输者和其他人员应提供资料，建立产品的采收时间、农场、从种植者到接收者的档案和标识等，追踪从农场到包装者、配送者和零售商等所有环节，以便识别和减少危害，防止食品安全事故发生。一个有效的追踪系统至少应包括能说明产品来源的文件记录、标识和鉴别产品的机制。

（5）我国 GAP 的认证级别和相关国家标准

我国 GAP 划分为一级认证和二级认证两个级别，一级认证要求必须 100% 符合所有适用的一级控制点要求，所有模块的所有适用二级控制点至少 90% 符合要求（果蔬类所适用的二级控制点必须至少 95% 符合），不设定三级控制点最小符合百分比；二级认证要求所有适用的一级控制点必须 95% 符合（果蔬类所适用的一级控制点必须 100% 符合），不设定二级、三级控制点最小符合百分比。其认证标志见图 4-1。

图 4-1 我国 GAP 的认证标志

我国的 GAP 标准主要是 GB/T 20014 系列标准。其中 GB/T 20014.1—2005《良好农业规范 第 1 部分：术语》属于基础标准，第 2 部分~第 24 部分可分为种植类、畜禽养殖类和水产养殖类相关标准。

1）种植类相关标准。GB/T 20014.2—2013《良好农业规范 第 2 部分：农场基础控制点与符合性规范》、GB/T 20014.3—2013《良好农业规范 第 3 部分：作物基础控制点与符合性规范》、GB/T 20014.4—2013《良好农业规范 第 4 部分：大田作物控制点与符合性规范》、GB/T 20014.5—2013《良好农业规范 第 5 部分：水果和蔬菜控制点与符合性规范》、GB/T 20014.12—2013《良好农业规范 第 12 部分：茶叶控制点与符合性规范》、GB/T 20014.25—2010《良好农业规范 第 25 部分：花卉和观赏植物控制点与符合性规范》、GB/T 20014.26—2013《良好农业规范 第 26 部分：烟叶控制点与符合性》。

2）畜禽养殖类相关标准。GB/T 20014.6—2013《良好农业规范 第 6 部分：畜禽基础控制点与符合性规范》、GB/T 20014.7—2013《良好农业规范 第 7 部分：牛羊控制点与符合性规范》、GB/T 20014.8—2013《良好农业规范 第 8 部分：奶牛控制点与符合性规范》、GB/T 20014.9—2013《良好农业规范 第 9 部分：猪控制点与符合性规范》、GB/T 20014.10—

2013《良好农业规范 第10部分：家禽控制点与符合性规范》、GB/T 20014.11—2005《良好农业规范 第11部分：畜禽公路运输控制点与符合性规范》、GB/T 20014.27—2013《良好农业规范 第27部分：蜜蜂控制点与符合性规范》。

3）水产养殖类相关标准。GB/T 2014.13—2013《良好农业规范 第13部分：水产养殖基础控制点与符合性规范》、GB/T 20014.14—2013《良好农业规范 第14部分：水产池塘养殖基础控制点与符合性规范》、GB/T 20014.15—2013《良好农业规范 第15部分：水产工厂化养殖基础控制点与符合性规范》、GB/T 20014.16—2013《良好农业规范 第16部分：水产网箱养殖基础控制点与符合性规范》、GB/T 20014.17—2013《良好农业规范 第17部分：水产围栏养殖基础控制点与符合性规范》、GB/T 20014.18—2013《良好农业规范 第18部分：水产滩涂、吊养、底播养殖基础控制点与符合性规范》、GB/T 20014.19—2008《良好农业规范 第19部分：罗非鱼池塘养殖控制点与符合性规范》、GB/T 20014.20—2008《良好农业规范 第20部分：鳗鲡池塘养殖控制点与符合性规范》、GB/T 20014.21—2008《良好农业规范 第21部分：对虾池塘养殖控制点与符合性规范》、GB/T 20014.22—2008《良好农业规范 第22部分：鲆鲽工厂化养殖控制点与符合性规范》、GB/T 20014.23—2008《良好农业规范 第23部分：大黄鱼网箱养殖控制点与符合性规范》、GB/T 20014.24—2008《良好农业规范 第24部分：中华绒螯蟹围栏养殖控制点与符合性规范》。

4.2.2 食用农产品承诺达标合格证制度

（1）食用农产品质量安全监管概述

2001年，经国务院批准，我国农业部（现农业农村部）组织实施了"无公害食品行动计划"，并以此为重要抓手，全面推进农产品质量安全监管工作，经过十多年的发展，在推进农业标准化生产保障农产品质量安全等方面取得明显成效。但是随着我国农业进入高质量发展新阶段，无公害农产品的内外部形势和要求发生了深刻变化，目标定位滞后、市场导向不突出、推动手段不足等问题逐步显现。针对无公害农产品面临的新情况、新问题，中共中央办公厅、国务院办公厅印发了《关于创新体制机制推进农业绿色发展的意见》，明确提出要改革无公害农产品认证制度。

2018年1月1日至3月31日，暂停无公害农产品认证（包括复查换证）申请、受理、审核和颁证等工作，原颁发证书有效期顺延。在此过渡期间，农业农村部颁布并实施了一系列暂行管理办法。如《关于做好无公害农产品认证制度改革过渡期间有关工作的通知》（农办质〔2018〕15号），规定了由省级农业农村行政部门及其所属工作机构负责无公害农产品的认定审核、专家评审、颁发证书和证后监管等工作。中国绿色食品发展中心负责无公害农产品的标志式样、证书格式、审核规范、检测机构的统一管理。

2016年，农业部（现农业农村部）按照当年7月22日施行的《食用农产品合格证管理办法（试行）》要求在河北、黑龙江、浙江、山东、湖南、陕西六省开展食用农产品合格证管理试点工作。2019年，农业农村部印发了《全国试行食用农产品合格证制度实施方案》，决定在全国试行食用农产品合格证制度，在农业农村部官网给出了新的食用农产品合格证基本样式（图4-2）。并组织开展了农产品合格证制度替代无公害农产品认证的研究工作。

2021 年 11 月 4 日，农业农村部办公厅发布了《关于加快推进承诺达标合格证制度试行工作的通知》，将合格证名称由"食用农产品合格证"调整为"承诺达标合格证"（图 4-3）。

```
┌─────────────────────────────────────────┐
│              食用农产品合格证              │
│                                           │
│  食用农产品名称：                          │
│  数量和重量：                              │
│  生产者盖章或签名：                        │
│  联系方式：                                │
│  产地：                                    │
│  开具日期：                                │
│  我承诺对产品质量安全以及合格证真实性负责：  │
│  □ 不使用禁限用农药兽药                     │
│  □ 不使用非法添加物                         │
│  □ 遵守农药安全间隔期、兽药休药期规定        │
│  □ 销售的食用农产品符合农药兽药残留食品安全国家标准│
└─────────────────────────────────────────┘
```

图 4-2　食用农产品合格证基本样式

```
┌─────────────────────────────────────────┐
│                                           │
│              承诺达标合格证                │
│                                           │
│                                           │
│  我承诺对生产销售的食用农产品：             │
│      □不使用禁用农药兽药、停用兽药和非法添加物│
│      □常规农药兽药残留不超标                │
│      □对承诺的真实性负责                    │
│                                           │
│  承诺依据：                                │
│                                           │
│      □委托检测          □自我检测          │
│      □内部质量控制      □自我承诺          │
│      ──────────────────────              │
│                                           │
│      产品名称：          数量（重量）：     │
│      产　　地：                            │
│      生产者盖章或签名：                     │
│      联系方式：                            │
│      开具日期：    年    月    日          │
│                                           │
└─────────────────────────────────────────┘
```

图 4-3　食用农产品"承诺达标合格证"基本样式

2022 年 9 月 2 日，新版《农产品质量安全法》（第十三届全国人民代表大会常务委员会第三十六次会议修订）发布。同年 9 月 24 日，农业农村部办公厅发出了"农业农村部办公厅关于深入学习贯彻《中华人民共和国农产品质量安全法》的通知"，在通知中明确指出停止无公害农产品认证、停开农产品产地证明以及加强承诺达标合格证工作指导。

至此，在《农产品质量安全法》的法律层面上，我国的无公害食用农产品认证（认定）制度基本被新的食用农产品承诺达标合格证制度彻底取代，食用农产品的质量安全监管进入了新时代。

（2）食用农产品承诺达标合格证制度

目前，我国已经颁布实施了一系列与食用农产品承诺达标合格证相关的要求和法规，主要有农业农村部在2021年11月3日发布的《农业农村部办公厅关于加快推进承诺达标合格证制度试行工作的通知》，在2022年9月24日发布的"农业农村部办公厅关于深入学习贯彻《中华人民共和国农产品质量安全法》的通知"，在2023年1月1日生效的《农产品质量安全法》，以及出于对食用农产品在市场销售环节的相应衔接监管要求，国家市场监督管理总局将在2023年12月1日起，正式实施的《食用农产品市场销售质量安全监督管理办法》。在这几部法规和要求中，明确提出了在农产品的生产、流通和最终销售环节要鼓励和支持开具承诺达标合格证。

例如，《农产品质量安全法》第五章第三十八条规定，农产品生产企业、农民专业合作社以及从事农产品收购的单位或个人销售的农产品，按照规定应当包装或附加承诺达标合格证等标识的，须经包装或附加标识后方可销售。包装物或标识上应当按照规定标明产品的品名、产地、生产者、生产日期、保质期、产品质量等级等内容；使用添加剂的，还应当按照规定标明添加剂的名称。具体办法由国务院农业农村主管部门制定。第三十九条规定，农产品生产企业、农民专业合作社应当执行法律、法规的规定和国家有关强制性标准，保证其销售的农产品符合农产品质量安全标准，并根据质量安全控制、检测结果等开具承诺达标合格证，承诺不使用禁用的农药、兽药及其他化合物且使用的常规农药、兽药残留不超标等。鼓励和支持农户销售农产品时开具承诺达标合格证。法律、行政法规对畜禽产品的质量安全合格证明有特别规定的，应当遵守其规定。从事农产品收购的单位或个人应当按照规定收取、保存承诺达标合格证或其他质量安全合格证明，对其收购的农产品进行混装或分装后销售的，应当按照规定开具承诺达标合格证。农产品批发市场应当建立健全农产品承诺达标合格证查验等制度。县级以上人民政府农业农村主管部门应当做好承诺达标合格证有关工作的指导服务，加强日常监督检查。农产品质量安全承诺达标合格证管理办法由国务院农业农村主管部门会同国务院有关部门制定。第四十条规定，农产品生产经营者通过网络平台销售农产品的，应当依照本法和《中华人民共和国电子商务法》《中华人民共和国食品安全法》等法律、法规的规定，严格落实质量安全责任，保证其销售的农产品符合质量安全标准。网络平台经营者应当依法加强对农产品生产经营者的管理。

第六章第五十二条规定，县级以上地方人民政府农业农村主管部门应当加强对农产品生产的监督管理，开展日常检查，重点检查农产品产地环境、农业投入品购买和使用、农产品生产记录、承诺达标合格证开具等情况。国家鼓励和支持基层群众性自治组织建立农产品质量安全信息员工作制度，协助开展有关工作。

第七章第七十三条规定，违反本法规定，有下列行为之一的，由县级以上地方人民政府农业农村主管部门按照职责给予批评教育，责令限期改正；逾期不改正的，处一百元以上一千元以下罚款：a.农产品生产企业、农民专业合作社、从事农产品收购的单位或个人未按照规定开具承诺达标合格证；b. 从事农产品收购的单位或个人未按照规定收取、保存承诺达标合格证或其他合格证明。

《食用农产品市场销售质量安全监督管理办法》第九条：从事连锁经营和批发业务的食用农产品销售企业应当主动加强对采购渠道的审核管理，优先采购附具承诺达标合格证或其他产品质量合格凭证的食用农产品，不得采购不符合食品安全标准的食用农产品。对无法提供承诺达标合格证或其他产品质量合格凭证的，鼓励销售企业进行抽样检验或快速检测。

除生产者或供货者出具的承诺达标合格证外，自检合格证明、有关部门出具的检验检疫合格证明等也可以作为食用农产品的产品质量合格凭证。

第十二条规定，销售者销售食用农产品，应当在销售场所明显位置或带包装产品的包装上如实标明食用农产品的名称、产地、生产者或销售者的名称或姓名等信息。产地应当具体到县（市、区），鼓励标注到乡镇、村等具体产地。对保质期有要求的，应当标注保质期。保质期与贮存条件有关的，应当予以标明；在包装、保鲜、贮存中使用保鲜剂、防腐剂等食品添加剂的，应当标明食品添加剂名称。

销售即食食用农产品还应当如实标明具体制作时间。

食用农产品标签所用文字应当使用规范的中文，标注的内容应当清楚、明显，不得含有虚假、错误或其他误导性内容。

鼓励销售者在销售场所明显位置展示食用农产品的承诺达标合格证。带包装销售食用农产品的，鼓励在包装上标明生产日期或包装日期、贮存条件以及最佳食用期限等内容。

第二十三条规定，集中交易市场开办者应当查验入场食用农产品的进货凭证和产品质量合格凭证，与入场销售者签订食用农产品质量安全协议，列明违反食品安全法律法规规定的退市条款。未签订食用农产品质量安全协议的销售者和无法提供进货凭证的食用农产品不得进入市场销售。

集中交易市场开办者对声称销售自产食用农产品的，应当查验自产食用农产品的承诺达标合格证或查验并留存销售者身份证号码、联系方式、住所以及食用农产品名称、数量、入场日期等信息。

对无法提供承诺达标合格证或其他产品质量合格凭证的食用农产品，集中交易市场开办者应当进行抽样检验或快速检测，结果合格的，方可允许进入市场销售。

鼓励和引导有条件的集中交易市场开办者对场内销售的食用农产品集中建立进货查验记录制度。

第三十六条规定，市、县级市场监督管理部门发现下列情形之一的，应当及时通报所在地同级农业农村主管部门：a. 农产品生产企业、农民专业合作社、从事农产品收购的单位或个人未按照规定出具承诺达标合格证；b. 承诺达标合格证存在虚假信息；c. 附具承诺达标合格证的食用农产品不合格；d. 其他有关承诺达标合格证违法违规行为。

农业农村主管部门发现附具承诺达标合格证的食用农产品不合格，向所在地市、县级市场监督管理部门通报的，市、县级市场监督管理部门应当根据农业农村主管部门提供的流向信息及时追查不合格食用农产品并依法处理。

由以上内容可以看出，虽然开具、验收和保持农产品承诺达标合格证的工作要求已经被列入了法规，但是作为主管部门的农业农村部尚未配套出台《农产品包装和标识管理办法》

《农产品质量安全承诺达标合格证管理办法》和《农产品质量安全追溯管理办法》等一系列具体的操作规章，详见农业农村部农产品质量安全监管司在 2023 年 8 月 24 日的《关于政协第十四届全国委员会第一次会议第 00777 号（农业水利类 068 号）提案答复的函》中第三部分的内容。

因此，各地在推行该制度时，虽有法可依，却无章可循。在实际操作层面有很多问题在等待规范指导。例如，电商或网络平台如何对其经营的农产品开具承诺达标合格证？贸易商应该如何对分销的农产品进行承诺达标？已经被专管的农产品（如原粮、生乳、生猪、其他可食用动物产品）如何体现承诺达标？是否能够完全覆盖原无公害认证（认定）的承诺范围？电子承诺达标合格证如何开具？承诺达标合格证与各地现行的电子追溯平台如何衔接？尽管如此，这依然是一次农产品质量安全监管方面的重大改革，应该抱着积极心态共同参与到其中。

目前对"农产品生产企业、农民专业合作社以及从事农产品收购的单位或个人销售的农产品"的承诺达标合格证要求，是本着鼓励、支持和积极引导的态度对待的，尚未强制执行。从这个角度来看，农产品承诺达标合格证的实施现状，尚处于生产者和经营者的自愿承诺阶段。此时的农产品承诺合格证与三方认证中的符合性验证证明功能相似，不同的是前者由生产经营者自行开具，后者需要专业第三方机构审核后出具。

4.2.3　农产品地理标志登记制度

农产品地理标志是指标示农产品来源于特定地域，产品品质和相关特征主要取决于自然生态环境和历史人文因素，并以地域名称冠名的特有农产品标志。此处所称的农产品是指来源于农业的初级产品，即在农业活动中获得的植物、动物、微生物及其产品。

农产品地理标志公共标识基本图案由中华人民共和国农业农村部中英文字样、农产品地理标志中英文字样、麦穗、地球、日月等元素构成。麦穗代表生命与农产品，橙色寓意成熟和丰收，绿色象征农业和环保。图案整体体现了农产品地理标志与地球、人类共存的内涵（图 4-4）。

图 4-4　农产品地理标志

（1）实施农产品地理标志登记的意义

1）保护传统农业文化：农产品地理标志的实施有助于保护那些具有悠久历史和文化价值的传统农业产品，这些产品往往与特定的地理环境和文化传统紧密相关。

2）提升产品品牌价值：地理标志为农产品赋予了独特的身份认证，可以增加消费者对产品的认知度和信任度，从而提升产品的品牌价值。

3）促进地区经济发展：地理标志产品通常具有较高的市场认可度和销售价格，能够带动当地农业的增值和农民的收入增长，促进地区经济的发展。

4）保障消费者权益：地理标志确保了消费者能够购买到真正的、质量有保证的农产品，避免了假冒伪劣产品的侵害。

5）维护公平竞争：地理标志的实施有助于打击侵权行为，维护正规生产者的合法权益，促进市场的公平竞争。

6）推动可持续发展：地理标志产品往往要求在生产过程中遵循可持续的原则，这有助于保护生态环境，推动农业的可持续发展。

7）促进农业创新和技术改进：为了保持地理标志产品的品质和特色，生产者需要不断地进行技术创新和工艺改进，这有助于整个农业产业的技术进步。

8）加强食品质量安全管理：地理标志产品的标准和监管通常较为严格，有助于提高农产品的质量安全水平，减少食品安全事故的发生。

（2）农产品地理标志登记管理工作

根据《农产品地理标志管理办法》规定，农业农村部负责全国农产品地理标志的登记工作，农业农村部农产品质量安全中心负责农产品地理标志登记的审查和专家评审工作；省级人民政府农业行政主管部门负责本行政区域内农产品地理标志登记申请的受理和初审工作；农业农村部设立的农产品地理标志登记专家评审委员会负责专家评审。

1）农产品地理标志登记的性质。农产品地理标志登记管理是一项服务广大农产品生产者的公益行为，主要依托政府推动，登记不收取费用。《农产品地理标志管理办法》规定，县级以上人民政府农业行政主管部门应当将农产品地理标志管理经费编入本部门年度预算。

2）农产品地理标志登记应符合的条件。称谓由地理区域名称和农产品通用名称构成；产品有独特的品质特性或特定的生产方式；产品品质和特色主要取决于独特的自然生态环境和人文历史因素；产品有限定的生产区域范围；产地环境、产品质量符合国家强制性技术规范要求。

3）农产品地理标志登记申请需要提交的材料。符合农产品地理标志登记条件的申请人，可以向省级人民政府农业行政主管部门提出登记申请，并提交申请材料，包括登记申请书，产品典型特征特性描述和相应产品品质鉴定报告，产地环境条件、生产技术规范和产品质量安全技术规范，地域范围确定性文件和生产地域分布图，产品实物样品或样品图片，其他必要的说明性或证明性材料，流程、证书有效期、标志使用人资质要求等。

（3）农产品地理标志登记程序

1）申请人。农产品地理标志登记申请人为县级以上地方人民政府根据下列条件择优确定的农民专业合作经济组织、行业协会等组织。其必须的申请条件为：具有监督和管理农产品地理标志及其产品的能力；具有为地理标志农产品生产、加工、营销提供指导服务的能力；具有独立承担民事责任的能力。

2）确定申请登记的农产品地域范围。申请人应当根据申请登记的农产品分布情况和品质特性，科学合理地确定申请登记的农产品地域范围，包括具体的地理位置、涉及村镇和区域边界；报出具资格确认文件的地方人民政府农业行政主管部门审核，出具地域范围确定性文件。

3）制定质量控制技术规范。申请人应当根据申请登记的农产品产地环境特性和产品品质典型特征，制定相应的质量控制技术规范，包括产地环境条件、生产技术规范和质量安全技术规范。

4）产地环境和品质鉴定。农产品地理标志登记的鉴定内容包括产品的外在感官指标特征，包括产品的形态、大小、色泽等；产品独特的不可量化的风味特征；产品可量化的典型显著理化指标。产品典型特征特性描述包括产品特定的品质风味描述、特殊的自然环境条件描述、特殊的生产方式和工艺描述、人文历史和知名度描述，产品的市场、价格及与其他同类产品相比较的附加值等的描述。

农产品地理标志登记的鉴定报告提交形式：产品外在感官特征显著而内在品质指标不显著的，提交鉴评报告；产品外在感官特征不显著而内在品质指标显著的，提交检测报告；产品外在感官特征和内在品质指标均显著的，同时提交鉴评报告和检测报告。

对于外在感官特征和不可量化的内在品质指标，由申请人提请省级农产品地理标志工作机构组织专家进行鉴评，给出鉴评意见。对于可量化的理化指标，由农业农村部农产品质量安全中心委托的具有相应资质的检测机构出具检测报告。

申请登记农产品的产地环境和品质鉴定工作由农业农村部考核合格的农产品质量安全检测机构承担。鉴定工作有特殊需要的，农业农村部农产品质量安全中心可以指定具有法定资质的检测机构承担；检测机构应当根据申请人的委托和农产品地理标志登记管理的相关规定进行抽样、检测和出具报告。

5）初审，主要工作包括省级农业行政主管部门自受理农产品地理标志登记申请之日起，应当在45个工作日内按规定完成登记申请材料的初审和现场核查工作，并提出初审意见；符合规定条件的，省级农业行政主管部门应当将申请材料和初审意见报农业农村部农产品质量安全中心；不符合规定条件的，应当在提出初审意见之日起10个工作日内将相关意见和建议以书面形式通知申请人；农业农村部农产品质量安全中心收到申请材料和初审意见后，在20个工作日内完成申请材料的审查工作，提出审查意见，并组织专家评审。

6）现场核查。必要时，农业农村部农产品质量安全中心可以组织实施现场核查。现场核查是指在审查农产品地理标志登记申报材料的过程中，根据需要对申请人相关情况进行实地核实确认的过程。农产品地理标志现场核查工作程序如下：制订现场核查方案；通知申请人；实施现场核查，依据现场核查方案进行核查，包括召开首次会议，进行实地核查，召开末次会议，后续工作。主要核查范围及内容包括现场听取申请人汇报、实地检查、随机访问、查阅文件和记录、核查其他需要了解的内容。

7）公示，主要包括经专家评审通过的，由农业农村部农产品质量安全中心代表农业农村部在农民日报、中国农业信息网、中国农产品质量安全网等公共媒体上对登记的产品名称、登记申请人、登记的地域范围和相应的质量控制技术规范等内容进行为期 10 日的公示；专家评审没有通过的，由农业农村部做出不予登记的决定，书面通知申请人和省级农业行政主管部门，并说明理由；对公示内容有异议的单位和个人，应当自公示之日起 30 日内以书面形式向农业农村部农产品质量安全中心提出，并说明异议的具体内容和理由；农业农村部农产品质量安全中心应在将异议情况转所在地省级农业行政主管部门提出处理建议后，组织农产品地理标志登记专家评审委员会复审。

8）颁发证书。公示无异议的，由农业农村部农产品质量安全中心报农业农村部作出决定。准予登记的，颁发《中华人民共和国农产品地理标志登记证书》并公告，同时公布登记产品的质量控制技术规范。农产品地理标志登记证书长期有效。

（4）标志使用和监督管理

标志使用主要有农产品地理标志的使用，农产品地理标志使用人享有的权利及应当履行的义务。监督管理包括农产品地理标志监督管理部门，质量控制追溯体系的建立，农产品地理标志监督管理要求及罚则。

4.3 食品生产过程中的质量保证体系

4.3.1 食品良好操作规范

良好操作规范（GMP）是一种特别注重制造过程中产品质量和安全卫生的自主性管理制度。良好操作规范在食品中的应用，即食品良好操作规范以现代科学知识和技术为基础，应用先进的技术和管理的方法，解决食品生产中的质量问题和安全卫生问题。良好操作规范并不是仅仅针对食品企业而言的，而是应该贯穿于食品原料生产、运输、加工、储存销售和使用的全过程，也就是说从食品生产至使用的每一环节都应有它的良好操作规范。因此食品良好操作规范是实现食品工业现代化、科学化的必备条件，是食品优良品质和安全卫生的保证体系。

食品良好操作规范的概念借自于药品的良好操作规范。美国药品监督管理局认识到必须通过立法加强药品的安全生产，并在 1963 年颁布了药品的良好操作规范，1964 年实施。1969 年美国以联邦法规的形式公布食品的 GMP 基本法《食品制造、加工、包装、储运的现行良好操作规范》。国际食品法典委员会在食品良好操作规范的基础上制定了 CAC/PCPI—1981《食品卫生通则》以及 30 多种食品卫生实施法规，供各会员国政府在制定食品法规时参考。

食品良好操作规范，也称食品良好生产规范，是一种具有专业特性的质量保证体系和制造业管理体系。政府以法规形式，对所有食品制定了一个通用的良好操作规范，所有企业在生产食品时都应自主地采用该操作规范。

GMP 的重点是制定操作规范和双重检验制度，确保食品生产过程的安全性，防止异物有毒有害物质、微生物污染食品，防止出现人为事故，完善管理制度，加强标签、生产记录、报告档案记录的管理。因此 GMP 中最关键、最基本的内容是 SSOP。GMP 同样包括八大内容。

（1）食品原材料采购、运输和贮藏的良好操作规范

食品生产所用原材料的质量是决定食品最终产品质量的主要因素。食品生产的原材料一般分为主要原材料和辅助材料，其中主要原材料是来源于种植、畜产和水产的水果、蔬菜粮油、畜肉、禽肉、乳品、蛋品、鱼贝类等，辅助材料有香辛料、调味料、食品添加剂等，这些材料在种植、饲养、收获、运输、贮藏等过程中都会受到很多有害因素的影响而改变食物的安全性。

1）采购。必须从影响食品质量的重要环节，即原材料采购、运输和贮藏着手加强卫生管理。对食品原材料采购的卫生要求主要包括对采购人员、采购原料质量、采购原料包装物或容器的要求。

对采购人员的要求。采购人员应熟悉本企业所用各种食品原料、食品添加剂、食品包装材料的品种、卫生标准和卫生管理办法，清楚各种原材料可能存在或容易发生的卫生问题。采购食品原材料时，应对其进行初步的感官检查，对卫生质量可疑的应随机抽样进行完整的卫生质量检查，合格后方可采购。采购的食品原辅材料，应向供货方索取同批产品的检验合格单或化验单，采购食品添加剂时还必须同时索取定点生产证明材料。采购的原辅材料必须验收合格后才能入库，按品种分批存放。食品原辅材料的采购应根据企业食品加工和贮藏能力有计划地进行，防止一次性采购过多，造成原料积压、变质。

对采购原辅材料的要求。我国的主要食品原料、食品辅料和包装材料多数都具有国家卫生标准、行业标准、地方标准或企业标准。通常，食品原辅材料的卫生标准检查由以下4个部分组成。

①感官检查：感官质量是食品重要的质量指标，而且检查简单易行。

②化学检查：食品原辅材料在质量发生劣变时都伴随有其中的某些化学成分的变化，所以常常也通过测定特定的化学成分来了解食品原辅材料的卫生质量。

③微生物学检查：食品可因某些微生物的污染而新鲜度下降甚至变质，主要指标有细菌总数、大肠杆菌群致病菌等，如花生常常要检测黄曲霉。

④食用原辅材料中有毒物质的检测：有些食品原辅材料在种植、养殖、采收、加工、运输、销售和贮藏等环节中，往往会受到一些工业污染物、农药、致病菌及毒素产生菌的污染。

2）运输。食品在运输时，特别是运输散装的食品原辅材料时，严禁与非食品物资，如农药、化肥、有毒气体等同时运输，也不得使用未经清洗的运输过上述物资的运输工具。食品原辅材料的运输工具应要求专用，如做不到专用，应在使用前彻底清洗干净，确保运输工具不会污染被运输的食品物资。运输食品原辅材料的工具最好设置篷盖，防止运输过程中由于雨淋日晒等造成原辅材料的污染变质。

3）贮藏。食品企业必须创造一定的条件，采取合理的方法来贮藏食品原辅材料，确保其卫生安全。

贮藏设施。食品原辅材料贮藏设施的要求依食品的种类不同而不同，原辅材料的性质是决定贮藏设施卫生条件的主要因素。对于容易腐烂变质的肉、鱼等原料，应采取低温冷藏。

贮藏作业。贮藏设施的卫生制度要健全，应有专人负责，职责明确，原料入库前要严格按有关的卫生标准验收合格后方能入库，并建立入库登记制度，做到同一物资先入先出，防止原料长时间积压。库房要定期检查、定期清扫、消毒。贮藏温度对许多食品原辅材料来说是至关重要的，贮藏温度的合适与否会直接影响原辅材料的卫生质量，温度过高会造成原辅材料萎蔫，有害化学反应加速，微生物增殖迅速。温度过低又可能导致原辅材料发生冻伤或冷害。控制温度相对稳定也非常重要，贮藏温度的大幅度变化，往往会带来贮藏原辅材料品质的劣化。不同原辅材料分批分空间贮藏，同一库内贮藏的原辅材料应不会相互影响其风味，不同物理形态的原辅材料也要尽量分隔放置。贮藏不宜过于拥挤，物资之间保持一定距离，便于进出库搬运操作，利于通风。

（2）食品工厂设计和设施的良好操作规范

1）食品工厂厂址选择。

①防止厂区因周围环境的污染而造成污染，厂区周围不得有粉尘、烟雾有害气体、放射性物质和其他扩散性污染物，不得有垃圾场、污水处理厂、废渣场等。

②防止企业污水和废弃物对居民区的污染，应设有废水和废弃物处理设施。

③要建立必要的卫生防护带，如屠宰场距居民区的最小防护带不得小于500m，酿造酱菜厂、乳品厂等不得小于300m，蛋品加工批发部门不得小于100m。

④有利于经处理的污水和废弃物的排出。

⑤要有足够、良好的水源，能承载较高负荷的动力电源。

⑥要有足够可利用的面积和较适宜的地形，以满足工厂总体平面合理的布局和今后扩建发展的要求。

⑦厂区应通风、采光良好、空气清新。

⑧交通要方便，便于物资的运输和职工的上下班。

2）食品工厂建筑设施。

①建筑物和构筑物的设置与分布应符合食品生产工艺的要求，保证生产过程的连续性，使作业线最短，生产最方便。

②厂房应按照生产工艺流程及所要求的清洁级别进行合理布局，同一厂房和邻近厂房进行的各项操作不得相互干扰。做到人流、物流分开，原料、半成品、成品以及废品分开，生食品和熟食品分开，杜绝生产过程中的交叉污染。

③三区（生产区、生活区和厂前区）的布局应合理，生活区（宿舍、食堂、浴、托儿所）应位于生产区的上风向，厂前区（传达室、化验室、医务室、运动场等）应与生产区分开，锅炉房等产尘大的设施应在工厂的下风端。

④厂区建筑物之间的距离应符合防火、采光、通风、交通运输的需要。

⑤生产车间的附属设施应齐全，如更衣间、消毒间、卫生间、流动水洗手间等。

⑥厂区应设有一定面积的绿化带，起到滞尘、净化空气和美化环境的作用。

⑦排水系统管道的布局要合理，生活用水与生产用水应分系统独立供应。

⑧废弃物存放设施应远离生产和生活区，应加盖存放，尽快处理。

3）食品加工设备、工具和管道。

①在选材上，凡直接接触食品原料或成品的设备、工具或管道应无毒、无味、耐腐蚀耐

高温、不变形、不吸水，要求质材坚硬、耐磨、抗冲击、不易破碎，常用的质材有不锈钢、铝合金、玻璃、搪瓷、天然橡胶、塑料等。

②在结构方面，要求食品生产设备、工具和管道要表面光滑，不易积垢，便于拆洗消毒。

③在布局上，生产设备应根据工艺要求合理定位，工序之间衔接要紧凑，设备传动部分应安装有防水、防尘罩，管线的安装尽量少拐弯，少交叉。

④在卫生管理制度上，定期检查、定期消毒、定期疏通，设备应实行轮班检修制度。

4）食品加工建筑物。食品工厂的厂房高度应能满足工艺、卫生要求以及设备安装、维保养的要求，车间的工作空间必须便于设备的安装与维护。食品的存放、搬运过程中，应避免食品与墙体、地面和工作人员的接触而造成食品的污染。生产车间的地面应不渗水、不吸水、无毒、防滑，对有特别腐蚀性的车间地板还要做特殊处理。地面应完整、无裂缝、稍高于运输通道和道路路面，便于冲洗、清洗和消毒。仓库地面要考虑防潮，加隔水材料。屋面应不积水、不渗漏、隔热，天花板应不吸水、耐温，具有适当的坡度，利于冷凝水的排除。在水蒸气、油烟和热量较集中的车间，屋顶应根据需要开天窗排风。天花板到地面的高度保持在2.4m以上。墙壁要用浅色、不吸水、耐清洗、无毒的材料覆盖。离地面1.5～2.0m的墙壁应用白色瓷砖或其他防腐蚀、耐热、不透水的材料设置墙裙。墙壁表面应光滑平整、不脱落、不吸附，墙壁与地面的交界面要呈弯形，便于清洗，防止积垢。防护门要求能两面都能自动开闭。门窗的设计不能与邻近车间的排气门直接对齐或毗邻，车间的外出门应有适当的控制，必须设有备用门。车间内的通道应人流和物流分开，通道要畅通，尽量少拐弯。

5）食品工厂卫生设施。在车间的进门处和车间内的适当地方应设置洗手设施，大约每10人1个水龙头，并在洗手设施旁边设干手设备，如热风、消毒干毛巾。一些特别的车间工作人员应戴有手套。食品从业人员应勤剪指甲。必要时用来苏尔或酒精对手进行消毒。在饮料、冷食等卫生要求较高的生产车间的入口应设有消毒池，一般设在通向车间的门口处。

（3）食品生产过程的管理要求

食品生产过程就是原料到成品的过程，根据食品加工方式不同或成品要求的不同，食品原料要经过各种不同的加工工艺，如清洗、去皮、干燥、冷冻、热处理、切割、发酵、分级等，加工好的食物经包装后就形成成品。由于食品的加工需要经过多个环节，这些环节可能会对食品造成污染，因此，要求食品生产的整个过程要处于良好的卫生状态，尽量减少加工过程中食品的污染，必须了解不同食品生产加工工艺过程中可能造成食品污染的物质来源，制定相对应的生产过程卫生管理制度，提出必要的卫生要求，才可能较好地防止食品在加工过程中被污染。

1）食品加工过程中常见的污染来源。热反应分解产物。加工过程中经高温处理的食品往往会通过食物成分的热反应形成一些对人体不利的物质，如食品蛋白质中的谷氨酸、色氨酸发生热分解生成对黏膜具有强烈刺激作用的杂环胺；高温使油脂的氧化反应加剧，裂解形成对人体有害的小分子化合物；高温导致油脂热降解或热聚合形成有害物质；食物在烧烤或煎炸过程形成的具有三致毒性（致癌、致突变、致畸形）的物质等。

重金属污染物。在食品加工过程中使用有重金属污染的加工用水、错误使用工业级洗涤剂、加工设施中含有可迁移的重金属、使用不合格的含有重金属的包装物或使用工业级食品添加物等均可造成食品被重金属污染，进而引起食物中毒。

生物污染。生物污染是食品加工过程中最常见的一种污染，主要是指食品在加工过程中被细菌、病毒、霉菌及其毒素、昆虫、寄生虫和虫卵等生物污染。

2）食品生产过程的良好操作规范，主要包括对食品生产原料的验收和化验，确保符合有关的食品生产原料的卫生标准；对工艺流程和工艺配方的管理，生产配方中使用的各种物质的量严格控制，并对整个生产过程进行监督，防止不适当处理造成污染物质的形成或食品加工不同环节之间的交叉污染；对食品生产用具及时进行清洗、消毒和维修；对产品的包装进行检验，防止二次污染的发生，并对成品的标签进行检验；对食品生产人员的卫生管理等食品生产过程的卫生管理一般采取定期或不定期抽检及考核方式进行。

（4）食品生产用水的良好操作规范

水源的选择应考虑用水量和水质两个方面。水量必须满足生产的需要，用水包括生产用水和非生产用水。生产用水主要指需要添加到产品中的水，非生产用水包括冷却水、消防用水、清洁用水、日常生活用水等。不同食品对水质和卫生的要求不一样，一般来说，自来水是符合卫生要求的，但自来水水源多是地表水，容易受季节变化的影响，水质不稳定，若水源是地下水，则不会受季节性变化的影响。对一些水质要求较高的食品，如饮料、啤酒、汽水、超纯水等需要进行特殊的水处理，使之达到各自的用水标准。生活饮用水水质标准见 GB 5749—2022《生活饮用水卫生标准》。

（5）食品生产人员个人卫生的要求

保持双手清洁。在工作前、大小便后、接触不干净的生产工具后、处理了废弃物后必须洗手，洗手时要求使用肥皂，用流水清洗，必要时用酒精或漂白粉消毒，洗完后将手烘干或用餐巾纸、消毒毛巾擦干，指甲要经常修剪，保持清洁。

保持衣帽整洁。进入车间必须穿戴整洁的工作服、帽、鞋等，防止头发、头屑等污染食品。工作服要求每天清洗更换，不能穿戴工作服进入废物处理车间和厕所。

培养良好的个人卫生习惯。食品从业人员应勤剪指甲、勤洗澡、勤理发、不要用手经常接触鼻部、头发和擦嘴，不随地吐痰；不戴手表、戒指、手镯、项链、耳环，进入车间不宜化浓艳妆。上班前不酗酒，工作时不得吸烟、饮酒、吃零食。生产车间中不得带入和存放个人日常生活用品。进入车间的非生产性人员也应完全遵守上述要求。

（6）食品工厂的组织和制度

《中华人民共和国食品卫生法》规定："食品生产经营企业应当健全本单位的食品卫生管理制度，配备专职或兼职食品卫生管理人员，加强对所生产、经营食品的检验工作。"安全性是食品最为重要的质量特性，做好食品卫生管理工作，防止食品污染，确保食品的安全生产是对社会负责，也是企业自身发展的需要。

1）建立健全食品卫生管理机构和制度。食品工厂或生产经营企业应建立、健全卫生管理制度，成立专门的卫生科或产品质量检验科，由企业主要负责人分管卫生工作，把食品卫生的管理工作始终贯彻到整个食品的生产环境和各个环节中。

2）食品生产设施的卫生管理制度。在食品生产中与食品物料不直接接触的食品生产设施应有良好的卫生状态，整齐清洁、不污染食品。对于一些大型基建设施，如各种机械设备、装置、给水排水系统等应使用适当，发生污染应及时处理，主要生产设备每年至少应进行 1 次全面地维修和保养。

在食品生产过程中与食品直接接触的机械、管道、传送带、容器、用具、餐具等应用洗涤剂进行清洗，并用卫生安全的消毒剂进行灭菌消毒处理。

食品生产的卫生设施应齐全，如洗手间、消毒池、更衣室、淋浴室、厕所、用具消毒室等，这些卫生设施的设立数量和位置应符合一般的原则要求。工作服也是保证食品卫生质量的一个卫生设施，工厂应为每个工作人员提供 2~3 套工作服，并派专人对工作服进行定期的清洗消毒工作。

3）食品有害物的卫生管理制度。食品有害物包括有害生物和有害化学物质两大类。老鼠、苍蝇、蟑螂等对食品生产具有极大的危害，被这些生物污染的食品带有大量细菌、病毒和生殖寄生虫，食品带有难闻的气味，食品质量严重降低或损失，因此对此类生物应严加控制。在食品生产场所使用的杀虫剂、洗涤剂、消毒剂包装应完全密闭、不泄露，在贮藏此类物品的地方应明确标示"有毒有害物"字样，并专柜贮藏，专人管理，使用时应严格按照其使用量和使用方法操作，使用人员应了解这些物质的性质和质量情况。食品生产场所使用的杀虫剂、洗涤剂、消毒剂应经省级卫生行政部门批准。

4）食品生产废弃物的卫生管理制度。食品生产的废弃物主要是指食品生产过程中形成的废气、废水和废渣，这些东西处理不当或处理不及时会造成食品的污染或环境的污染，对食品生产过程中形成的废水和废物的排放应严格按照国家有关"三废"排放的规定进行，积极采用三废治理技术，尽量减少废物排放量，产生的废物要经合理的处理后方可排放。

（7）食品检验机构的职责

为保证食品生产经营企业食品卫生和质量检验的正常实施，必须建立专门的机构负责这项工作，严格把关，有效预防、监督和保证出厂产品的质量，促进食品卫生和质量的不断提高。食品卫生和质量检验机构的责任有：负责《食品安全法》《产品质量法》和国家、企业相关的食品卫生和质量规定的贯彻落实，严格执行有关标准和法规，保证出厂产品符合标准。对产品进行有效的检验，并根据检验结果独立而公正地实行卫生质量否决权。负责企业相关产品企业标准的制定，并研究详细可行的产品检验计划，报国家有关部门批准。负责新产品开发、研制和设计过程中的卫生和质量的审查和鉴定工作。负责不合格产品的处理、标示和保管。对食品卫生和质量检验人员进行培训和考核，提高他们的业务素质。对全体职工进行食品卫生法规和质量法规的宣传和教育，增强食品卫生和质量意识。

（8）食品检验的内容和实施

按生产的流程可将食品卫生和质量检验分为原料检验、过程检验和成品检验。原料检验是对进入加工环节的原辅料进行检验，保证原料以绝对好的状态进入加工环节。过程检验是在加工的各个环节对中间的半成品或制品进行检验，及时剔除生产中出现的不合格产品，将损耗降低到最低限度。成品检验是食品卫生和质量检验的最后环节，包括对成品外观检查、理化检验、微生物检验、标签和包装检验等。

食品卫生和质量检验的依据是技术标准。技术标准又分为国际标准、国家标准、行业标准、地方标准等。食品卫生和质量检验的国家标准由国务院标准化行政主管部门审批、标号和公布，它是食品生产经营企业进行生产经营活动必须遵守的准则。国家在公布食品卫生生产标准的同时一般都有相关的检验标准发布，作为检验工作的依据。

4.3.2 食品卫生标准操作程序

SSOP 是卫生标准操作程序（sanitation standard operating procedure）的简称，是食品生产加工企业为了保证达到 GMP 所规定要求，确保加工过程中消除不良的因素，使其生产加工的食品符合卫生要求而制定的，用于指导食品生产加工过程中如何实施清洗、消毒和卫生保持工作。SSOP 最重要的是具有 8 个卫生方面的内容，加工者根据这 8 个主要方面实施卫生控制，以消除与卫生有关的危害。SSOP 的正确制定和有效执行对控制危害是非常有价值的。企业可根据法规和自身需要建立文件化的 SSOP。

20 世纪 90 年代，美国频繁暴发食源性疾病，造成每年七百万人次感染，七千人死亡。经调查，有大半感染或死亡的原因与肉、禽产品有关。针对这一情况，美国农业部不得不重视肉、禽生产的状况，决心建立一套包括生产、加工、运输、销售所有环节在内的肉禽产品生产安全措施，从而保障公众的健康。1995 年 2 月颁布的《美国肉、禽类产品 HACCP 法规》中第一次提出了要求建立一种书面的常规可行的程序——SSOP，确保生产出安全、无掺杂的食品。但在这一法规中并未对 SSOP 的内容做出具体规定。同年 12 月，美国食品药品监督管理局颁布的《美国水产品 HACCP 法规》中进一步明确了 SSOP 必须包括的 8 个方面及验证等相关程序，从而建立了 SSOP 的完整体系。此后，SSOP 一直作为 GMP 或 HACCP 的基础程序加以实施，成为完成 HACCP 体系的重要前提条件。SSOP 计划至少包括以下 8 个方面。

（1）用于接触食品或食品接触面的水或用于制冰的水的安全

在食品加工过程中，水具有十分重要的作用。水既是某些食品的组成成分，也是清洗设施、设备、工器具和消毒所必需的。因此生产用水（冰）的卫生质量是影响食品卫生的关键因素，对于任何食品的加工，首要的一点就是要保证水的安全。食品企业一个完整的 SSOP 首先要考虑与食品接触或与食品接触物表面接触用水（冰）的来源与处理应符合有关规定，应有充足的水源，并要考虑非生产用水及污水处理的交叉污染问题。

1）水源。食品企业加工用水一般来自城市公共用水、自备水和海水。使用的城市公共用水要符合国家饮用水标准；使用自备水源要考虑较多因素，如井水，需要考虑周围环境、井深度、污水等因素对水的污染；使用海水需要考虑周围环境、季节变化、污水排放等因素对水的污染。城市供水和自供水要符合 GB 5749—2022《生活饮用水卫生标准》；海水要符合海水水质标准（GB 3097—1997）。如果企业存在两种供水系统，则必须采用不同颜色管道，防止生产用水与非生产用水混淆，工厂应有详细的供水网络图，日常对生产供水系统进行管理与维护，生产车间的水龙头应编号。

2）监控。

①水源的监控。城市供水。若使用城市供水，要求具有一份城市水质分析报告的复印件，虽然这不是必需的，但也是有效的证明文件。水质分析报告除了提供水的安全信息外，还会提供一些影响加工状况的其他信息（如水的硬度）。每年的水费单和分析报告应与周期性或每月卫生控制记录共同存档。某些工厂还进行其他的成分分析，也应把结果记录在周期性卫

生控制表中。

自供水（井水）。若是自供水源，要求对水源进行实验室分析，分析项目至少应包括指示性细菌（如大肠杆菌）的检测。如井水，在工厂投产前必须进行检测，然后至少每半年检测1次，对可疑水源应增加检测频率。抽样频率应符合地方或国家要求。由当地政府部门或认可的水质检测实验室提供抽样方法及检测程序，抽样方法必须考虑到适当选择抽样地点、适当的抽样程序和及时运送与处理样品。

海水。对用于加工的海水，至少应与城市供水或自供水水源的饮用标准一致。因此，用海水加工水产品的工厂或船只，应考虑监控已经进行必要处理的水及贮水池中水的最初来源。由于海水状况会随着季节及海滨的活动而变化，海水的监控应比陆地水及自供水的监控更频繁。用于食品及食品接触面的海水至少应符合饮用水的标准，若不符合，应根据它的用途仔细考虑其安全以及在影响产品外观上的风险。

②管道的监控。对饮用水管道和非饮用水管道以及污水管道的硬（永久性）管道之间可能产生问题的交叉连接处每月进行一次检查。为防止虹吸管回流或不适当地使用软管（如直接浸入槽中、放在地面上）引起的交叉污染、潜在的水污染等情况需要增加监控频率（每日）。应检测并记录开工前由于虹吸管回流产生的交叉污染，所有问题都应及时纠正并做好每天的卫生控制记录。对管道的监控通常采用在水龙头取水样的方法，一般放水3min后取水样，取水样应在不同的出水口进行，在1个生产季节内编号的水龙头应至少取1次水样。消除虹吸管回流最有效的方式是在水源和水池、容器或地上的水之间形成简单的空气割断（空间）。如果这种方法不便操作，可用真空排气阀防止回流。若真空排气阀发生故障，必须立刻维修或替换，在每天卫生控制记录中需要注明纠正措施。

③冰的监控。除了对水源的安全性和与之相连的管道进行监控外，用这些水制成的冰也必须进行周期性的监控。冰及冰的储存、处理状况可能会引起致病菌的传播。不卫生的贮藏、运输、铲运或与地面接触是造成冰污染的主要原因。

④废水的处理和排放。污水处理：按照国家环保部门的要求进行必要的处理，符合ISO 14000，符合防疫的要求，特别是来料加工的。

废水排放：地面坡度易于排水，一般为1%~1.5%斜坡；加工用水、清洗案台或清洗消毒池的水不能直接流到地面。

地沟：明沟、暗沟加箅子（易于清洗、不生锈）。

流向：清洁区到非清洁区。

与外界接口：防异味、防蚊蝇。

3）纠正。当监控发现加工用水存在问题时，生产企业必须对这种情况进行评估。如有必要，应中止使用此水源的水直到问题得到解决，并重新检测，证明问题已经解决。并且，必须对在这种不利条件下生产的所有产品进行评估，决定是否需要对其进行重新分级。如果监控时发现在硬管道处有交叉污染，则必须马上解决。出现问题的部位若不能被隔离（如用关闭的阀门），则应停止生产，直至修好为止。此外，在不合理情况下生产的产品不能运销，除非其安全性已得到验证。如果监控发现管道弯曲处缺少真空排气阀或其他一些缺陷导致虹吸管回流时，必须及时采取有效行动，在每天卫生控制记录表中正确记录所有的维护和纠正措施。

4）记录。卫生控制记录是非常重要的文件，它使加工企业能连续地了解卫生状况与操作。记录应随着加工操作的变化而变化，在记录上应附有当月城市供水水费单的复印件和城市供水商的水质分析报告。水费单和分析报告是证明企业生产用水满足水源要求的文件。如果加工时用自供水或海水，那么，水的检测结果也应记录在表格中。所有检测结果都应记录并妥善保存。若发现有污染情况，纠正措施的实施情况和重新检测的结果也应记录在相应的卫生控制记录表中并存档。记录还包括检查标记，表明加工企业每月都对管道可能存在的交叉污染进行了检查。

（2）食品接触表面的卫生情况和清洁度

食品接触面指接触食品的表面以及在正常加工过程中会将水溅在食品或食品接触面上的那些表面，它包括食品加工过程所使用的所有设备、工器具、手套、外衣等。

1）对食品接触面的要求。保持食品接触面的卫生是为了防止其污染食品。要做好这项工作，在设备材料的选择、清洁和消毒等方面都有一系列要求。

食品接触面的材料应安全，安全的材料是指无毒（无化学物质渗出）、不吸水（不积水或干燥）、抗腐蚀、不与清洁剂和消毒剂产生化学反应。食品工器具、设备要用耐腐蚀、不生锈、表面光滑、易清洗的无毒材料制造；不允许用木制品、纤维制品、含铁金属、镀锌金属、黄铜等，设计安装及维护方便，便于卫生处理；制作精细，无粗糙焊缝、凹陷、破裂等。

食品接触面的清洁和消毒是控制病原微生物的基础。不卫生的食品接触面是导致食品污染的潜在因素，对食品的安全将构成威胁。在食品加工中必须证实食品接触面的卫生条件符合卫生控制程序（SCP），在有效的SSOP中应列出基本的清洁和消毒计划。清洁和消毒通常包括5个步骤：清除（扫）、预冲洗（简短）、使用清洁剂（可能包括擦洗）后冲洗和使用消毒剂。食品接触面进行清洁处理后，必须进行消毒以去除或减少潜在的致病菌。在开始加工之前，是否需要冲洗取决于消毒剂的类型与浓度。在食品工厂中使用的消毒剂必须经过批准，如邀请微生物、材料学、化学、毒理学等方面的专家进行评估，必须根据标识说明进行制备和使用。消毒剂的使用浓度必须有效，但不得超过规定范围。某些高浓度的消毒剂可在地面、冷却间的墙壁和其他非食品表面使用。

清洗消毒的频率。对于大型设备，每班加工结束后消毒，工器具每2~4h进行一次；加工设备、器具被污染之后要立即进行消毒。手和手套的消毒在上班前和生产过程中每隔1~2h进行一次。

2）监控。监控的目的是确保食品接触面（包括手套和外衣等）的设计、包装、使用便于卫生操作、维护及保养，并符合相应卫生要求，能及时、充分地进行清洁和消毒。完整的SSOP计划应针对在加工过程中可导致食品污染的所有食品接触面。监控计划应确保加工所用的设备和工器具（食品接触面）要适于卫生操作；设备和工器具能够进行适当的清洁和消毒；能够抵抗食品企业允许使用的消毒剂（在规定浓度下）的侵蚀；接触食品的手套和外衣要保持清洁并且状况良好；避免裸露食品上方天花板或管道的冷凝水偶然掉入造成的污染。

食品接触面的监控通常将视觉检查与对消毒剂的化学检测相结合。视觉检查包括确认表面状况是否良好，是否经过适当清洁和消毒，手套和外衣等是否清洁并良好。监控包括对表面结构和状况的视觉检查，适当的照明、抛光或浅色表面有助于检查表面的残留物，还可能需要拆卸设备的某些部件来确认其中是否夹杂食品残渣。总之，监控过程就是寻找影响清洁和消毒效果、仍缺损、不良的关节连接、已腐蚀的部件、暴露的螺钉或螺帽或其他可能藏匿水或污物的地方。

对于大多数普遍使用的消毒剂，其化学检测非常简单，如氯、碘和季铵盐类化合物。可通过特定试纸条的颜色改变来检测某种消毒剂，以深浅指示其化学浓度，试纸条能快速得到结果，足以满足大多数现场检测要求。试纸条附有正确使用方法的说明，因为有的试纸条颜色变化很快，有的则需浸泡一段时间颜色才变化。大部分试纸只能检测出某一浓度范围，而不是精确的浓度，而且试纸并不适用于所有的消毒剂。不同消毒剂都有配套的显色试剂盒，只需简单的化学混合，操作方便，大多数检测结果快速、准确。

监控频率取决于监控对象，可安排每月检查设备设计是否合理（如确保充分地排水）、是否有腐蚀迹象。作为工厂清洁程序的一部分内容，通常在每天的加工过程中测定消毒剂的浓度，准备需用的消毒剂，使用过程中应定时检查浓度，检查频率由使用条件决定。某些消毒剂降解速度很快，因此，需在用于消毒表面之前多进行几次监控，并在每次清洁和消毒操作后验证设备清洁程度。

3）纠正。在监控过程中发现问题，应采用适当的方式及时纠正。若设备部分腐蚀，其纠正措施应包括抛光或更换设备。如工作表面不清洁，应在开工前进行正确的清洁和消毒。若消毒剂的浓度太低，应更换或调整到正确的浓度。也就是说，必须建立标准以便确认是否达到要求。例如，用于食品接触面的氯消毒剂，其常用浓度一般为 100~200mg/kg 有效氯，如果监控显示浓度超过这个范围，则必须进行纠正并记录。

4）记录。卫生控制记录的目的是提供证据，来证实企业的消毒计划得到充分且有效的执行，可以及时发现所有问题并加以纠正。实际记录或记录表格随每个具体加工操作内容的不同而异。例如，每月卫生控制记录需对工厂中的食品接触面、设备的状况和工艺进行综合检查，而每天卫生控制记录需对食品接触面的清洁度做更详细的检查；对与即食食品有关的食品接触面的观察记录应比对生的、未蒸煮的水产品生产线的监控更加频繁；对所有的加工操作，需要在开工前进行监控，在开工前发现问题并进行必要的纠正；开工前和工作中的情况可能不同，开工前通常检查、监控设备的清洁度，而在工作过程中往往需要检查员工的手套和围裙等是否保持清洁，这方面在开工前是无法检查的；记录消毒剂的使用浓度等实际数值时，需注明所用消毒剂的类型和浓度，并注明标准值作为参照；留出足够的空间来注释并填写纠正措施；观察结果为不满意时，要对纠正措施进行记录；记录所有观察的时间，包括纠正措施。

（3）防止交叉污染

交叉污染指通过生的食品、食品加工者或食品加工环境把生物或化学污染物转移到食品中的过程。造成交叉污染的主要原因包括工厂选址、设备设计、车间布局不合理、加工人员个人卫生不良、清洁消毒不当、卫生操作不当、生熟产品未分开、原料和成品未隔离等。

1）防止交叉污染的主要措施。工厂的选址、设计、建筑要符合出口食品加工企业的卫生要求。周围环境无污染源；锅炉房设在厂区的下风向，厂区厕所、垃圾箱远离车间。

加强个人卫生监管。手、手套和工作服的卫生要由专人监督和管理，员工要养成良好的卫生习惯。

生熟产品严格分开。对于生产即食食品、油炸食品、肉制品的加工企业，要做到人流、物流、气流、水流严格分开，避免交叉污染。

2）监控。为了有效控制交叉污染，需要评估和监控各个加工环节和食品加工环境，从而确保生的产品在整理、储存或加工过程中不会污染熟的、即食的或需进一步加热的半成品。指定人员应在开工或交班时进行检查，确保所有卫生控制计划中加工整理活动，包括生的产品与煮熟或即食食品加工区域的分离，而且检查人员在工作期间还应定期检查以确保这些活动的独立性。如果员工在生的加工区域活动，那么他们在加工熟制或制作即食产品前，必须清洗和消毒手。当员工由一个区域到另一个区域时，应当清洗鞋靴或进行其他的控制措施。当移动的设备、工器具或运输工器具由生的产品加工区域移向熟制或即食产品的加工区域时，也需经过清洁、消毒。产品储存区域，如冷库应每日检查，以确保熟制和即食食品与生的产品完全分开。通常，可在生产过程中或收工后进行检查。

管理者或其他指定的员工（卫生监督员）应在开工、交班及工作期间定期监控员工的卫生，确保员工个人清洁卫生、衣着适当、戴发罩，不得戴珠宝或可能污染产品的其他装饰品。在加工期间，应定时监控员工操作，以确保不发生交叉污染。规范的员工操作应符合以下要求：恰当使用手套；严格手部清洗和消毒过程；在食品加工区域不得饮酒、吃饭和吸烟；生的产品的加工员工不能随意去或移动设备到加工熟制或即食产品的区域。

在大多数情况下，不易监控员工在卫生间的洗手操作，而食品加工、整理区域内或附近洗手处的洗手操作则容易监控。所以，需要卫生监督员进行检查，以确保员工洗手，并且运用适当的手清洗和消毒技术。监控的频率视具体情况而定。下列情形中很容易观察和监控到员工在开工前手部的清洗、消毒操作，如员工午饭后、换班、休息后、使用洗手间或处理不卫生物品（如垃圾）。员工可能从生的产品处理区到熟制或即食产品处理区域活动，这些场所应特别注意监控。整理、加工熟制或即食产品的操作中，需对手的清洗进行更多的监控。当员工在被要求洗手而未洗手和消毒或发现了不正确的手清洁和消毒操作，管理者应要求其立即改正。

3）纠正措施。对任何可能导致交叉污染的不令人满意的活动或状况应及时采取纠正措施，从而避免食品和食品接触面的潜在污染。当观察到食品整理区域的状况可能导致交叉污染时，应停止加工或整理活动，直到该区域被清洁、消毒，而且生的产品和成品的整理和加工活动也应被充分地隔离。如果可能有污染，产品应被隔离放置，直到确定产品的安全性。

如果观察到员工的不良卫生情况或不正确的食品整理操作，应及时纠正员工的行为。尤其是当要求员工洗手而发现其未洗手消毒或不正确地洗手消毒后，监督者应要求其立即改正，审查要求的程序和操作的执行情况。员工也应理解这些不当行为能导致他们生产出不安全的产品，并会对他们的公司造成潜在影响。利用这些易于沟通的机会教育员工，往往比正式的培训程序效果更好，便于员工明白他们应该怎样做才能达到要求。

4）记录。每天卫生控制记录应包括填写所做的观察结果和对可能导致交叉污染的每个潜在因素的纠正措施。不论状况是否满意，卫生监督员都应记录监控的时间以及监督与操作人员的姓名，记录时应留出空间用于记录观察到不规范状况时所采取的纠正措施。虽然记录表格只列出了检查的指定时间（如早上和下午交班时），但对交叉污染的关注应延伸到整个工作过程中。记录须在日常监控计划下进行。

（4）设施的清洁与维护

设施的清洁与维护与 SSOP 的第三项内容——防止交叉污染而对手部的清洗、消毒处理加以监控的要求密切相关，食品的加工很多是通过手工操作的，手不仅接触食品表面，而且要处理垃圾，接触化学药品、吃饭等，在这些活动中，手会被病原微生物和有害物质污染。还存在许多员工日常不洗手、洗手操作未被正确地执行、许多员工不理解洗手的重要性等原因。同时，卫生设施的齐备与完好，能为食品加工企业提供控制卫生、防止交叉污染的基本条件。

1）洗手、消毒和厕所设施的要求。洗手、消毒设施的要求包括：采用自动开关的水龙头；有温水供应，在冬季洗手消毒效果好；有合适、满足需要的洗手消毒设施，每 10~15 人设 1 个水龙头为宜；拥有流动消毒车。厕所设施的要求包括与车间相连接的厕所，门不能直接朝向车间，要配有更衣、换鞋设备；数量必须与加工人数相适应，每 15~20 人设 1 个厕所为宜；用纸保持清洁卫生；设有洗手设施和消毒设施；有防蚊蝇设施。

2）洗手、消毒的方法和频率。洗手、消毒方法为：a. 用足够的时间以适当的方式进行洗手；b. 在 38~43℃ 的热水中彻底沾湿双手；c. 用有泡沫的皂液洗手 20s；d. 用流动的热水冲洗；e. 用一次性纸巾、毛巾擦干或用烘干机烘干；f. 适量地用手部消毒剂，如四价氨盐复合剂滴剂。

必要时，洗完手应立即进行消毒。消毒剂的种类很多，大多数用氨或碘作为活性成分消毒剂的使用应被监控，必须根据法规及制造商的建议使用。

洗手消毒流程：清水洗手→用皂液或无菌皂洗手→冲净皂液→于 50mg/kg（余氯）消毒液中浸泡 30s→清水冲洗→干手（用纸巾或毛巾）。

洗手、消毒的行为在每次进入车间开始工作前和在以下行为之后都应进行：使用卫生间，接触嘴、鼻子及头皮（发），抽烟、倒垃圾、清洁污物、打电话、系鞋带、接触地面污物及其他污染过的区域。也可根据不同加工产品规定消毒频率。

3）厕所的卫生要求。所有的厂区、车间和办公楼的厕所均要求通风良好、地面干燥，保持清洁卫生；设有洗手消毒设施、自动开关的水龙头，以便如厕后进行洗手和消毒。

4）监控。食品整理和加工区域的卫生间和洗手间的洗手设备至少 1 天检查 1 次，确保它们处于可正常使用的清洁状态，并配备热水、肥皂、一次性纸巾、垃圾箱等设施。而某些食品加工过程，则需每天检查 1 次以上，定期检查的方式和频率根据不同的食品和加工方法而定。例如，每日卫生控制记录包括每 4h 检查手部消毒间里供加工即食食品的员工使用（浸入）消毒液的浓度。洗手槽里的消毒液应在其配好后，根据消毒液使用的情况用试纸测其浓度。对于以生鱼或预煮水产品为加工对象的员工的手部清洗、消毒设施，应每天开工前检查 1 次。

对于厕所设施的状况和功能的检查，也要求每日至少 1 次。为保证厕所设施在员工们开工前和工作中能正常使用，应在开工前检查 1 次。厕所设施应该一直保持一种良好的工作状态，并进行常规清洁以避免严重污染。作为每日 SSOP 检查表的一部分，每个厕所必须要冲洗干净并通过检查，保证正常使用。倒流或堵塞了的厕所会在整个工厂里传播粪便污染，不良状况可能会造成即食的、生的和预煮产品的交叉污染。

5）纠正。检查中发现问题应立即纠正。例如，在检查厕所和洗手设施时，发现卫生用品缺少或使用不当，应马上修理损坏的设备或补充卫生用品；若发现消毒液的浓度不够大时，应更换新的浓度适宜的洗手液，必要时，应要求员工们重新洗手并消毒。应由1个责任心强、知识丰富的人来评估确定产品是否被污染。如有被污染的情况，就应将被污染的产品隔离，重新评估后做出降级、重新加工、销毁或转为安全用途等决定。监督中应利用这种"施教机会"向员工解释为什么要这样做，以提高员工的卫生意识。

6）记录。每日卫生控制记录或日志应能清楚反映出每天定期检测的设施状况的观察结果。记录中应注明在何地、何时进行的观察，所观察的情况是否令人满意，观察到的消毒液的实际浓度，所采取的纠正措施，观察到的使用卫生间的情况等。记录和实际测量（如手部消毒液度）的过程对保持卫生状况是非常重要的。

（5）防止食品被外部污染物污染

在食品加工过程中，食品、包装材料和食品接触面会被各种生物的、化学的、物理的物质污染，如消毒剂、清洁剂、润滑油、冷凝物等，这些物质被称为外部污染物。

1）导致外部污染的因素及其控制方法。在食品加工中导致外部污染的因素很多，主要外部污染物包括水滴和冷凝水；空气中的灰尘、颗粒；外来物质；地面污物；无保护装置的照明设备；润滑剂、清洁剂、杀虫剂等化学药品的残留；不卫生的包装材料等。

预防并控制食品中外部污染物的措施：a. 对包装物料实施控制。包装物料存放库要保持干燥清洁、通风、防霉，内外包装分别存放，上有盖布下有垫板，并设有防虫鼠设施；每批内包装进厂后要进行微生物检验，其细菌总数<100 个/cm^2，不得检出致病菌；必要时对其进行消毒处理。b. 对冷凝水实施控制。具体措施有保持车间内通风良好、车间温度控制稳定、顶棚呈圆弧形、提前降温、及时清扫。c. 食品储存库保持卫生，不同产品、原料、成品分别存放，设有防鼠设施。d. 正确使用和妥善保管各种化学品。

2）监控。监控的目的是保证食品、食品包装材料和食品接触面免受各种微生物、化学和物理污染物的污染。所以，监控人员必须记住，对产品接触面、辅料和包装材料的污染也就是对成品的污染。为了控制这些污染，首先必须明确监控目标，清楚了解有毒化合物和不卫生表面形成的冷凝物和地板喷溅污染产品的可能性，针对生产中的实际情况进行监控。

推荐监控频率是在开工前或工作开始时检查，生产过程中每4h检查1次。加工者应清楚，自开始加工，产品从预处理到整个操作过程中都有可能被外部污染物污染，一旦生产过程与已制定的卫生操作程序有偏差时，就需要进行适当纠正。

3）纠正。对于任何可能导致产品污染的行为应及时加以纠正，以避免其对食品、食品接触面产生影响。控制外部污染物污染方面经常采取的纠正措施：a. 除去不卫生表面的冷凝物；b. 调节空气流通和房间温度，以防止凝结；c. 安装遮盖物，防止冷凝物落到食品、包装材料或食品接触面上；d. 清扫地板，清除地面上的积水；e. 在有死水的周边地带，疏通行人和交通工具；f. 清洗因疏忽暴露于化学外部污染物的食品接触面；g. 在非产品区域使用有毒化合物时，设立遮蔽物以保护产品；h. 测算由于不恰当使用有毒倾倒物所产生的影响，以评估食品是否被污染；i. 加强对员工的培训，纠正不正确的操作；j. 丢弃没有标签的化学品。

4）记录。对于确保食品、食品包装材料和食品接触面免受污染的记录不需太复杂。每日卫生控制记录的范例只需标明两项主要卫生条件的监控活动。通常情况下，记录的内容可以非常广泛，也可在其他涉及清洁卫生的监控表中进行详细阐述。本项记录的特点是防止任何物质污染食品，有些公司可能会将其每日卫生控制记录习惯性地做成监控某一具体区域或加工程序的格式，即在天花板上没有冷凝物集结；旋转好洗手消毒水或消毒剂容器瓶，远离食品和食品接触面防止喷溅污染；在食品和食品包装区域附近无洗手水和残留液溢出。

（6）有毒化合物质的正确标记、储存和使用

大多数食品加工企业需要使用特定的化学物质，包括清洁剂、消毒剂、灭鼠剂、杀虫剂、机械润滑剂、食品添加剂等。如果没有它们，企业将无法正常运转，但在使用它们时，企业必须小心谨慎，按照产品说明使用。做到正确标记、贮藏安全，否则会导致企业整理或加工的食品有被污染的风险。同时，还必须遵照执行与这些物质的应用、使用、暂存有关的政府法规。

1）有毒化合物的标记、贮藏和使用。所有有毒化合物必须正确标识，且要保持标识清楚，并标明有效期，保存使用登记记录。用于清洁、消毒处理的化合物质与杀虫剂、灭鼠剂一样，应正确贮藏在远离食品整理和加工的区域，通常是储存在1个上了锁的小屋或箱子里，并且钥匙或密码只能给相关的工作人员。化学清洁剂应与杀虫剂和灭鼠剂分开暂存，以免意外混合或误用。同样，食品级化学药应与非食品级物质分开暂存。

有毒有害化合物不能置于食品设备、工器具或包装材料上。盛放散装清洁剂、消毒剂等的工作容器一定要卫生、干净。曾用于存放有毒有害化合物的器具不能用于储存、运输或分装食品、食品辅料，也不能用于储存可能接触食品接触面的清洁剂、消毒剂等物品。曾用于储存清洁剂、消毒剂等的工作容器也一定不能作为食品容器用于包装食品成品。只有正确使用和处理用于操作和维护食品加工设施所必需的化合物（包括清洁剂、去污剂），才能杜绝交叉污染、外部污染物和微生物污染的可能性。必须按照制造商的要求或建议正确使用，所有物料的使用应本着不能导致食品受外部污染物污染的原则。

所有有毒有害化合物必须在单独的区域储存，储存柜要带锁以防止随便乱拿，同时还须设有警告标示。所有有毒有害化合物必须由经过培训的人员使用和管理。

2）监控。监控要确保有毒化合物的标记、贮藏和使用能充分保护食品免遭有毒化合物的污染。监控区域主要包括食品接触面、包装材料、用于加工过程和包含在成品内的辅料。有毒化合物包括清洁剂、消毒剂、杀虫剂（包括害虫和啮齿类动物）、机械润滑剂和其他清洁或保持产品加工环境所需的化合物。

必须以足够的频率监控有毒倾倒物的贮藏、使用和标记，以确保符合卫生条件和操作要求。推荐监控频率是每天至少1次，开工前的检查可确保前1天使用过的有毒物均已被放回原处。加工者在一整天的操作过程中——从开工前到加工及卫生活动的过程中，要时刻注意有毒化合物的使用。

3）纠正措施。对任何不满意情况的纠正措施包括有毒化合物的及时处理应避免其对食品、辅料、食品接触面或包装材料的潜在污染。对不正确操作常采取的6种纠正措施包括将存放不正确的有毒物转移到合适的地方；将标签不全的化合物退还给供货商；对于不能正确

辨认内容物的工作容器应重新标记；不合适或已损坏的工作容器弃之不用或销毁；准确评价不正确使用有毒化合物所造成的影响，判断食品是否已遭污染（有些情况必须销毁食品）；加强员工培训以纠正不正确的操作。

4）记录。对于正确标记、储存和使用有毒化合物的记录不必太复杂。每日卫生控制记录的内容通常包括所有有毒化合物可能引起的外部污染，清洁用化合物、润滑剂、杀虫剂、灭鼠剂等是否正确地标记和贮藏。在生产前进行检查，可做出满意或不满意的判定。很明显，不符合规定的行为需及时纠正。另一种记录类型是"日志"，它可以将几天的监控信息放到1张表中，企业可将保留的张贴于化学物品储存室的日志作为符合卫生要求操作的历史记录。

（7）雇员的健康与卫生控制

雇员的健康与卫生状况对食品、食品包装材料和食品接触面的卫生具有重要影响。根据食品卫生管理法规定，凡从事食品生产的人员必须体检合格，获有健康证。管理好患病、有外伤或其他身体不适的员工，他们可能成为食品的微生物污染源。对员工的健康要求一般包括不得患有妨碍食品卫生的传染病；不能有外伤；不得化妆、佩戴首饰和携带个人物品；必须具备工作服、帽、口罩、鞋等，并及时洗手消毒。生产人员要养成良好的个人卫生习惯，按照卫生规定从事食品加工工作，进入加工车间更换清洁的工作服、帽、口罩、鞋等。

1）检查。食品企业的员工在上岗前必须进行健康检查，上岗后必须定期进行健康检查，每年至少进行1次体检。食品生产企业应制定体检计划，并设有体检档案，凡患有妨碍食品卫生的疾病，如患有由伤寒沙门氏菌、志贺氏菌属、大肠杆菌、甲型肝炎等病菌引起的急性病，必须与食品处理区隔离。这些病菌所引起传染病的后果严重，在某些情况下还可能导致死亡。因此，这些患者均不得参加直接接触食品的工作，痊愈后必须经体检证明合格后才可重新上岗。

某些致病菌经常通过患病的员工污染食品而传播，如果加工食品的员工出现下列迹象或症状的一种便表明由病原体引起的传染病可能会通过食品供应传染给其他人，这些症状是痢疾、呕吐、皮肤的创伤、烫伤、发烧、尿色加深或黄疸症。但是，也有一些员工虽没表现出任何症状，但也可能是某些病原体（如伤寒沙门氏菌、志贺氏菌属、大肠杆菌O157：H7）的携带者，如食品加工者在洗手（如上厕所后、接触生肉后、清扫脏水或拿了垃圾后等）、戴干净手套、使用干净的工器具方面做得不规范的，就可能造成这些病原体的食源性传播。非食源性传播路径，如人与人之间的传播，也是病菌传播的一个主要途径。食品生产企业应制定卫生培训计划，定期对加工人员进行培训，并记录存档。

2）监控。监控就是要观察员工是否患病或有外伤，这可能会污染食品。应在工厂开工前或员工换班时，观察员工是否患病或有伤口感染的迹象。执行此项常规检查任务的卫生监督员能通过观察发现员工可能生病，尽管员工本人可能并没有不舒服的感觉。如发现可疑迹象，卫生监督员应谨慎地向该员工讲明。

每天都应监控员工的健康状况是很重要的一点，因为1个人的健康状况可在一夜之间发生变化。综上所述，最适当的检查时间应在员工开始工作前。因此，本监督程序是开工前应执行的检查之一。员工也有责任将自己处于监督之下，如果员工确认为患病、有临床症状或高风险状况均需上报。

3）纠正措施。如果员工被确诊为患病或有外伤，可能会污染食品，那么管理人员应该重新分配任务，如安置此员工到非食品加工区或回家休养直至此可疑健康状况改变或检查呈阴性。如有外伤时，用不透水的覆盖物包扎伤口，然后重新分配任务或回家休养。

4）记录。生产线上员工的健康状况在每天工作前都应记录在每日卫生控制记录表上，并且一定要记录出现的不满意状况及相应纠正措施。

（8）虫害的防治

食品生产加工过程主要存在的虫害有苍蝇、蟑螂等，这些虫害携带大量病原菌，如沙门菌、葡萄球菌、肉毒梭状杆菌、李斯特菌和寄生虫等，通过其传播的食源性疾病数量巨大，因此，虫害的防治是食品加工企业的重要工作内容。即使食品加工企业将虫害控制工作承包给外面的公司，加工者仍然有义务确保厂内没有害虫。

1）害虫防治方法。在食品加工企业中，虫害的控制对减少通过微生物污染而传播的食源性疾病是十分必要的，一般来说，虫害控制的操作分4项工作：去除任何昆虫、害虫的滋生地；阻止虫害进入食品加工企业；将虫害从食品加工企业中驱逐出去；消灭那些进入厂区的害虫。

首先，企业应对厂房进行一次预先检查，以便了解执行上述4项工作的现有能力，以及在减少可能导致食品安全危害方面的不足，然后制定从食品加工企业中清除害虫的措施，例如关闭门窗并密封以阻止害虫侵入。

在工厂中制定一套害虫控制清除体系要从多方面进行考虑，其中有（但不局限于）厂房和地面、结构布局、工厂机械、设备和器具、内务管理、废物处理、杀虫剂的使用和其他控制措施等。应提出一份控制害虫的审查或检查表，以助于解决最初评估中可能遇到的害虫问题。虽然HCP法规中没有要求，但这种详细记录是很有用的。

2）监控。相关GMP法规说明了"虫害控制"的所有特征。在这方面需要做的监控工作包括视觉检查是否存在害虫（包括饲养动物、昆虫、啮齿类动物、鸟类）和害虫最近留下的痕迹（如粪便、啃咬痕迹和造巢材料等）。一般而言，应对加工区域、包装区域和储存区域进行监控另外，对其他如不加以控制可能引起害虫问题的相关情况也需加以监控。监控频率根据检查对象的不同而异。对于工厂内害虫可能入侵点的检查，可每月或每星期检查1次；对工厂内害虫遗留检查，应按照相应GMP法规或HACCP计划的规定检查，通常为每天检查。也可根据经验来调整监控的频率。

3）纠正措施。如果监控程序表明存在可能危害食品安全或影响食品卫生的问题，则应及时纠正。存在的害虫是必须解决的一个卫生问题，对这个问题应该具体情况具体分析，在制定最终解决办法之前应考虑复杂或者简单的害虫问题。例如，对于加工区的苍蝇，短期的解决办法可能是杀死苍蝇并清理加工区域附近的垃圾；从长远来看，则需安装空气帘，并将垃圾箱移到远离厂门的地方。

4）记录。必须记录监控过程中害虫检查结果和纠正措施的实际情况，以便在政府监督机构检查或审核过程中能提供这些记录文件。记录应能证明公司的卫生规范是适当的、按照规范要求做的，并对发现的问题做了纠正。

4.3.3 危害分析与关键控制点体系

HACCP 称为危害分析与关键控制点，由危害分析（hazard analysis，HA）和关键控制点（critical control point，CCP）两部分组成，对原料、生产工序及影响产品安全的人为因素进行分析，确定加工过程中的关键环节，建立、完善监控程序和监控标准，采取规范的纠正措施是生产（加工）安全食品的一种控制手段。因此，HACCP 是识别、评估和控制食品安全至关重要的危害的预防性系统化方法。

HACCP 体系初始是在 20 世纪 60 年代，美国在研究太空食品时建立的食品预防体系。这个体系不是零风险计划，其设计目的是尽可能减小食品安全危害。1989 年 10 月美国食品安全检验署发布《食品生产的 HACCP 原理》；1991 年 4 月提出《HACCP 评价程序》；1993 年联合国粮食及农业组织/世界卫生组织食品法典委员会批准了《HACCP 体系应用准则》；1994 年 3 月公布了《冷冻食品 HACCP 一般规则》；1997 年颁发了新版法典指南《HACCP 体系及其应用准则》，该指南已被广泛接受，并得到国际普遍采纳，HACCP 已被认可为世界范围内生产安全食品的准则。

2002 年 4 月 19 日，我国国家质量监督检验检疫总局（现国家市场监督管理总局）发布了第 20 号令，明确提出了《卫生注册需评审 HACCP 体系的产品目录》，第一次强制性要求某些食品生产企业建立和实施 HACCP 管理体系，将 HACCP 管理体系列为出口食品法规的一部分，HACCP 体系的认证认可工作正式启动。2018 年，致敏物质管理和预防食品欺诈的内容被加入认证补充要求。2021 年 7 月 29 日，国家认监委 2021 年第 12 号公告发布了新版《危害分析与关键控制点（HACCP）体系认证实施规则》。新版规则中确定了新的认证依据，即危害分析与关键控制点（HACCP）体系认证要求（V1.0），并注明适用时为满足进口国（地区）的需求，认证机构可将国际食品法典委员会制定的《食品卫生通则》作为补充的认证依据。迄今为止，HACCP 已成为世界公认的能有效保证食品安全的质量控制体系。

（1）建立 HACCP 体系的意义和重要性

采用 HACCP 体系的主要目的就是由企业自身通过对生产体系进行系统的分析和控制来预防食品安全问题的发生；也就是说，将这些可能发生的食品安全危害消除在生产过程中，而不是靠事后检验来保证产品的可靠性。因此，这种理性化、系统性强、约束性强、适用性强的管理体系对政府监督机构、消费者和生产商都有利。

从食品生产、储存和销售的角度考虑，HACCP 体系能够及时识别出所有可能发生的危害，包括生物、化学和物理的危害，并在科学的基础上建立预防性措施。从经济效益考虑，HACCP 体系是保证生产安全食品最有效、最经济的方法，因为其目标直接指向生产过程中的有关食品卫生和安全问题的关键部分，因此能降低质量管理成本，减少终产品的不合格率，提高产品质量，延长产品货架寿命，大大减少了由于食品腐败而造成的经济损失，不但降低了生产成本，而且极大地减少了生产和销售不安全食品的风险。同时还减少了企业和监督机构在人力、物力和财力方面的支出，最终形成经济效益、生产与质量管理等方面的良性循环。

从监管者角度考虑，HACCP 体系为食品生产企业和政府监督机构提供了一种最理想的食品安全监测和控制方法，使食品质量管理与监督体系更完善，管理过程更科学。HACCP 概念的基本思想是：高质量的产品是生产出来的，而不是检测出来的，所以，应该将"安全"二字设计到产品加工过程中，在食源性疾病发生前就预先行动——监控食品链中食品安全控制体系自然使食品生产企业和政府监督机构做到防患于未然，这种预防型的控制体系最经济、最有效的手段。

从食品贸易角度考虑，HACCP 审核可减少对成品实施烦琐的检验程序，促进国际贸易，清除非关税壁垒。同时，制订和实施 HACCP 计划可随时与国际有关食品法规接轨，推动我国食品安全与卫生法律法规的贯彻落实，从而进一步推进食品工业发展和商业的稳定性。

（2）HACCP 体系的基本术语

国际食品法典委员会在法典指南即《HACCP 体系及其应用准则》中规定的基本术语及其定义如下。

步骤（step）：指从产品初加工到最终消费的食品链中（包括原料在内）的一个点、一个程序、一个操作或一个阶段。

控制（control）：为保证和保持 HACCP 计划中所建立的控制标准而采取的所有必要措施。

控制点（control point）：能够对生物、物理、化学因素进行控制的任何点、步骤或过程。

关键控制点（critical control point，CCP）：能对食品安全危害实施控制从而预防、消除危害或把其降低到可接受水平的加工点、步骤或工序。

关键限值（critical limit，CL）：是关键控制点的预防措施必须达到的标准，区分产品可接受与不可接受的参数。

操作限值（operating limits，OL）：比关键限值更严格，由操作者用来减少偏离风险的标准。

判断树（decision tree）：用来确定关键控制点的一系列特定问题的组合。

控制措施（control measure）：指能够预防或消除一个食品安全危害，或将其降低到可接受水平的任何措施和行动。

纠正措施（corrective action，CA）：组织为满足体系要求并促进其不断完善所采取的纠正偏离与消除不符合的措施。

组织（organization）：指在食品链中从原料准备、加工、包装、贮存、销售直至使用阶段提供产品或服务的机构。

HACCP 计划（HACCP plan）：为确保对影响食品安全的危害实施控制遵照 HACCP 原理而制定的书面计划。

HACCP 体系（HACCP system）：识别、评估并控制影响食品安全的危害的食品安全管理体系，是通过实施 HACCP 计划而获得的结果。

危害（hazard）：指对健康有潜在不利影响的生物、化学或物理性因素或条件。

危害分析（hazard analysis）：指收集和评估有关的危害以及导致这些危害存在的资料，以确定哪些危害对食品安全有重要影响而需要在 HACCP 计划中予以解决的过程。

流程图（flow diagram）：指对某个具体食品加工或生产过程的所有步骤进行的连续性描述。

监控（monitoring）：为了确定 CCP 是否处于控制之中，对所实施的一系列对预定控制参数所作的观察或测量进行评估。

预防措施（preventive measure）：用于控制已确定的食品安全危害的物理的、化学的或其他方面的措施。

确认（validation）：证实 HACCP 计划中各要素是有效的过程。

验证（verification）：除监控以外，所应用的方法、程序、测试等评估手段以确定组织的有关产品安全的一切活动是否满足 HACCP 计划的要求。

（3）HACCP 的七大原理

1）进行危害分析和建立预防措施。危害分析与预防控制措施是 HACCP 原理的基础，也是建立 HACCP 计划的第一步。危害分析是对某一种产品或生产加工过程中存在哪些危害进行分析，判断是否为潜在危害或显著危害，进而对其进行控制的过程。HACCP 重点在显著危害上，对产品和加工过程进行危害识别，并对其进行危害评估。通过发生潜在危害的可能性及风险大小来确定危害的等级。

2）确定关键控制点（CCP）。关键控制点是能够对一个或多个危害因素实施控制措施的环节，通过这一环节可以预防和消除食品安全中的某一危害或将其降低到可以接受的水平。例如，加热、冷藏、特定的消毒程序等。关键控制点能够控制多个显著危害，并且一个显著食品安全危害也能够被多个关键控制点进行控制。关键控制点还会随着生产的加工流程、厂区变化、设备更新、加工模式改进等变化而改变。

3）确定 CCP 关键限值（CL）。关键限值是对关键控制点进行设定的参数，通常关键限值参数是一个或一组中的最大值或最小值，用于安全危害因素中生物性、化学性及物理性危害的限值，同时这些参数能够通过关键控制点把安全危害因素降低、消除到可接受水平或对其进行预防。通常采用的指标包括温度、时间、湿度、pH 值、有效氯的测量以及感官参数，如可见外观和品质。

4）建立监控程序。监控程序主要包括监控的对象、人员、方法及频率，即通过一系列有计划的观察和测定活动来评估 CCP 是否在控制范围内，同时准确记录监控结果，以备将来验证时使用。使监控人员明确其职责是控制所有 CCP 的重要环节。负责监控的人员必须报告并记录没有满足 CCP 要求的过程或产品，并且立即采取纠正措施。凡是与 CCP 有关的记录和文件都应该有监控员的签名。

5）建立纠偏措施。建立纠偏措施（CA）是在关键控制点的监控中，发生偏离关键限值时减少或消除失控所导致的潜在危害，使加工过程重新处于控制之中，并加以记录的一种措施。CA 应该在制订 HACCP 计划时预先确定，其内容包括确定、纠正和消除产生偏离的原因，确保关键控制点重新回到关键限值内；隔离、评估和处理相关产品；对纠正措施记录在案。虽然经过了危害分析，实施了 CCP 的监控、CA 并保持有效的记录，但是并不等于 HACCP 体系的建立和运行能确保食品的安全性。

6）建立验证程序。验证程序（verification procedures）其实是体系监控程序的延展，它的作用是验证 HACCP 体系是否按照计划有效运行以及是否发生偏差，确认整个 HACCP 计划的全面性和有效性。验证程序能够提供 HACCP 体系的置信水平，能够确保 HACCP 体系有效实施，在进行验证时，尤其要注意 CCP 的验证，验证各个 CCP 是否都按照 HACCP 计划严格执行。

7）建立有效的文件和记录保持程序。应用 HACCP 体系必须有效、准确地保存记录。文件记录保持是对建立 HACCP 体系所涉及的所有文件进行记录，这些记录包括对原料验收、生产过程、成品入库、贮存时间、销售等环节的文件进行记录。尤其要保存控制点监控的记录、纠偏记录、验证记录并存档。验证活动的例子包括：HACCP 体系的记录与审核；偏差和产品处置的审核；确定关键控制点处于控制状态；如可能，有效性活动应包括对 HACCP 计划所有要素功效的证实。

(4) HACCP 体系建立的步骤

HACCP 体系必须以 GMP 和 SSOP 为基础，通过这两个程序的有效实施确保对食品生产环境的卫生控制。没有良好的卫生环境，就有可能导致不安全食品的生产。因此，没有 GMP 和 SSOP 的支持，HACCP 将成为空中楼阁，起不到预防和控制食品安全的作用。GMP 和 SSOP 是实施 HACCP 的必备程序，也是实施 HACCP 计划必须具备的基础。

1）成立 HACCP 业组。HACCP 小组成员来自本企业与质量管理有关的代表，小组成员具备的知识和经验最好包括：能够进行危害分析，识别潜在危害，识别必须控制的危害，推荐控制方法、关键限值、监控、验证程序、纠偏，如缺乏重要信息，可寻求外部信息，确认 HACCP 计划。

2）产品描述。对产品及其特性、规格与安全性等进行全面的描述，内容应包括产品具体成分、物理或化学特性、包装、安全信息、加工方法、贮存方法和食用方法等。描述产品可以用食品中主要成分的商品名称，也可以用最终产品名称或包装形式等，如用商品名称描述产品：金枪鱼、对虾等；用最终产品描述产品：以速冻鱼肉为原料的模拟蟹肉、去壳生牡蛎肉等。

3）确定预期用途和消费群。实施 HACCP 计划的食品应确定其最终消费者，特别是要关注特殊消费人群，如儿童、老人、妇女、体弱者或免疫系统有缺陷的人等。例如，有的消费者对鸡蛋、猪（牛、羊）肉有过敏反应，即使食品中含有少量的过敏物质，也会表现出过敏，所以使用说明书应说明适合的消费人群、食用目的、食用方法（如加热后食用；生食或轻度煮熟后食用；食用前充分加热；要进一步加工后才能食用）等内容。

4）绘制工艺流程图。产品流程图的步骤是对加工过程清楚的、简明的和全面的说明，在制订 HACCP 计划时按流程图的步骤进行危害分析。流程图应包括从原料及辅料的接收、加工到成品储运的所有步骤，并清晰地列出使用材料的数据，厂房相关数据，工艺步骤次序，所有原辅料、中间产品和最终产品的时间、温度变化数据等。在制作流程图和进行系统规划时，应有现场工作人员参加，为提出潜在污染的控制措施提供便利条件。

5）确认流程图。当验证有误时，HACCP 通过改变控制条件、调整配方、改进设备等措施在原流程图偏离的地方加以纠正，以确保流程图的准确性、适用性和完整性。工艺流程图是危害分析的基础，不经过现场验证，难以确定其准确性和科学性。流程图中的每一步操作需要与实际操作过程进行确认比较。

6）危害分析及确定控制措施。危害分析是 HACCP 最重要的一环。按食品生产的流程图，HACCP 小组要列出各工艺步骤可能会发生的所有生物性的（病原微生物、病毒、寄生虫等）、化学性的（自然毒素、消毒剂、杀虫剂、药物残留、重金属、转基因、过敏原等）和物理性的（金属、玻璃等）危害。

7）确定关键控制点。尽量减少危害是实施 HACCP 的最终目标。可用一个关键控制点去控制多个危害，一种危害也可能需几个关键点去控制，决定关键点是否可以控制主要看危害是否能防止、排除或减少到消费者能否接受的水平。

关键控制点判定的一般原则：a. 在某点中存在 SSOP 无法消除的明显危害。b. 在某点中存在能够将明显危害防止、消除或降低到允许水平以下的控制措施。例如，通过原料接收来预防病原体或药物残留；通过对配方或添加过程的控制来预防化学危害或抑制病原体在成品中的生长；通过蒸煮将病原体杀死；通过金属探测器来检测金属碎片等操作程序是关键控制点。c. 在某点中存在的明显危害，通过本步骤中采取的控制措施的实施，将不会再现于后续的步骤中；或在以后的步骤中没有有效的控制措施。d. 在某点中存在的明显危害，必须通过本步骤中与后续步骤中控制措施的联动才能被有效遏制。

也可按照以下流程进行关键控制点的判断：

①问题 1：针对已辨明的危害，在本步或随后的步骤中是否有相应的控制危害的措施？

a. 是→前往步骤 3；b. 否→前往步骤 2。

②问题 2：修改步骤工艺或产品，在此步骤对安全是否需要控制？

a. 是→回到问题 1；b. 否→终止；c. 不是 CCP→终止。

③问题 3：该步骤是否能消除可能发生的显著危害或将其降低至可接受水平？

a. 是→前往问题 4；b. 否→终止。

④问题 4：已确定的危害是否能影响判定产品可接受水平或会增加到使产品不可接受水平？

a. 是→CCP→结束；b. 否→不是 CCP→终止。

⑤问题 5：随后的步骤是否能消除已确定的危害或将其减少到可接受水平？

a. 是→不是 CCP→终止；b. 否→CCP→结束。

8）确定各 CCP 的关键限值和容差。关键控制限是一个区别能否接受的标准，即保证食品安全的允许限值。关键控制限决定了产品的安全与不安全、质量的好与坏。关键限值的确定，一般可参考有关法规、标准、文献、实验结果，如果一时找不到适合的限值，实际中应选用一个保守的参数值。

一个好的关键限值应该具有直观、容易检测、仅基于食品安全、纠正措施只需销毁或处理少量产品、不能打破常规方式、不是 GMP 或 SSOP 措施、不能违背法规等特点。在生产实践中，一般不用微生物指标作为关键限值，可考虑用温度、时间、流速、pH 值、水分含量、盐度、密度等参数。

当显著危害或控制措施发生变化时，HACCP 小组应重新进行危害分析并确定关键控制点。所有用于限值的数据、资料应存档，以作为 HACCP 计划的支持性文件。

9）建立各 CCP 的监控制度。监控是按照原定的方案对关键控制点控制参数或条件进行测量或观察，识别可能出现的偏差，提出加工控制的书面文件，以便应用监控结果进行加工调整和保持控制，从而确保所有 CCP 都在规定的条件下运行。

每个监控程序应包括 3W 和 1H，即监控什么（what）、怎样监控（how）、何时监控（when）和谁来监控（who）。

10）建立 CA。CA 是针对 CCP 的 CL 所出现的偏差而采取的行动。纠偏行动要解决两类问题：一类是制定使工艺重新处于控制之中的措施；另一类是拟定好 CCP 失控时期生产出的食品的处理办法。

所采用的 CA 经过有关权威部门的认可，CA 实施后，CCP 一旦恢复控制，有必要对这一系统进行审核，防止再次出现偏差。CA 要授权给操作者，当出现偏差时，停止生产，保留所有不合格品，并通知工厂质量控制人员；在特定的 CCP 失去控制时，使用经批准的可代替原工艺的备用工艺。

对每次所施行的这两类纠偏行为都要记入 HACCP 记录档案，并应明确产生的原因及责任所在。

11）建立验证（审核）措施。验证的目的是确认制定的 HACCP 方案的准确性，通过验证得到的信息可以用来改进 HACCP 体系。通过验证可以了解所规定并实施的 HACCP 系统是否处于准确的工作状态中，能否做到确保食品安全。

12）建立记录保存和文件归档制度。记录是采取措施的书面证据，没有记录等于什么都没有做。因此，认真、及时和精确地记录及保存资料是不可缺少的。HACCP 程序应文件化，文件和记录的保存应合乎操作种类和规范。

13）回顾 HACCP 计划。如有下列情况发生，应该进行 HACCP 计划回顾：a. 原料、产品配方发生变化；b. 加工体系发生变化；c. 工厂布局和环境发生变化；d. 加工设备改进；e. 清洁和消毒方案发生变化或有新的控制方法；f. 重复出现偏差或出现新的危害；g. 包装、储存和发售体系发生变化；h. 人员等级和（或）职责发生变化；i. 假设消费者使用发生变化；j. 从市场供应商获得的信息表明产品可能具有卫生或腐败风险。

在完成整个 HACCP 计划后，要尽快以草案形式成文，并在 HACCP 小组成员中传阅修改或寄给有关专家征求意见，吸纳对草案有益的修改意见并编入草案中，经 HACCP 小组成员一次审核修改后形成最终版本，上报有关部门审批或在企业质量管理中应用。

（5）SSOP、GMP 和 HACCP 之间的关系

GMP 是一套涵盖食品生产全过程的技术要求和措施，旨在保证食品的安全和质量。它包括硬件和软件两个方面，为食品加工企业设定了必须达到的基本条件。在我国，类似于 GMP 的标准有"食品企业卫生规范"和"保健食品良好生产规范"等 19 个国家标准。

SSOP 是基于 GMP 的要求而制定的内部管理文件，它详细描述了如何实施清洗、消毒和卫生保持等作业指导。SSOP 没有 GMP 的强制性，但它是实现 GMP 目标的具体操作指南。在美国，海产品 HACCP 法规（21CFR-123）要求加工企业采取有效的卫生监控程序，并推荐加工者按 8 个主要卫生控制方面来起草一个卫生操作监控文件，即 SSOP。

HACCP 是一个系统的预防性方法，用于识别、评估和控制食品生产过程中可能出现的危害。它是在 GMP 的基础上建立的，并且依赖于 SSOP 的有效实施。通过确定 CCP，HACCP 确保了食品的安全性。如果 SSOP 得到了有效执行，那么 HACCP 计划中的 CCP 数量可以减少，因为某些危害已经通过 SSOP 得到了控制。

综上所述，GMP 为食品生产企业设定了基本的生产条件和卫生要求，SSOP 提供了具体的操作指导以实现这些要求，而 HACCP 则专注于识别和控制食品生产过程中的关键危害。这三者相互依赖，共同构成了一个完整的食品安全管理体系。在实际应用中，只有将HACCP 与 GMP、SSOP 有机结合起来，才能形成一个完整、有效且具有针对性的质量保证体系。

思考题

1）什么是食品质量保证，开展食品质量保证的意义是什么？

2）GAP 的基本原理和实施要点有哪些？

3）食用农产品承诺达标合格证制度在我国的实施现状如何，存在哪些问题？

4）农产品地理标志管理模式是什么，登记程序有哪些？

5）GMP 对食品生产过程中的管理要求包括哪些内容？

6）SSOP 计划中的八个核心理念是什么？

7）HACCP 中关键控制点的遴选和判断依据？

8）食品供应链的特点是什么，在管理上有哪些地方需要特别注意？

9）食品溯源体系面临的挑战是什么？

10）国外食品安全危机管理机制能够给我们哪些启示？

食品流通过程中的质量保证体系

5 食品质量检验

质量检验是食品质量管理的重要组成部分，是食品生产中必不可少的环节。现代食品企业要生产出高质量的产品，要在激烈竞争中立于不败之地，就必须高度重视质量管理，而质量检验是全面质量管理的基础。本章介绍了质量检验制度与检验标准、抽样检验的基本理论、检验计划与管理等内容。让学习者熟悉抽样检验的概念，熟悉常用抽样检验方案，理解抽样检验方案的特性曲线；学会应用国标中相关抽样检验表计算并制订合理的抽样方案，并掌握判别规则，能对产品接收与否进行正确判断；并进一步了解检验人员的职责，熟悉评价检验误差的方法，掌握检验人员的工作质量考核指标。

5.1 质量检验

5.1.1 质量检验的定义

ISO 9000：2015《质量管理体系　基础和术语》对检验的定义是："对符合规定要求的确定。"

质量检验是对产品或服务的一个或多个质量特性进行观察、测量、试验，并将结果和规定的质量要求进行比较，以确定每项质量特性是否符合规定的要求。

一般而言，质量检验包括以下过程：a. 准备。根据产品或服务的特性，熟悉规定要求，选择检验方法，制定检验规范。b. 测量或试验。按已确定的检验方法和方案，对产品或服务质量特性进行定量或定性的观察、测量、试验，得到需要的量值和结果。c. 记录。记录测量的条件、得到的量值和试验过程中的技术状态。d. 比较和判定。将测量或试验得到的结果与规定要求进行比较，确定其是否符合规定要求，从而判定检验的产品或服务是否合格。e. 处理。对合格品放行，对不合格品做出返工、返修或报废的处理。对批量产品，决定接收还是拒收；而对拒收的批量产品，需要进一步做出全检、筛选或报废的处理。

5.1.2 质量检验的方式

质量检验的方式有多种，在实践过程中，经常按照不同的标准对质量检验的方式进行分类。

（1）按检验数量划分

1）全数检验。全数检验简称全检或100%检验，即对所考虑的产品集合内每个单位产品被选定的特性都进行的检验。全数检验的优点是能提供比较完整的检验数据，获得较全面的质量信息，结果较为可靠；缺点是工作量大、周期长、成本高、漏检和错检难以避免，不适用于破坏性检验或检验费用较低的检验项目。

下面几种情况一般采用全数检验的方式：精度要求较高的产品或零部件；对后续工序影响较大的质量项目；质量不够稳定的工序；需要对不接收的检验批进行全检及筛选的场合。

2）抽样检验。抽样检验是根据数理统计的原理，预先制订抽样方案，按一定的统计方法从待检的一批产品（或一个生产过程）中随机抽取一部分产品进行逐件检验，通过这部分产品质量的状况来推断整批（总体）产品的质量是否合格的检验方式。抽样检验的优点是能够减少检验工作量和节约检验费用，缩短检验周期，减少检验人员和设备。对于破坏性检验，只能采取抽样检验的方式。缺点主要表现在两方面：一方面，在接收的整批产品中会混杂一些不合格品，反之，在不被接收的整批产品中也会有合格品；另一方面，存在一定的错判风险，如将接收批错判为不接收批，或把不接收批错判为接收批。虽然运用数理统计原理精心设计抽样方案能减少和控制错判风险，但不可能绝对避免。

下面几种情况一般采用抽样检验方式：破坏性检验，如产品的寿命或可靠性试验、零件的强度测定等；批量大、检查项目多、价值较低、质量要求不高的产品检验；被检对象是连续体，如油类、溶剂、钢水、钢带等；检验费用较高和检验时间比较长的产品或工序；生产过程中工序控制的检验。

（2）按质量特性值划分

1）计数检验。计数检验适用于质量特性值为计数值的场合，只记录不合格数，无具体测量数值，如产品的外观、风味、色泽等。

2）计量检验。计量检验适用于质量特性值为计量值的场合，如单个产品的质量、酸碱度、营养成分含量等。

（3）按检验后检验对象的完整性划分

1）破坏性检验。破坏性检验的检验对象被检验后本身就不复存在或不能再使用了，如食品的保存期试验、质构测试等往往都是破坏性检验。破坏性试验只能采用抽样检验方式。

2）非破坏性检验。非破坏性检验的检验对象被检验后仍然完整无缺，不影响其使用性能。近年来，随着无损检验技术研究的不断深入，其应用范围不断增大，为非破坏性检验的应用提供了有力支撑。

（4）按检验的地点划分

1）固定检验。固定检验即集中检验，是指在生产单位设立固定的检验站（点），各工作地点的待检产品送到检验站（点）进行集中检验。

2）流动检验。流动检验是由检验人员直接去工作地点检验，检视质量状况，做好检验记录，发现问题及时报告有关部门。通过流动检验可以及时发现生产过程中的不稳定因素并加以纠正，防止成批不合格品的产生，同时也便于专职检验员对生产者进行指导。

（5）按检验方法划分

1）理化检验。理化检验是应用物理或化学的方法，依靠某种测量工具或仪器设备对产品进行的检验。理化检验通常能测得检验项目的具体数值，精度高，人为误差小，如单个产品的蛋白质、脂肪等营养成分含量和有害成分的限量值等。

2）感官检验。感官检验是依靠人的感觉器官对质量特性或特征做出评价和判断。通常是依靠人的视觉、听觉、触觉和嗅觉等感觉器官，对产品的形状、颜色、气味、伤痕、污损、和老化程度等进行检验和评价。感官检验的判定不易用数值来表达，在进行比较判断时，经常受到人自身状态的限制，检验的结果依赖于检验人员的经验，波动性较大。

3）微生物检验。微生物检验是应用微生物学的基本理论和实验方法，根据卫生学的观点研究食品中微生物的种类、性质、活动规律等判断食品的安全卫生质量，一般检验菌落总数、大肠杆菌和致病菌等项目。

（6）按检验目的划分

1）验收检验。验收检验是确定成批或其他一定数量的产品是否可接收的检验。其目的是把关，通过检验判断产品是否符合质量标准要求，对符合要求的予以接收，不符合要求的不接收或另做处理。验收检验广泛存在于生产全过程中，如食品原材料、外购包装材料的进货检验，半成品的入库检验，成品的出厂检验等。

2）监控检验。监控检验是在生产过程的某阶段对过程参数或相应产品特性进行的检验。生产过程中的巡回抽检、定时抽检等方式属于监控检验。

监控检验的结果作为监控和反映生产过程状态的信号，其目的是控制生产过程的状态，通过检验判定生产过程是否处于稳定状态，是否需要采取纠正措施，以预防生产中出现大量不合格品。

3）监督检验。监督检验是用户、受托的第三方机构或具有监督职能的管理部门对被检对象实施的检验活动。狭义的监督检验是指产品质量监督管理部门或其授权的质检机构的检验，是一种宏观的质量监测手段。它可以督促产品的生产者或经销者履行自己在产（商）品质量方面应负的责任，保护消费者利益。

（7）按检验实施主体划分

1）第一方检验。第一方检验也称生产方检验，是生产企业自身进行的检验。其目的是控制和保证所生产产品的质量，如在生产过程的各个环节、各道工序进行的检验。

2）第二方检验。第二方检验又称买方检验或验收检验，是买方为了保证所购买的产品符合要求进行的检验。其目的是保护自身的经济利益，如经销商对采购产品的检验等。这种检验根据合同和标准进行，以决定是否验收、进货。

3）第三方检验。第三方检验是由置于买卖利益之外的独立的第三方（如专职监督检验机构），以公正、公平、权威的非当事人身份，根据有关法律、标准、合同等双方认可的依据进行的商品符合性检验、认可活动。第三方检验活动相对比较集中于工业活动，尤其是工业制造业。

5.1.3 质量检验的基本类型

质量检验活动可以分为3种类型，即进货检验、过程检验和完工检验。

（1）进货检验

进货检验是对采购的食品原材料、辅料、外购包装材料等入厂时的检验，是对外购货物的质量验证活动，是保证生产正常进行和确保产品质量的重要环节。为了保证外购产品的质量，进厂时的验收应由专职检验人员按照规定的检验方法和检验内容进行严格的检验。

（2）过程检验

过程检验也称工序检验，是对成品形成之前的每道工序上的在制品所做的符合性检验。

其目的是预防出现不合格品，并防止其进入下道工序。过程检验不仅要检验在制品是否达到规定的质量要求，还要检验影响产品质量的主要工序因素（如5M1E），通过检验获取信息，以判断生产过程是否处于正常的受控状态，为质量控制和质量改进提供依据。

（3）完工检验

完工检验又称最终检验，是对某一车间生产活动结束后的半成品或成品进行的检验。对于半成品来说，是一种综合性的核对活动，应按产品要求等有关规定认真核对；对于成品而言，是对最终产品进行全面的检验与试验。作为产品出厂前的最后一道关口，其目的是防止不合格品进入流通领域，对顾客和社会造成损害。完工检验的形式一般包括成品（入库）检验、型式检验和出厂检验。

1）成品（入库）检验。它是在生产结束后、产品入库前对产品进行的常规检验。成品的入库检验项目为常规检验项目，如感官指标，部分理化指标、非致病性微生物指标、包装情况等。

2）型式检验。检验项目包括该产品标准对产品的全部要求，即包括常规检验项目和非常规检验项目。由于非常规检验，如农药兽药残留、重金属、致病菌等大多历时长、耗费大，不可能每批入库（或出厂）时都做。一般情况下，每个生产季度应进行一次型式检验。但若出现以下情况时，也应进行型式检验：a. 新产品或老产品转厂生产时；b. 长期停产后恢复生产时；c. 正式生产后，当主要原辅材料、配方、工艺和关键生产设备有较大改变，可能影响产品质量时；d. 国家质量监督机构提出进行型式检验要求时；e. 出厂检验结果与上次型式检验有较大差异时。

3）出厂检验，也称交收检验，是在将产品送交客户前进行的检验。虽然产品入库前已经进行了严格的检验，但由于食品有保质期，所以出厂检验是必要的。

5.1.4　质量检验的主要制度

在长期的生产经营活动中，总结了一些行之有效的质量检验管理原则和制度。下面介绍4种主要的常用质量检验制度。

（1）三检制

三检制是指"自检""互检""专检"三者相结合进行的一种检验制度。

自检是生产者对自己生产的产品，按图样、工艺或合同中规定的技术标准自行检验，并做出是否合格的判断活动。自检的特点是检验工作基本上和生产加工过程同步进行，通过自检，操作者可以真正及时了解自己加工产品的质量以及工序所处的质量状态，当出现问题时可及时解决。

互检是生产者之间对所生产出来的产品相互之间进行检验的活动，主要有以下几种情况：下道工序对上道工序产品的检验；同一工作地，下一个轮班生产者对上一个轮班生产者制造产品的检验；班组长对本班组工人制造产品的抽检等。互检是对自检的补充和监督，有利于进一步保证质量，避免上道工序或上一个轮班者的不合格品流到下道工序或下一个轮班生产者，有利于分清责任，有利于工人之间协调关系和交流技术。

专检是由专业检验人员进行的检验。在现代生产中，检验已成为一种专门的工种和技术，专业检验人员熟悉产品技术要求，工艺知识和经验丰富，检验技能熟练，所用检测仪器也比较精密，检验结果通常更可靠，检验效率相对较高，所以专检是三检制中的主导。

总体而言，三检制可以发挥专业检验人员和生产者两方面的积极性，防止因疏忽大意而造成批量废品，保证产品质量。

（2）追溯制

可追溯性是指追溯所考虑对象的历史、应用情况或所处位置的能力。对产品或服务而言，可追溯性可涉及原材料和零部件的来源；产品的加工历史；产品或服务交付后的分布及所处位置。为了实现可追溯性，在生产或服务过程中，每完成一道工序或一项工作，都要记录其检验结果及存在问题，记录操作者及检验者的姓名、时间、地点和情况分析，在适当的产品部位或服务过程做出相应的质量状况标志。这些记录与带标志的产品同步流转，等产品完工或服务结束后要将记录保存。产品或服务的标志和记录以及在各种文件上的留名都是可追溯性的依据，在必要时，都能查清责任者的姓名、时间和地点。产品出厂时同时附有跟踪卡，随产品一起流通，以便用户把在使用产品时所遇到的问题及时反馈给生产厂商。追溯制是产品质量责任制的具体体现，能极大地增强职工的责任感。

（3）重要工序双岗制

重要工序是指生产过程的关键工序或是无参数或结果记录的工序等。所谓双岗制，就是在这些工序的生产中，除了有操作者还应有质检人员，以监督该工序必须按规定的程序和要求进行。工序完成后，操作者、检验员应在有关记录上签名，以示负责和以后查询。

（4）质量复查制

质量复查制是指有些生产重要产品的企业，为了保证交付产品的质量或参加试验的产品稳妥可靠、不带隐患，在产品检验入库后，出厂前再请产品设计、生产、试验及技术部门的人员进行复查。

5.1.5 质量检验的形式

（1）查验原始质量凭证

在所供货物质量稳定、供货方有充分信誉的条件下，质量检验往往查验原始质量凭证，如查验质量证明书、合格证、检验或试验报告等以认定其质量状况。

（2）实物检验

对食品的安全性有决定性影响的质量指标必须进行实物质量检验。由本单位专职检验人员或委托外部检验单位按规定的程序和要求进行检验。

（3）派人员进厂验收

采购方派人员到供货方对其产品、产品的生产过程和质量控制进行现场查验，认定供货方产品生产过程质量受控、产品合格，给予认可接收。

5.1.6 不合格品管理制度

不合格品管理是质量检验以至整个质量管理中的重要组成部分。从原材料、外购辅料、零部件加工到成品交付的各个环节，都可能存在不合格品，所以生产者应建立并实施不合格品的控制程序，做到不合格的原材料、外购辅料等不接收、不投产，不合格的在制品不转序，不合格的辅料不使用，不合格的产品不交付，以确保防止用户误买或误食不合格的产品。

不合格品管理制度包括不合格品的管理、不合格品的判定和不合格品的处置。

（1）不合格品的管理

不合格品的管理包括：规定对不合格品的判定和处置的职责和权限；当发现不合格品时，应根据不合格的管理程序，及时进行标识、记录、评价隔离和处置；通报与不合格品有关的部门，必要时也应通知顾客。

在不合格品管理中，应坚持"三不放过"原则，即"不查清不合格原因不放过，不查清责任者不放过，不落实改进措施不放过"。

（2）不合格品的判定

质量有两种判定方法：符合性判定和适用性判定。

符合性判定是指判定产品是否符合技术标准，做出合格或不合格的结论。这种判定由检验员或检验部门做出。

适用性判定是指判定产品是否还具有某种使用价值，对不合格品做出返工、返修、让步、降级、改作他用、拒收、报废等处置的过程。所谓适用性，是指满足顾客要求。一个不完全符合质量标准的产品对某些顾客来说，其性能和质量可能可以满足顾客的使用要求。所以，不合格品不一定等于废品，它可以经过返修再用，或直接回用。不合格品的适用性判定是一项技术性很强的工作，一般不要求检验员承担处置不合格品的责任。

（3）不合格品的处置

按不合格程度和类型，对不合格品可做如下处置：

1）返工。返工是指"为使不合格产品或服务符合要求而对其采取的措施"。一些产品因质量不符合要求而需要被重新加工或改作他用，经过返工可以完全消除不合格，并使质量特性完全符合要求。例如，食品生产日期不清晰，可以通过重新喷码，使其成为合格产品。

2）返修。返修是指"为使不合格产品或服务满足预期用途而对其采取的措施"。返修产品经采取补救措施后，仍不能完全符合质量要求，但基本上能满足预期使用要求。返修与返工的区别在于，返修不能完全消除不合格，而只能减轻不合格的程度，使不合格品尚能达到基本满足使用要求而被接收。

3）降级。降级是指"为使不合格产品或服务符合不同于原有的要求而对其等级的变更"。可以根据实际质量水平降低不合格品的产品质量等级或作为处理品降价出售。

4）报废。报废是指"为避免不合格产品或服务原有的预期使用而对其采取的措施"，如回收、销毁等。不合格品经确认无法返工和让步接收，或虽可返工但返工费用过高、不经济的，均按废品处理。对不合格服务的情况，可以通过终止服务来避免其使用。

5）让步。让步是指"对使用或放行不符合规定要求的产品或服务的许可"。让步是指产品虽不合格，但其不符合要求的项目和指标对产品的性能、安全性、可靠性及正常使用均无实质性影响，也不会引起顾客提出申诉、索赔而被准予放行。也就是对不合格品不返工或返修，直接交给顾客。

加强不合格品管理具有重要意义，一方面，能降低生产成本，减少浪费，提高企业的经济效益；另一方面，对保证产品质量、生产用户满意的产品、实现较好的社会效益也起着重要作用。因此，不合格品管理不仅是质量管理体系的一个重要组成部分，而且是现场生产管理的一项重要内容。

5.1.7 质量检验的主要职能

质量检验是组织对内和对外质量保证的重要手段，主要有以下4个方面的职能。

（1）鉴别职能

依据产品或服务的规定（如标准、产品图样、工艺规程、合同、技术协议等），采用相应的测量、检查方法，对产品或服务的质量特性进行度量，判断质量特性是否符合规定的要求。只有经过鉴别，才能判断产品或服务质量是否合格。鉴别职能是质量检验各项职能的基础。

（2）把关职能

对鉴别发现的不合格品，实现严格把关，做到不合格的材料不投产、不合格的毛坯不加工、不合格的零件不装配、不合格的产品不出厂，从而保证产品的质量。把关职能是质量检验最重要、最基本的职能。

（3）预防职能

通过首件检验和巡回检验，预防批量产品质量问题的发生。通过进货检验、中间检验和完工检验，及早发现并排除原材料、外购件、外协件和半成品中的不合格品，防止不合格品流入下道工序，掌握质量动态，及时发现质量问题，预防和减少不合格品的发生，防止发生大批产品报废的现象。

（4）反馈职能

对质量检验获取的数据和信息，如产品合格率、损失金额等，汇总、整理和分析后及时反馈给有关部门，为质量控制、质量改进、质量考核及质量决策提供可靠的依据。

5.1.8 质量检验标准

食品质量检验就是依据一系列不同的标准，对食品质量进行检测、评价。国内外不同机构、不同部门颁布的标准很多，食品企业可根据自己的产品种类、特性、销售区域选择执行。

我国常见的标准类型有5级：国际标准、国家标准、行业标准、地方标准和企业标准。

在我国，食品工业生产中经常使用食品质量标准的概念。所谓的食品质量标准是规定食品质量特性应达到的技术要求。食品质量标准是食品生产、检验和评定质量的技术依据。因此，可以认为食品质量标准就是指有关食品生产的技术标准。

食品质量标准的主要内容有食品安全国家标准和食品其他标准。

（1）食品安全国家标准

食品安全国家标准是由卫生部委派相关部门制定并批准颁布的强制执行的标准。根据我国《食品安全法》规定，食品安全标准应当包括下列内容：a. 食品、食品添加剂、食品相关产品中的致病性微生物、农药残留、兽药残留、生物毒素、重金属等污染物质以及其他危害人体健康物质的限量规定；b. 食品添加剂的品种、使用范围、用量；c. 专供婴幼儿和其他特定人群的主辅食品的营养成分要求；d. 对与卫生、营养等食品安全要求有关的标签、标志、说明书的要求；e. 食品生产经营过程的卫生要求；f. 与食品安全有关的质量要求；g. 与食品安全有关的食品检验方法与规程；h. 其他需要制定为食品安全标准的内容。

（2）食品的其他标准

食品质量检验标准还包括食品工业基础及相关标准、食品包装材料及容器标准、食品添加剂标准等。

5.2　统计抽样检验

5.2.1　抽样检验的基本理论

（1）抽样检验的概念

抽样检验是按照规定的抽样方案，随机地从群体中抽取少量个体（样本）进行检验，将检验结果与判定基准相比较，然后利用统计的方法来判断群体合格或不合格的检验过程。

抽样检验具有许多优点，如检验量少、检验费用低、所需检验人员较少且管理不复杂，有利于集中精力抓好关键质量，适用于破坏性检验。另外，由于是逐批判定，对供货方提供的产品可能是成批拒收，这样能够起到刺激供货方加强质量管理的作用。

（2）抽样检验的特点

抽样检验是根据样本所检验的结果，判定产品批合格与否的过程。具有以下的特点：a. 按事先确定的抽样方案，从产品批中抽取单位产品组成样本并进行检验，用样本检验结果与合格判定数（Ac）作比较，判断批产品是否合格；b. 抽样检验存在错判风险；c. 样本作为批的代表，应能按相等的概率从产品中抽取；d. 应有明确的判定准则和抽样检查程序及方案，无论检查者是谁，都应以同样的方法进行；e. 应允许经检查合格的批中仍可能存在不合格品，也应认识到经检查判为不合格的批中，合格品占有大多数。

（3）抽样检验的相关术语

1）单位产品（个体）。单位产品是指能被单独描述和考虑的一个事物，它是为实施抽样检验的需要而划分的单位体。有的单位产品可以按自然形态划分，是可分离的货物，如 1 罐奶粉，可以看成一个单位产品；而有的产品不能自然划分，其量具有连续的特性，产品的状态可以是液体、气体、颗粒、固体，如大米，可以根据不同要求，人为地规定一个单位量，如 1kg 大米。

2）样本和样本量。从总体中抽取的用以测试、判断总体质量的一部分基本单位称为样本，样本是由一个或多个单位产品构成的；样本量是指样本中产品的数量，通常记作 n。

3）检验批。检验批简称批，是提交进行检验的一批产品，也是作为检验对象而汇集起来的一批产品。构成检验批的所有单位产品在质量方面不应有本质差别，只能有随机波动。所以，一个检验批应当由同一种类、同一规格型号、同一质量等级且工艺条件和生产时间基本相同的单位产品所组成。批的形式有稳定批和流动批两种：前者是将批中所有单位产品同时提交检验；后者是指将批中各单位产品一个个从检验点通过。

4）批量。批量是指检验批中包含的单位产品数量，常用 N 表示。有关批量大小和识别批的方式，应由供方与使用方协商确定。通常，体积小、质量稳定的产品批量宜大些，但也不宜过大。过大的批量难以获得有代表性的样本，而且该批一旦被拒收，会造成较大的经济损失。

5）不合格品与合格品。不合格品是指具有一个或一个以上不合格的产品；合格品是指没有任何不合格的单位产品。

根据不合格的分类，不合格品可分为以下 3 种：A 类不合格品，包含一个或一个以上 A 类不合格（也可能同时包含 B 类和 C 类不合格）的单位产品。B 类不合格品，包含一个或一个以上 B 类不合格（也可能同时包含 C 类不合格，但不包含 A 类不合格）的单位产品。C 类不合格品，包含一个或一个以上 C 类不合格（不包含 A 类和 B 类不合格）的单位产品。

6）抽样方案。抽样方案是样本量和批接收准则的组合。

7）批质量的表示方法。批质量的表示方法是指对一批产品质量状况的描述。由于质量特性值的属性不同，衡量批质量的方法也不相同。

批不合格品率 P，批中不合格单位产品所占的比例，即：

$$P = \frac{D}{N}$$

式中：D 为批中不合格品总数；N 为批量。

批每百单位产品不合格品数，批的不合格品数除以批量，再乘以 100，即：

$$100P = \frac{D}{N} \times 100$$

以上两种方法常用于计件抽样检验。

8）过程平均。过程平均是指一定时期或一定量产品范围内的过程水平的平均值，它是过程处于稳定状态下的质量水平。在抽样检验中常将其解释为"一系列连续提交批的平均不合格品率""一系列初次提交的检验批的平均质量（用不合格品百分数或每百单位产品不合格数表示）"。

"过程"是总体的概念，过程平均是不能计算或选择的，但是可以估计，即根据过去抽样检验的数据来估计过程平均。

过程平均是稳定生产前提下的过程平均不合格品率的简称，其理论表达式为：

$$\overline{P} = \frac{D_1 + D_2 + \cdots + D_x}{N_1 + N_2 + \cdots + N_x} \times 100\%$$

式中：$\overline{P}$ 为过程平均不合格品率；N_x 为第 x 批产品的批量；D_x 为第 x 批产品的不合格品数；x 为批数。

实际上 $\overline{P}$ 值是不易得到的，一般可利用抽样检验的结果来估计。假设从上述 k 批产品中顺序抽取 x 个样本，其样本大小分别为 n_1，n_2，$\cdots$，n_x，经检验，其不合格品数分别为 d_1，d_2，$\cdots$，d_x，则过程平均不合格率为：

$$\overline{P} = \frac{d_1 + d_2 + \cdots + d_x}{n_1 + n_2 + \cdots + n_x} \times 100\%$$

式中：$\overline{P}$ 称为样本的平均不合格品率，它是过程平均不合格品率的一个估计值。计算过程平均不合格率是为了了解交验产品的整体质量水平，这对设计合理的抽样方案，保证验收产品质量以及保护供求双方利益都是至关重要的。

必须注意，经过返修或挑选后再次提交检验的批产品的数据，不能用来估计过程平均不合格品率。同时，用来估计过程平均不合格品率的批数，一般不应少于 20 批。如果是新产品，开始时可以用 5~10 批的抽检结果进行估计，以后应当至少用 20 批抽检结果进行估计。一般来说，在生产条件基本稳定的情况下，用于估计过程平均不合格品率的产品批数越多，检验的单位产品数量越大，对产品质量水平的估计就越可靠。

（4）抽样检验的分类

1）按产品特性值分为计量型抽样检验和计数型抽样检验两类。

计量型抽样检验方案是检验样本中每个单位产品质量特性值，并计算样本的平均质量特性值来判定批的质量水平的抽样方案。对那些质量不易过关，需作破坏性检验以及检验费用极大的检验项目，由于希望尽量减少检验量，一般采用计量型检验方法。

计量型检验具有以下的特点：只要随机抽取较少的单位产品组成样组，即可判断检验批的不合格品率，从而决定这个检验批能否被接收。在检验同样个数单位产品的条件下，计量检验的结果可靠性要比计数检验好；对某些影响产品质量不能过关的关键质量特性，一般采用计量检验；对于计量型检验，一般需事先假定质量特性值为正态分布。

计数型抽样检验方案是指在检验产品质量时用计数的方法，即判定批质量时只用到样本中的不合格品数或缺陷数，而不管样本中各单位产品的质量特性值如何。食品的成批成品抽样检验常常采用计数型检验方法。

计数型检验具有以下的特点：检验手续比较简便，能节省费用，因为它仅仅把产品区分为合格或不合格品，尤其是当一种产品具有多种质量特性时，采用计数检验有可能只要通过一个抽验方案就能做出检验批能否被接收的结论；对于只能被区分为合格品或不合格品的产品，只能采用计数型检验；对计数型检验来说，不需要预先假定分布规律。

2）按抽取样本的次数分为一次抽样、二次抽样、多次抽样以及序贯抽样等。

一次抽样检验是最简单的抽样检验，只需要从批中抽取一个样本，就可以做出该批产品是否接收的判定。二次抽样检验是至多抽取两个样本的多次检验。多次抽样检验是在每检验一个样本后，基于确定的判断准则，做出接收该批、不接收该批或需要从批中抽取另一个样本判定的抽样检验，也就是从批量 N 中需要抽取一个、两个直至全规定的最大样本次数之后，才能做出接收或不接收判定的检验。序贯抽样检验是指在检验每一单位产品后，根据累计的样本信息及确定的规则，做出接收该批、不接收该批或需接着检验该批中另一单位产品的抽样检验。序贯抽样所检验的单位产品的总数预先并不固定，常商定一个最大样本量。在检验最后一个样本产品后，必须做出接收该批或不接收该批的判定。

3）按检验的目的分为验收抽样检验和监督抽样检验。

验收抽样检验是指用抽样检验判定是否接收的检验。它是由使用方（或使用方与生产方共同）采取的一种微观质量控制手段，主要目的是检验供方（或生产方）提交的批质量水平是否处于或优于相互认可的质量水平。所用的抽样标准有 GB/T 13262、GB/T 2828.1、GB/T 6378.1 等。

监督抽样检验是指由独立的检验机构进行的决定监督总体是否可通过的抽样检验。它是一种宏观质量监测手段，是第三方检验，目的是保证产品质量和保护消费者利益。所用的抽样标准有 GB/T 2828.4、GB/T 2828.11、GB/T 6378.4、GB/T 16306 等标准。

4）按抽样方案是否调整分为调整型抽样检验和非调整型抽样检验。

调整型抽样检验。调整型抽样检验是根据一系列批质量水平的变化情况，按照转移规则，调整抽样方案。它适用于连续系列批。调整型抽样标准有 GB/T 2828.1、GB/T 8051、GB/T 6378.1、GB/T 16307 等。

非调整型抽样检验。非调整型抽样检验不需要利用产品质量的历史资料，使用中也没有调整规则。常用的非调整型抽样检验有以下 3 种：

标准型抽样检验。标准型抽样检验只需要判定批本身的质量是否合格，并做出保护供需双方利益的有关规定。它适用于孤立批产品的检验。GB/T 13262、GB/T 8054 属于标准型抽样标准。

挑选型抽样检验。挑选型抽样检验是指需要预先规定检验方法的抽样检验。对合格批进行接收；对不合格批要逐个产品地进行挑选，检出的不合格品要更换（或修复）成合格产品后，进行二次提交。GB/T 13546 属于挑选型抽样标准。

连续型抽样检验。连续型抽样检验是相对于稳定批而言的一种抽样检验。产品在流水线上连续生产，不能预先构成批，检验是对连续通过的产品进行的。GB/T 8052 属于连续型抽样标准。

（5）抽样检验标准体系

我国目前有 20 多项抽样检验国家标准，涉及生产方、使用方验收抽样检验，产品质量监督抽样检验，商品质量监督抽样检验等，对于交付批的食品验收抽样检验及食品监督抽样检验也制定了食品抽样检验通用导则（GB/T 30642—2014），构成了一个比较完整的抽样标准体系，此外，部分地区也制定相应的地方标准。常用抽样检验国家标准见表 5-1。

表 5-1　常用抽样检验国家标准

抽样检验类型		编号	名称
抽样基础	抽样检验导则	GB/T 30642—2014	食品抽样检验通用导则
		GB/T 13393—2008	验收抽样检验导则
		GB/T 2828.10—2010	计数抽样检验程序　第 10 部分：GB/T 2828 计数抽样检验系列标准导则
	抽样检验程序	GB/T 10111—2008	随机数的产生及其在产品质量抽样检验中的应用程序
计数抽样检验方案	标准型抽样检验	GB/T 13262—2008	不合格品百分数的计数标准型一次抽样检验程序及抽样表
		GB/T 13264—2008	不合格品百分数的小批计数抽样检验程序及抽样表
	调整型抽样检验	GB/T 2828.1—2012	计数抽样检验程序　第 1 部分：按接收质量限（AQL）检索的逐批检验抽样计划
	孤立批检验抽样	GB/T 2828.2—2008	计数抽样检验程序　第 2 部分：按极限质量（LQ）检索的孤立批检验抽样方案
	跳批抽样	GB/T 2828.3—2008	计数抽样检验程序　第 3 部分：跳批抽样程序

抽样检验类型		编号	名称
计数抽样检验方案	序贯抽样检验	GB/T 2828.5—2011	计数抽样检验程序　第5部分：按接收质量限（AQL）检索的逐批序贯抽样检验系统
		GB/T 8051—2008	计数序贯抽样检验方案
	连续抽样检验	GB/T 8052—2002	单水平和多水平计数连续抽样检验程序及表
	挑选型抽样	GB/T 13546—1992	挑选型计数抽样检查程序及抽样表
计量抽样检验方案	标准型抽样检验	GB/T 8054—2008	计量标准型一次抽样检验程序及表
	调整型抽样检验	GB/T 6378.1—2008	计量抽样检验程序　第1部分：按接收质量限（AQL）检索的对单一质量特性和单个AQL的逐批检验的一次抽样方案
监督抽样方案	商品质量监督抽样	GB/T 28863—2012	商品质量监督抽样检验程序　具有先验质量信息的情形
	计数监督抽样检验	GB/T 2828.4—2008	计数抽样检验程序　第4部分：声称质量水平的评定程序
		GB/T 2828.11—2008	计数抽样检验程序　第11部分：小总体声称质量水平的评定程序
	计量监督抽样检验	GB/T 6378.4—2018	计量抽样检验程序　第4部分：对均值的声称质量水平的评定程序
	复检与复验	GB/T 16306—2008	声称质量水平复检与复验的评定程序

（6）批质量的抽样判断过程

在提交检验的一批产品中，批不合格品率 p 是反映一批产品质量水平最重要的指标之一。该指标适用面广（既适用于计量抽样检验，又适用于计数抽样检查），因此常被用来作为判断批质量水平优劣的指标或标准。$p=0$ 是理想状态，但很难做到，从经济上讲往往也没有必要。在抽样检验时，首先要确定一个可接收的批质量水平，即确定该批产品不合格品率的界限值 p_t。若抽检后产品批不合格品率 $p \leqslant p_t$，则对该批产品予以接收；若 $p > p_t$，则对该批产品予以拒收。由于利用抽样方法不可能准确地得到一批产品的不合格品率 p 值，除非进行全数检验，因此不能以此来对批的接收与否进行判断。

在实际中，需要制订并实施一个有科学依据的抽样检验方案来完成对批质量的判断。在计数型抽样方案中，在保证样本量 n 对批量 N 有代表性的前提下，可以用样本中包含的不合格（品）数 d 来推断整批质量，并与标准要求进行比较来判断批的接收与否。因此，对一次抽样，检验批的验收归结为3个参数：样本量 n、接收数 Ac 和拒收数 Re。这样就形成了抽样方案（n，Ac，Re）。由于一次抽样的 $Re = Ac + 1$，所以一次抽样方案可记为（n，Ac）。

接收数 Ac 是指计数抽样方案中接收该批所允许的样本中不合格或不合格品数的最大数目，也称为合格判定数。拒收数 Re 是指不接收该批所要求的样本中不合格或不合格品数的最小数目，也称为不合格判定数。

1）一次抽样检验。计数一次抽样检验的判断程序如下：根据规定的抽样方案，从批量 N

中随机抽取含量为 n 的样本，检测样本中的全部产品，记下其中的不合格品数（或不合格数）d。如果 $d \leq Ac$，则接收该批产品；如果 $d \geq Re$，则不接收该批产品。一次抽样检验的判断程序如图 5-1 所示。

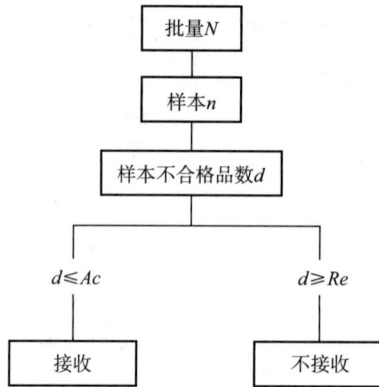

图 5-1　一次抽样检验的判断程序

2）二次抽样检验。计数二次抽样方案的一般表达式为 $\left(\dfrac{n_1, \quad Ac_1, \quad Re_1}{n_2, \quad Ac_2, \quad Re_2} \right)$。

计数二次抽样检验的判断程序如下：从批量 N 中随机抽取样本量为 n_1 的第一个样本，检测样本中的全部产品，记下其中的不合格品数（或不合格数）d_1。如果 d_1 小于或等于第一接收数 Ac_1，则判定接收该批产品；如果 d_1 大于或等于第一拒收数 Re_1，则判定不接收该批产品。如果在第一个样本中发现的不合格品数 d 介于 Ac_1 和 Re_1 之间，则继续抽取容量为 n_2 的第二个样本进行检验，得到该样本的不合格品数（或不合格数）d_2，将两次的不合格品数 d_1 和 d_2 相加。如果 d_1+d_2 小于或等于第二接收数 Ac_2，则接收该批产品；如果 d_1+d_2 大于或等于第二拒收数 Re_2，则不接收该批产品。二次抽样检验的判断程序如图 5-2 所示。

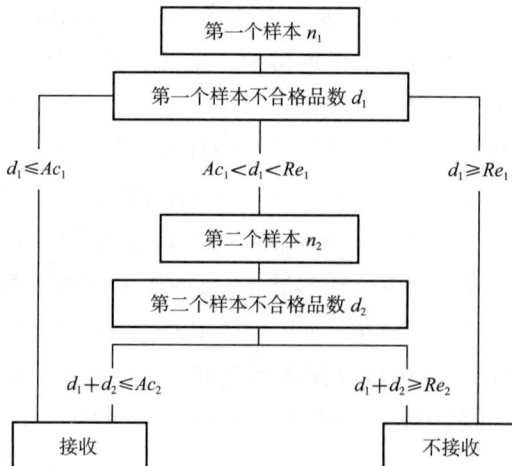

图 5-2　二次抽样检验的判断程序

3）多次抽样检验。多次抽样检验的判定程序基本上是二次抽样检验程序的延续。多次抽样则是允许通过 3 次以上的抽样最终对一批产品合格与否作出判断。通常多次抽样检验所抽取的样品数 n 可相同，也可不同，在方案中规定了合格判定数 Ac 和不合格判定数 Re，其操作程序如图 5-3 所示。图 5-3 中 $Re_i > Ac_i + 1$，至最后一样本时，$Re_k = Ac_k + 1$。当然抽检不一定要进行到 k 次才终止。多次抽样检验具有平均抽样量更少、心理上能被接收的优点，但其方案操作难度高，需专门培训。GB/T 2828.1 规定，抽样方案的最高样本数为五个，也就是五次抽样检验。

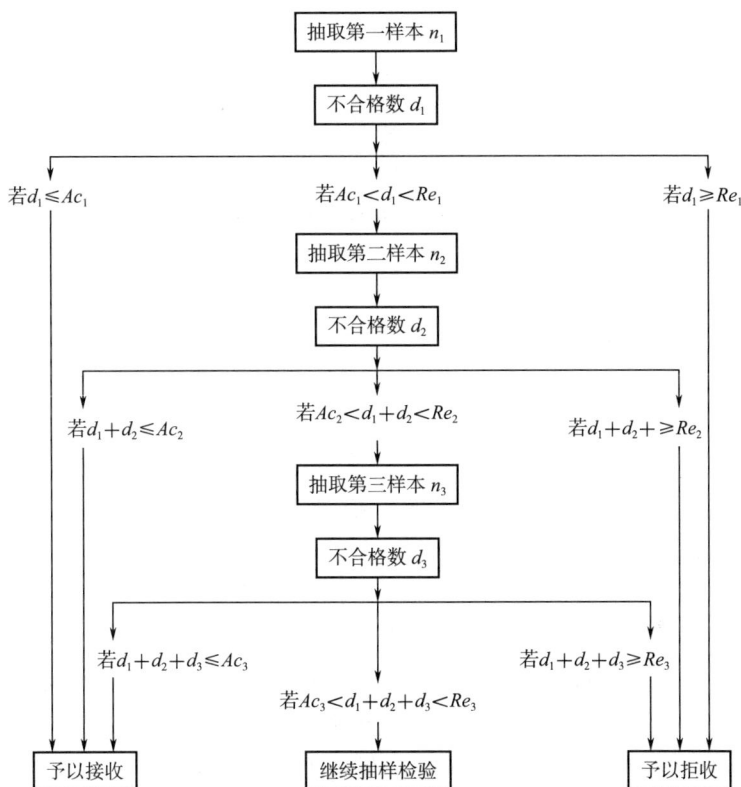

图 5-3　多次抽样检验的判断程序

4）序贯抽样检验。序贯抽样检验又称逐项抽样检验或逐次抽样检验。这种方案不限制抽样次数，每次仅抽取 1 个单位产品进行测试，然后作出合格、不合格或继续抽验的判定，直到能作出批合格与否的判定为止。序贯抽验由于检验量少，特别适用于破坏性检验，优缺点与多次抽验基本相同。

选择采用合适次数的抽样检验需要根据产品检验的具体情况而定。上述三种抽样检验所体现的抽样方案各有其优点和缺点。以根据第一个样本估计检验批的平均质量而论，一次抽样检验最好，二次抽样检验次之，多次抽样检验最差；以每检验批可抽取的平均单位产品数而论，一次抽样检验最多，二次抽样检验次之，多次抽样检验最少；以所需要的检验费用而论，一次抽样检验最高，二次抽样检验次之，多次抽样检验最少；以对供应商的心理影响而论，一次抽样检验最差，二次抽样检验次之，多次抽样检验最好。最后需要指出，无论选择哪一种抽样检验方式，仅影响抽样方案的处理和运用，而不涉及检验结果的可靠性。

（7）接收概率及操作特性（operating characteristic curve，OC）曲线

1）接收概率。接收概率是指当使用一个给定的抽样方案时，具有特定质量水平的批或过程被接收的概率。对确定的抽样方案，如用它来对某个检验批做抽样检验，则该检验批被判为接收是一个随机事件。这一随机事件的发生概率即为抽样方案对检验批的接收概率。

如果批质量水平用批不合格品率 p 表示，则接收概率与批不合格品率 p 有着密切关系；产品质量好，批不合格品率 p 小，接收概率高；反之，接收概率低。接收概率是批质量水平 p 的函数，表示为 $P_a = L(p)$。这个函数称为抽样方案 (n, Ac) 的操作特性函数，记为 OC 函数，具体的计算方法有下列三种：

①超几何分布计算法，计算公式为：

$$L(p) = \sum_{d=0}^{Ac} \frac{C_{Np}^d C_{N-Np}^{n-d}}{C_N^n}$$

式中：C_N^n 为从批量 N 中随机抽取 n 个单位产品的组合数；C_{Np}^d 为从批含有的不合格品数 Np 中抽取 d 个不合格品的全部组合数；C_{N-Np}^{n-d} 为从批含有的合格品数 $N-Np$ 中抽取 $n-d$ 个合格品的全部组合数。

②二项分布计算法，计算公式为：

$$L(p) = \sum_{d=0}^{Ac} C_n^d p^d (1-p)^{n-d}$$

研究表明，当 $n/N \leqslant 0.1$（即样本容量相对总体较小）时，可以用二项分布来近似超几何分布；当 N 较大时，二项分布的计算要比超几何分布的计算方便得多。

③泊松分布计算法，计算公式为：

$$L(p) = \sum_{d=0}^{Ac} \frac{(np)^d}{d!} e^{-np}$$

当 $n/N \leqslant 0.1$ 且 $p \leqslant 0.1$ 时，可以用泊松分布来近似超几何分布；当 n 较大（如 $n \geqslant 100$）、p 较小（如 $p \leqslant 0.1$）、$np \leqslant 4$ 时，可以用泊松分布来近似二项分布。这种近似引起的误差并不影响实际使用，但泊松分布的计算比另两种分布的计算容易得多。

2）操作特性曲线——OC 曲线。接收概率 $L(p)$ 随批质量水平 p 变化的曲线，称为操作特性曲线或 OC 曲线，如图 5-4 所示。

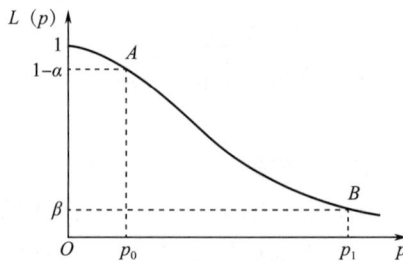

图 5-4　计数标准型一次抽样方案的 OC 曲线

一个抽样方案就一定有一条与之相对应的 OC 曲线，即 OC 曲线与抽样方案 (n, Ac) 是一一对应的关系。每条 OC 曲线反映了它所对应的抽样方案的特性，根据 OC 曲

线，可查知采用该曲线所对应的抽样检验方案验收产品批时，与某一质量水平 p 相对应的 $L(p)$ 值。它定量地告诉人们批质量状况和被接收可能性大小之间的关系，也就是当采用某个抽样方案时，具有不合格品率为 p 的某批产品被判为接收的可能性有多大；或要使检验批以某种概率接收，它应有的批不合格品率 p 是多少。同时，可以通过比较不同抽样方案的 OC 曲线，确定各个抽样方案对产品质量的辨别能力，以便从中选择合适的抽样方案。

3）OC 曲线分析。

①理想的 OC 曲线。如果规定当批的不合格品率 p 不超过 p_t 时，该批产品可以接收，那么理想的抽样方案应当满足：当 $p \le p_t$ 时，接收概率 $L(p) = 1$；当 $p > p_t$ 时，接收概率 $L(p) = 0$。对应的理想的 OC 曲线如图 5-5 所示。

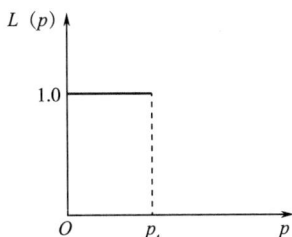

图 5-5 理想的 OC 曲线

然而，由于抽样检验中存在两类错误，所以这样的理想方案实际上是不存在的。即使采用全数检验，也难免出现错检和漏检，很难得到理想的抽样方案。

②不理想的 OC 曲线。例如，对于批量 $N = 10$ 的一批产品，采用抽样方案（1，0）来验收，该抽样方案的 OC 曲线为一条直线，如图 5-6 所示。当批的不合格品率 p 达到 50% 时，接收概率 $L(p)$ 仍有 0.5，对于不合格品率如此之高、质量如此之差的产品，抽检时两批中仍会有一批被接收。可以看出，这个方案对批质量的判断能力是很差的，因此，这是一条很不理想的 OC 曲线。

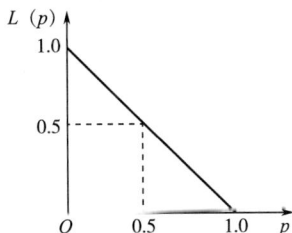

图 5-6 不理想的 OC 曲线

③实际的 OC 曲线。理想的 OC 曲线实际上是不存在的，而不理想的 OC 曲线判断能力又很差，所以就需要设法找到一种既能为实际所用，又能有较大把握判断批质量的抽样方案及其对应的 OC 曲线。实际的 OC 曲线如图 5-7 所示。规定 p_0 和 p_1 两点的位置，它们分别表示希望判为接收的批质量水平和希望判为不接收的批质量水平。

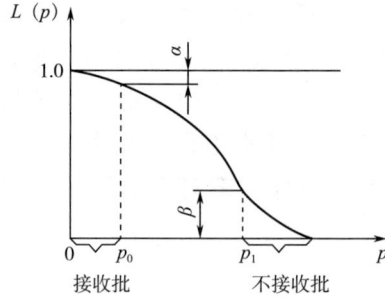

图 5-7　实际的 OC 曲线

OC 曲线可分为 3 个区：接收区，即检验批"几乎能肯定"（高概率）被判为接收的批质量水平范围。不接收区，即检验批"几乎能肯定"（高概率）被判为不接收的批质量水平范围。中性区，即检验批被判为接收或不接收的批质量水平范围。显然，人们希望缩小中性区的范围，通常增大样本含量便可达到这一要求。

对 OC 曲线的评价，实质上是对与之对应的抽样方案的评价。因此，一个好的抽样方案应达到的要求是：当检验批质量较好，如 $p \leqslant p_0$ 时，能以高概率判定接收该批产品；当检验批质量水平变坏时，接收概率迅速降低；当检验批质量水平超过某个规定界限时，如 $p \geqslant p_1$ 时，能以高概率判定不接收该批产品。

4）抽样检验中的两类错误和两类风险。抽样检验是通过样本来判断总体，难免会产生判断错误。在抽样检验中存在两类判断错误：第一类错误是将接收批判断为不接收批，对生产方不利；第二类错误是将不接收批判为接收批，对使用方不利。

如图 5-7 所示，规定 p_0 是合格质量水平，当检验批的实际质量水平 $p \leqslant p_0$ 时，说明批质量是合格的，应 100% 接收该批产品。但由于抽检误差，在 $p = p_0$ 时，检验批的接收概率是 $l-\alpha$，不接收概率为 α。α 是出现第一类错误的概率，因为这种错判对生产方不利，α 称为生产方风险。所谓生产方风险，是指对于给定的抽样方案，当批质量水平刚好为合格质量水平时，判定批不接收的概率。它反映了把接收批错判为不接收批的可能性大小。与生产方风险 α 相对应的质量水平 p_0 称为生产方风险质量水平。

当批实际质量水平 $p \geqslant p_1$ 时，说明批质量不合格，应 100% 不接收该批产品。但实际上当 $p = p_1$ 时，检验批可能会以 β 的概率被接收。β 是出现第二类错误的概率，因为这种错判对使用方不利，β 称为使用方风险。所谓使用方风险，是指对于给定的抽样方案，当批质量水平刚好为某一指定的不合格品百分数时，判定批接收的概率。它反映了把不接收批错判为接收批的可能性大小。与规定的使用方风险 β 相对应的质量水平 p_1 称为使用风险质量。

α 和 β 的计算公式分别为：

$$a = 1 - L(p_0)$$
$$\beta = L(p_1)$$

显然，对生产方而言，α 越小越好；对使用方而言，β 越小越好。在选择抽样方案时，应由生产方和使用方协商，使这两类风险都控制在合理范围内，以保护双方的利益。

5）OC 曲线与 N、n、Ac 之间的关系。抽样特性曲线和抽样方案是一一对应的关系，也就是说有一个抽样方案，就有与之对应的一条 OC 曲线；同时，有一条抽样特性曲线，就有与之对应的一个抽样检验方案。因此，当抽样检验方案变化，即 N、n 和 Ac 变化时，OC 曲线也必然随之发生变化。下面具体讨论 OC 曲线是怎样随着这 3 个参数的变化而变化的。

n、Ac 固定，N 变化。如图 5-8 所示，4 个方案均为（$n=20$、$Ac=0$）的特性曲线，最大的 N 和最小的相差 20 倍，但它的 OC 曲线非常接近，如果按 $N=\infty$、$n=20$、$Ac=0$ 的方案在图上画出 OC 曲线，它将与方案 $N=1000$、$n=20$、$Ac=0$ 的 OC 曲线几乎重合，即 N 对 OC 曲线形状影响很小，所以抽样方案常用 n、Ac 两个数字来表示。当 $N/n \geq 10$ 时，在决定抽样方案时，就可以不考虑批量大小 N 的影响。应当注意的是，抽样检验总会存在误判的可能。所以，如果 N 过大，那么在抽样检验时一旦犯错误，将产品误判为不合格并予以拒收，就会带来巨大的损失。所以在决定批量时，不能为了分摊检验成本而将批量取得过大。

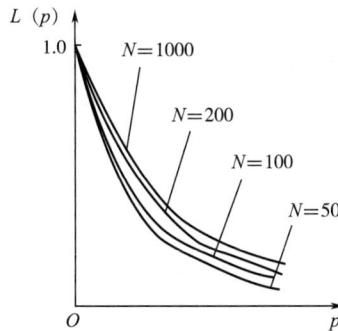

图 5-8　n、Ac 固定，N 变化时的 OC 曲线

N、n 固定，Ac 变化。OC 曲线的变化如图 5-9 所示，当 $N=1000$、$n=50$、Ac 值则由大变小时，曲线由右向左移动且倾斜度变大，相同 p 值时 $L(p)$ 值减小，这表明 OC 曲线对质量变化的反应越敏感，所代表的抽样检验方案越严，对批质量水平的鉴别能力越强。反之，Ac 增加，$L(p)$ 值也增加，方案变宽。

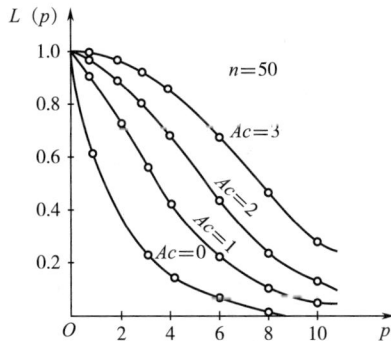

图 5-9　N、n 固定，Ac 变化时的 OC 曲线

曲线往左移动，并不是平行移动，越往左曲线越陡，$L(p)$ 变化较大，也就是灵敏度增加，即 p 值稍有增加，$L(p)$ 变化很大，这种情况是不被希望发生的。从理想情况看，当 p 减小到 $p<p_0$ 时，不仅希望 $L(p)$ 值大，而且希望较稳定，不要发生剧变。当 $Ac=0$ 时，OC

曲线顶部没有拐点，是顶部为尖形的曲线，这类 OC 曲线的顶部接收概率随批质量的变化较敏感，因此生产方的风险较大，故尽量不要使用 $Ac=0$ 的抽样方案。

N、Ac 固定，n 变化。如图 5-10 所示，当 $N=1000$、$Ac=1$ 时，增加 n，曲线往左移，接收概率变小，方案变严且灵敏度也增加。

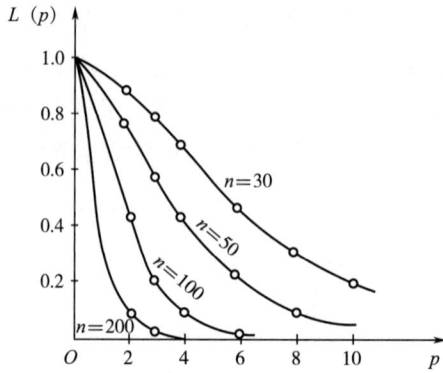

图 5-10　N、Ac 固定，n 变化时的 OC 曲线

6）百分比抽样检验的不合理性。百分比抽样是指不论产品的批量 N 如何，均按同一百分比抽取样本，而在样本中可允许的不合格品数（即接收数 Ac）都是一样的，一般设 $Ac=0$。仅从表面上看，这种抽样方案好像是很公平合理的，其实这种方案是一种很不科学的方案。

设有批量不同但批质量相同（如批不合格品率均为 6%）的三批产品，批量分别为 500、1000 和 2000。根据百分比抽样方案假定抽取样本比例为 5%，接收数 $Ac=2$。则三批产品相应的抽样方案分别为 Ⅰ（25，2）、Ⅱ（50，2）、Ⅲ（100，2）。在确定了抽样方案之后，就可以绘出各抽样方案的 OC 曲线。为便于比较，将三种方案的 OC 曲线绘于同一个坐标系中，如图 5-11 所示。

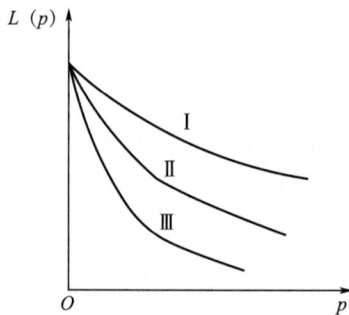

图 5-11　百分比抽样检验的 OC 曲线

从图 5-11 中可以很明显地看出，方案Ⅲ比方案Ⅱ严，方案Ⅱ比方案Ⅰ严。也就是说百分比抽样是大批严、小批宽，即对批量大的检验批提高了验收标准，而对批量小的检验批却降低了验收标准。对相同质量水平的产品却采用了不同的验收标准，可见百分比抽样是不合理的。

为了克服上述百分比抽样检验的不合理性，有人提出了双百分比抽样检验方式，即除了 n 随 N 变化外，接收数也随 n 呈固定比例变化。这样做虽然比单百分比抽样检验合理，但未能从根本上消除百分比抽样检验的不合理性，仍然存在着对批量过大者严格、对批量过小者宽松的弊端。

5.2.2 计数标准型抽样检验

（1）计数标准型抽样检验的原理

所谓标准型抽样检验，就是同时规定对生产方的质量要求和对使用方的质量保护要求的抽样检验过程，是指同时适合于生产方风险质量、使用方风险质量、生产方风险和使用方风险的抽样检验方案。典型的标准型抽样检验方案是这样确定的：事先确定两个质量水平 p_0 与 p_1，$p_0 < p_1$。希望不合格品率为 p_1 的批尽可能不被接收，设其接收概率 $L(p_1) = \beta$；希望不合格品率为 p_0 的批尽可能高概率被接收，设其不接收概率 $1 - L(p_0) = \alpha$。一般规定 $\alpha = 0.05$，$\beta = 0.10$。这样，这种抽样检验方案的 OC 曲线应通过 A、B 两点，如图 5-12 所示。

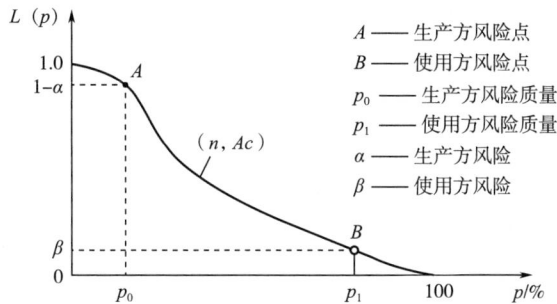

图 5-12　OC 曲线

在对检验批进行抽样检验时，如果一个抽样检验方案把 A、B 两点控制住了，就等于既保护了生产方的经济利益，又保证了使用方对产品批的质量要求。

（2）计数标准型抽样标准

标准型抽样检验方案适用于孤立批，适用于使用方对每批产品的质量要求较严格，或对供方所提供的产品质量历史无所了解时。除了可以应用于最终产品、零部件和原材料外，还可以应用于操作、在制品、库存品、维修操作、数据或记录、管理程序等。

我国发布的计数标准型抽样检验国家标准有：当批量 $N > 250$ 时，采用 GB/T 13262—2008《不合格品百分数的计数标准型一次抽样检查程序及抽样表》；当 $N < 250$ 时，采用 GB/T 13264—2008《不合格品百分数的小批计数抽样检验程序及抽样表》。

（3）计数标准型抽样检验方案的实施

1）规定单位产品的质量特性。在技术标准和合同中，应对单位产品需抽样检验的质量特性以及接收与否的判定准则做出规定。

2）规定质量特性不合格的分类与不合格品的分类。ISO 9000 对不合格的定义为："未满足要求"。产品对照产品图样、工艺文件、技术标准进行检验和试验，有一个或多个质量特性不符合（未满足）规定要求，即为不合格。

根据单位产品质量特性重要程度或质量特性不符合的严重程度，将不合格（缺陷）分为 A 类、B 类及 C 类三种。单位产品极重要的质量特性不符合要求，或单位产品的质量特性极严重不符合要求，称为 A 类不合格；单位产品的重要质量特性不符合要求，或单位产品的质量特性严重不符合要求，称为 B 类不合格；单位产品的一般质量特性不符合要求，或单位产品的质量特性轻微不符合要求，称为 C 类不合格。根据产品的实际情况，也可分为少于三种或多于三种类别的不合格。

按照质量特性不合格的分类，分别划分不合格品的类别。不合格品通常按不合格的严重程度分类，如 A 类不合格品，包含一个或一个以上 A 类不合格，同时还可能包含 B 类不合格和 C 类不合格的产品。B 类不合格品，包含一个或一个以上 B 类不合格，同时还可能包含 C 类不合格，但不包含 A 类不合格的产品。C 类不合格品，仅有 C 类不合格的产品。

3）生产方风险质量与使用方风险质量的规定。对批量生产的产品，在产品技术标准中规定了产品的批质量要求（合格质量水平）。确定生产方风险质量 p_0 和使用方风险质量 p_1，应根据产品技术标准中对批质量的要求，综合考虑对双方的保护、抽检的经济性等因素，由生产方和使用方协商确定。一般来说，生产方风险质量应等于合格质量水平。

原则上，应按不合格品的分类分别规定不同的 p_0 或 p_1 值。例如，一般对 A 类不合格品规定的 p_0 值要小于对 B 类不合格品规定的 p_0 值，对 C 类不合格品规定的 p_0 值要大于对 B 类不合格品规定的 p_0 值。同样的要求也适用于对 p_1 值的确定。

此外，在确定 p_0 和 p_1 值时，也要注意 p_1/p_0 值的大小。如果 p_1/p_0 过小，增加抽查个数，使检验费用增加；而如果 p_1/p_0 过大，则又会增大使用方风险。通常当 α 为 0.05，β 为 0.10 时，p_1/p_0 值取 4~10 为宜。

总之，确定 p_0 和 p_1 时，要综合考虑生产能力、制造成本、产品不合格对顾客造成的损失、质量要求和检验费用等因素。

4）检查批的组成。单位产品经简单汇集组成检验批。组成批的基本原则是同一批内的产品应由同一种类、同一规格型号，且工艺条件和生产时间基本相同的单位产品组成。批的组成、批量大小以及标识批的方式等，应由生产方与使用方协商确定。通常，体积小、质量稳定的产品，批量可以适当大些。但是，过大的批量很难得到有代表性的样本，并且一旦被拒收，会造成较大的经济损失。这也是生产方需要考虑的一点。

5）抽样方案的检索。检索 GB/T 13262，在抽样表中给出了用 p_0、p_1 检索的一次抽样方案。p_0 的值从 0.095% 至 10.5% 共 42 档；p_1 的值从 0.75% 至 34% 共 34 档，在 p_0、p_1 相交栏给出了抽样方案。

抽样方案检索的具体步骤如下：在 GB/T 13262 中找到规定的 p_0 和 p_1 所在行和列；p_0 行与 p_1 列相交栏即为抽样方案，栏中左侧数值为样本量 n，右侧数值为接收数 Ac；若求出的样本量 n 值大于批量，应进行全数检查。

【例】规定 p_0=0.370%，p_1=1.70%，检索计数标准型一次抽样方案。

解：从 GB/T 13262 中找出含有 p_0 为 0.370% 的一行（0.356%~0.400%），含有 p_1 为 1.70% 的一列（1.61%~1.80%），在行列相交栏中查到（490,4），即抽样方案样本量 n 为 490，接收数 Ac 为 4。

6）样本的抽取。样本应从整批中随机抽取，可在批构成之后或在批的构成过程中进行。

通常采用的取样方法是随机抽样法。随机抽样包含简单随机抽样、分层随机抽样、整群随机抽样和系统随机抽样等方法。

7）样本的检验。根据技术标准或合同等有关文件规定的试验、测量或其他方法，对抽取的样本中每一个单位产品逐个进行检验，判断是否合格，并统计出样本中的不合格品总数 d。

8）判定准则。根据样本检验结果，若样本中发现的不合格品数 d 小于或等于接收数 Ac，则接收该批；若样本中发现的不合格品数 d 大于接收数 Ac，则认为该批不合格，不接收该批。

9）验批的处置。对判为接收的批，使用方应整批接收，并剔除样本中的不合格品，同时允许使用方在协商的基础上向生产方提出某些附加条件。如果批已被接收，使用方有权不接收发现的任何不合格品，而不管该产品是否构成样本的一部分。

若对抽样检验的结果有异议可进行复检，在复检时可以进行全检，通过全检可得到批的实际质量水平。当批的实际质量水平劣于合格质量水平时，该批是不合格批；当批的实际质量水平优于合格质量水平时，该批是合格批。

【例】某食品加工厂与某客户商定，当食品厂所提供产品批的不合格品率小于3%时，客户以高于95%的概率接收；当不合格品率大于12%时，客户将以低于10%的概率接收。请制定计数标准型一次抽样检验方案。

解：因为 $p_0 = 3\%$，$p_1 = 12\%$，从 GB/T 13262—2008 中查出 p_0 为 2.81%~3.15% 的这一行及 p_1 为 11.3%~12.5% 的这一列，其交点所对应的数字为（66，4）。所以这一标准型一次抽样检验方案是 $n = 66$，$Ac = 4$，即（66，4）。

本例中，如果 p_0 不变，而规定 $p_1 = 6\%$，那么从表中查得的方案将变成（415，18），检验工作量将为原来的6倍多。故生产方与使用方商定 p_0 与 p_1 时，两者之比不能太靠近1，否则会造成 n 的值太大而增加检验工作量。

5.2.3 计数调整型抽样检验

（1）计数调整型抽样检验概述

计数调整型抽样检验是指根据一系列批质量的变化情况，按一套规则随时调整检验严格程度的抽样检验过程。计数调整型抽样检验方案不是一个单一的抽样检验方案，而是由一组严格程度不同的抽样检验方案和一套转移规则组成的抽样体系。当产品质量正常时，采用正常检验；当产品质量下降或生产不稳定时，转移到加严检验；如果质量一直比较好，可转移到放宽检验。

计数调整型抽样检验方案的选择完全依赖于产品的实际质量，检验的宽严程度就反映了产品质量的优劣。一旦发现批质量变坏时，将正常检验调整转移到加严检验，目的是通过批不被接收而使生产方在经济上和心理上产生压力，促使其将过程平均质量水平值保持在规定的接收质量限以下，同时给使用方接收劣质批的概率提供一个上限，从而保护了使用方的利益。若质量一贯保持较高的水平，采用放宽检验可以减少检验费用，对生产方是有利的。

计数调整型抽样检验适用于最终产品、零部件和原材料、操作、在制品、库存品、维修操作、数据或记录、管理程序等，主要是为适用连续系列批的检验而设计的，但是，当满足一定要求时，也可用于孤立批的检验。

（2）接收质量限及其作用

接收质量限（acceptance quality limit，AQL）是指当一个连续系列批被提交验收抽样时，可容忍的最差过程平均质量水平，即在抽样检验中，认为满意的连续提交批的过程平均的上限值。它是控制最大过程平均不合格品率的界限，是计数调整型抽样方案的设计基础。

AQL 是整个抽样系统的基础，是制订抽样方案的重要参数。抽样表是按 AQL 设计的。在 GB/T 2828.1 中，AQL 用于检索抽样方案。

抽样系统的设计原则是：当生产方提交了等于或优于 AQL 的产品批时，抽样方案应保证绝大多数的产品批被接收，以保护生产方的利益；当生产方提交的产品批质量水平低于 AQL 的产品批时，将正常检验转换为加严检验，这样，生产方就要被迫改进质量，从而保护使用方的利益。在抽样系统中规定了从正常检验转为加严检验的内容和规则，这是基于 AQL 的整个抽样系统的核心。

在调整型抽样表中，AQL 值自 0.010 至 1000 有 26 个档值，应用时需从中选择。对于表中的 AQL 值，自 0.010 至 10 的 16 个档值对不合格品百分数或每百单位产品不合格数均适用，而自 15 至 1000 的 10 个档值仅适用于每百单位产品不合格数表示的质量水平。当以不合格品百分数表示质量水平时，档值加上"%"才表示 AQL 值，如档值"0.10"实际表示 AQL＝0.10%。当以每百单位产品不合格数表示时，档值表示每 100 个单位产品所有的不合格总数，如档值"250"实际表示每 100 个单位产品有 250 个不合格或平均每个单位产品中有 2.5 个不合格。

（3）计数调整型抽样检验程序

计数调整型抽样标准 GB/T 2828.1 由三部分组成：正文、主表和辅助图表。正文给出了标准所用到的名词术语和实施检验的规则；主表部分包括样本量字码表及正常、加严和放宽检验的一次、二次和五次抽样表；辅助图表给出了方案的 OC 曲线、平均样本量 ASN 曲线和数值。根据 GB/T 2828.1 的规定，计数调整型抽样检验的使用程序如下：

1）确定质量标准。明确规定质量特性合格与不合格（缺陷）的标准。根据产品特点和实际需要，将产品分为 A、B、C 类不合格或不合格品。

2）确定接收质量限。方案的严格程度，主要决定于 AQL 值的大小，所以 AQL 值的确定应在保证产品主要性能的前提下，根据产品的重要程度、实际价值、生产方的质量保证能力、产品成本等各种因素，通常，AQL 值的确定要综合考虑以下 5 个方面的因素：

使用方的质量要求。当使用方提出必须保证的质量水平时，可将该质量水平作为确定 AQL 值的主要依据。但 AQL 值并不是可以任意选取的，在计数调整型抽样检验方案中，AQL （%）只能采用 0.01，0.015，…，1000，共 26 档。

生产方的过程平均。根据生产方近期提交的初检批的样本检验结果，对过程平均上限加以估计，与此值相等或稍大的标称值如能被使用方接受，则可作为 AQL 值。此种方法多用于单一品种大批量生产且质量信息充分的场合。

产品不合格的类别。对于不同的不合格类别的产品，分别规定不同的 AQL 值。越是重要的检验项目，验收后的不合格品造成的损失越大，越应制定严格的 AQL 值。一般对 A 类规定的 AQL 值要小于对 B 类规定的 AQL 值，对 C 类规定的 AQL 值要大于对 B 类规定的 AQL 值。

此种方法多用于多品种、小批量生产及产品质量信息不多的场合。

检验项目的多少。当同一类的检验项目有多个时，AQL 的取值应比只有一个检验项目时适当大一些。

双方共同确定 AQL 值。为使使用方要求的质量与生产方的生产能力协调，双方可协商确定 AQL 值，这样可减少双方由 AQL 引起的纠纷。

3）检验水平。检验水平是抽样方案的一个事先选定的特性，反映批量Ⅳ与样本含量 n 之间的关系。当批量 N 确定时，只要明确检验水平，就可以检索到样本量字码和样本量 n。在 GB/T 2828.1 中，规定了 7 种检验水平，分为两类：一般检验水平和特殊检验水平。3 个一般检验水平Ⅰ、Ⅱ、Ⅲ。无特殊要求时均采用一般检验水平Ⅱ。4 个特殊检验水平 S-1、S-2、S-3、S-4。特殊检验水平又称小样本检验水平，可用于必须使用相对小的样本量，并且允许有较大抽样风险的情形。

不同检验水平，当批量一定时，要求的样本含量不一样。一般检验水平的样本含量比率约为 0.4∶1∶1.6。可见，检验水平Ⅰ比检验水平Ⅱ判断能力低，而检验水平Ⅲ比检验水平Ⅱ判断能力高。表 5-2 为一次正常检验水平的批量与样本之间的关系。

表 5-2 一次正常检验水平的批量与样本之间的关系

$n/N/\%$	水平Ⅰ N	水平Ⅱ N	水平Ⅲ N
≤50	≥4	≥4	≥10
≤30	≥7	≥27	≥167
≤20	≥10	≥160	≥625
≤10	≥50	≥1250	≥2000
≤5	≥640	≥4000	≥63000
≤1	≥2500	≥50000	≥80000

同一检验水平，当批量增大时，样本含量也会相应增大，但不是成比例地增大，即批量越大，样本含量占的比例越小。建立这种关系的好处是大批量时能得到较大的样本，因而易于保证获得一个有代表性的随机样本，减少错判的风险，不使样本含量随批量增大而成比例地增大，有利于抽样的经济性。

检验水平和抽样方案对生产方和使用方提供的质量保护程度有关。由图 5-13 可知，当检验水平变化时，对 α 的影响不大，但对 β 的影响比较大。由此看出，不同检验水平对生产方提供的质量保护接近一致，但对使用方提供的保护则有明显不同。随着检验水平由低（如Ⅰ）到高（如Ⅲ），OC 曲线变陡，使用方风险明显减小，即对使用方提供了更好的质量保护。这时，抽样方案区分优质批和劣质批的能力得到加强。

选择检验水平的原则是：a. 产品的复杂程度与价格。构造简单且价格低的产品，选择较低的检验水平；反之，选择高检验水平。检验费用高的产品宜选用低检验水平。b. 是否为破坏性检验。进行破坏性检验时，选择低检验水平或特殊检验水平。c. 保护使用方的利益。如果想让大于 AQL 的劣质批尽量不合格，则宜选用高检验水平。d. 生产的稳定性。稳定连续性生产宜选用低检验水平；不稳定或新产品生产宜选用高检验水平。e. 各批之间质量的差异程度。批间质量差异小而且检验总是合格的产品批，选用低检验水平；反之，选用高检验水平。f. 批内产品质量波动的大小。批内产品质量波动比标准的波动幅度小的，选用低检验水平；反之，选用高检验水平。

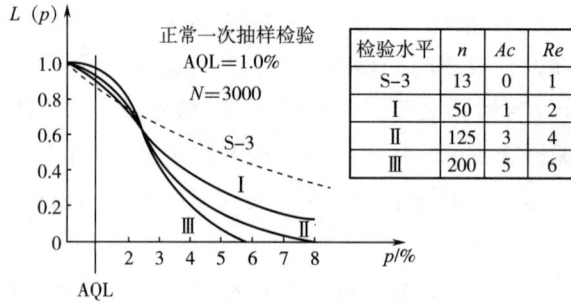

图 5-13　当检验水平变化的 OC 曲线

4）检索样本量字码表。GB 2828.1 给出了样本量字码表（表 5-3）。当已知批量 N 且确定检验水平时，便可以从该表中查出相应的字码 A、B、C 等与各种检验方案表中的样本量 n 呈对应关系。采用样本量字码表是为了简化抽样表的设计和方便抽样方案的检索，这也是调整型抽样检验方案表的构成特点。

表 5-3　样本量字码表

批量 N	特殊检验水平				一般检验水平		
	S-1	S-2	S-3	S-4	Ⅰ	Ⅱ	Ⅲ
2~8	A	A	A	A	A	A	B
9~15	A	A	A	A	A	B	C
16~25	A	A	B	B	B	C	D
26~50	A	B	B	C	C	D	E
51~90	B	B	C	C	C	E	F
91~150	B	B	C	D	D	F	G
151~280	B	C	D	E	E	G	H
281~500	B	C	D	E	F	H	J
501~1200	C	C	E	F	G	J	K
1201~3200	C	D	E	G	H	K	L
3201~10000	C	D	F	G	J	L	M
10001~35000	C	D	F	H	K	M	N
35001~150000	D	E	G	J	L	N	P
150001~500000	D	E	G	J	M	P	Q
500001 及以上	D	E	H	K	N	Q	R

例如，已知批量 $N=1000$，检验水平为 Ⅱ，由表 5-3 查得样本量字码为 "J"。当然，要想知道与 J 对应的样本量具体值，还需要确定检验方式和检验宽严程度。

5）规定检验的严格程度。检验的严格程度是指检验批接受检验的宽严程度。在 GB/T 2828.1 中规定了 3 种严格程度不同的检验：正常检验、加严检验和放宽检验。

①正常检验。正常检验是指当过程平均优于 AQL 值时，所使用的一种能保证批以高概率被接收的抽样方案的检验。正常检验可以较好地保护生产方的利益。

②加严检验。加严检验是指使用比相应的正常检验抽样方案接收准则更为严格的接收准则的一种抽样方案的检验。当连续批的检验结果表明过程平均可能劣于 AQL 值时，应进行加严检验，以更好地保护使用方的利益。与正常检验相比，加严检验原则上不变动样本含量，但是接收数减小。加严检验是带有强制性的。

③放宽检验。放宽检验是指使用样本量比相应的正常检验抽样方案的样本量小，接收准则和正常检验抽样方案的接收准则相差不大的一种抽样方案的检验。当连续批的检验数据表明过程平均明显优于 AQL 值时，可进行放宽检验。放宽检验的样本量一般为正常检验样本量的 40%，可以节省检验成本。放宽检验是非强制性的。

在检验开始时，一般采用正常检验；对于加严检验和放宽检验，要根据已经检验的信息和转移规则选择使用。从一种检验状态向另一种检验状态转变的规则称为转移规则（图 5-14）。GB/T 2828.1 的转移规则如下：从正常检验到加严检验。当正在采用正常检验时，只要初次检验中连续 5 批或少于 5 批中有 2 批不被接收，就应转移到加严检验。从加严检验到正常检验。当正在采用加严检验时，如果初次检验中连续 5 批被接收，就应恢复正常检验。从正常检验到放宽检验。当正在采用正常检验时，如果下列各条件均满足，则应转移到放宽检验：a. 当前的转移得分至少是 30 分；b. 生产稳定；c. 负责部门同意使用放宽检验。其中，转移得分的计算一般是在正常检验开始时进行的。在正常检验开始时，转移得分设定为 0，而在检验完每个批以后应更新转移得分。

一次抽样方案转移得分的计算方法如下：当接收数大于或等于 2 时，如果当 AQL 加严一级后该批被接收，则给转移得分加 3 分；否则，将转移得分重新设定为 0。当接收数为 0 或 1 时，如果该批被接收，则给转移得分加 2 分；否则，将转移得分重新设定为 0。

【例】对批量 $N=1000$ 的某产品，采用 AQL=1.0%、检验水平为 Ⅱ 的一次正常检验，查得正常检验一次抽样方案为（80，2），AQL 加严一级，即 AQL=0.65%，此时正常检验一次抽样方案为（80，1）。连续 15 批的检验，记录每批中不合格品数依次为 1，2，1，1，2，1，1，1，0，1，1，0，1，0，1。

解：正常检验一次抽样方案的接收数为 2，加严检验的接收数为 1，只有检验批中的不合格品数小于或等于 1 时，该批产品转移得分为 3 分，否则为 0。从正常检验开始，转移得分设定为 0，第 1 批接收，转移得分为 3 分，第 2 批的不合格品数为 2，判接收，但转移得分为 0，并且转移得分重新设定为 0；第 3 批判接收，转移得分为 3 分；第 4 批接收，转移得分为 6 分，第 5 批转移得分 0 分，重新设定为 0 分；第 6 批至 15 批的 10 批产品全部被接收，每批的转移得分依次为 3，0，3，6，0，3，6，9，12，15，18，21，24，27，30。

从放宽检验到正常检验。当正在进行放宽检验时，如果初次检验出现下列任何一种情况，则应恢复正常检验：a. 1 批不被接收。b. 生产不稳定，生产过程中断后恢复生产。c. 有恢复正常检验的其他正当理由。

暂停检验。在初次加严检验一系列连续批中，当不被接收批累计达到 5 批时，应暂时停止检验。只有当采取了改进产品质量的措施，并且负责部门认为此措施有效时，才能恢复检验。恢复检验应从加严检验开始。

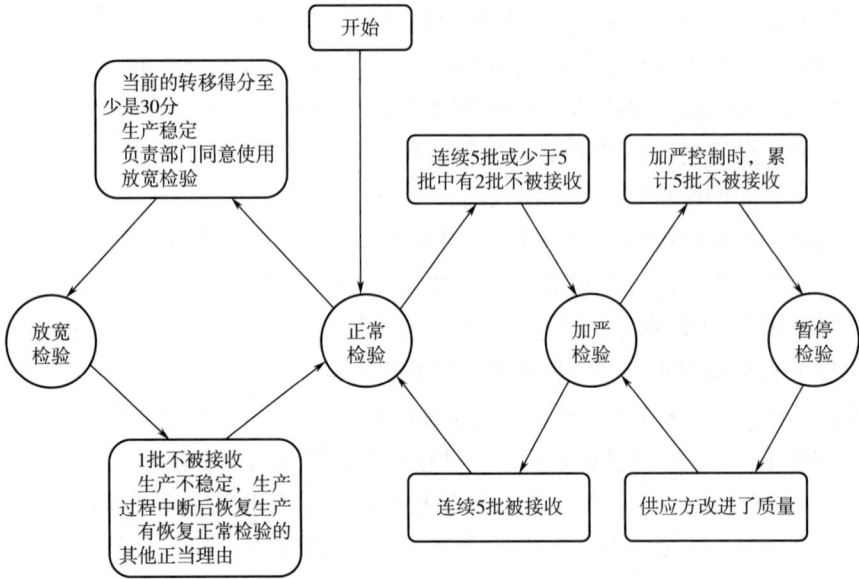

图 5-14　转移规则

6）选取抽样方案类型。在 GB/T 2828.1 中分别给出了一次、二次和五次三种类型的抽样方案。对于同一个 AQL 值和同一个样本量字码，可以采用其中任何一种类型的抽样方案，其 OC 曲线基本上是一致的，也就是它们对批质量的鉴别能力是一样的。具体采用哪种抽样方案，可以根据实际情况，由供需双方协商确定。表 5-4 给出了一次、二次和五次抽样方案的比较，供参考。必须注意的是，在选定某一种抽样方案以后，在检验过程中，不允许由一种抽样方案改变为另一种抽样方案。

表 5-4　一次、二次和五次抽样方案的比较

项目	一次	二次	五次
每批平均检验个数	最大	中间	最少
检验工作量的波动	不变	变动	变动
检验人员的知识要求	较低	中间	最高
检验人员和设备的利用率	最好	中间	最差
检验费用	最多	中间	最少
行政费用	最少	中间	最多
对供方心理上的影响	最差	中间	最好
管理要求	简单	中间	复杂
对产品批的质量保证	相同		

7）组成检验批。检验批可以是投产批、运输批、销售批，但每个批应该由同型号、同等级、同类型、同尺寸、同成分，并且生产条件和生产时间基本相同的产品组成。

8）检索抽样方案。抽样方案的检索首先根据批量 N 和检验水平从样本字码表中检索出相应的样本量字码，再根据样本量字码和 AQL，从 GB/T 2828.1 中检索抽样方案。对于一个规定的 AQL 和一个给定的批量，应使用 AQL 和样本量字码的同一组合从正常、加严和放宽检验表检索抽样方案。

【例】某公司采用 GB 2828.1 对购进的原材料进行检验，规定 AQL＝1.5%，检验水平为Ⅱ，求 N＝2000 时的正常检验一次抽样方案。

解：从样本字码表中（表5-2）找出 N＝2000 和检验水平Ⅱ的相交处字码为 K。在 GB/T 2828.1 的正常检验一次抽样方案中 K 所在行向右，在样本大小栏内读出 n＝125；由 K 所在行与 AQL＝1.5% 所在列相交处读出（5，6），检索出的正常检验一次抽样方案为：n＝125，Ac＝5，Re＝6。

由同一样本量字码 K 和 AQL 可以检索出加严检验一次抽样方案和放宽检验一次抽样方案。加严检验一次抽样方案 n＝125，Ac＝3，Re＝4；放宽检验一次抽样方案 n＝50，Ac＝3，Re＝4。

【例】设 N＝500，AQL＝250% 不合格，规定采用检验水平Ⅱ，给出一次正常、加严和放宽抽样方案。

解：由批量 N＝500，检验水平Ⅱ，查得样本量字码为 H。

由正常检验一次抽样方案查得 n＝50，在 n＝50，AQL＝250% 处无适用方案，可以使用箭头上面的第一个抽样方案，查得判定组数为（44，45）。根据同行原则，应使用样本量字码 E，n＝13。

同理，查得一次抽样方案为：

正常检验一次抽样方案 n＝13，Ac＝44，Re＝45。

加严检验一次抽样方案 n＝13，Ac＝41，Re＝42。

放宽检验一次抽样方案 n＝5，Ac＝21，Re＝22。

9）抽取样本。一般应按简单随机抽样从批中抽取样本。当检验批由若干层组成时，就以分层抽样方法抽取样本。抽取样本的时间可以在批的形成过程中，也可以在批组成以后。

10）检验样本。根据产品技术标准或合同中对单位产品规定的检验项目，逐个对样本中的单位产品进行检验，并累计不合格品数或不合格数（当不合格分类时应分别累计）。

11）判断批的接收性。在 GB/T 2828.1 中包括一次、二次和五次抽样方案。对于一次抽样方案，若样本中的不合格品数 $d \leqslant Ac$，则判定接收该批产品；若 $d > Ac$，则判定不接收该批产品。对于二次抽样方案，若第一个样本中的不合格品数 $d_1 \leqslant Ac_1$，则判定接收该批产品；若 $d_1 \geqslant Re_1$，则判定不接收该批产品。若 $Ac_1 \leqslant d \leqslant Re_1$，则需要抽取第二个样本，累计 d_1 和 d_2，$d_1 + d_2 \leqslant Ac_2$ 判定接收该批产品，$d_1 + d_2 \geqslant Re_2$，判定不接收该批产品。五次抽样方案类似于二次抽样方案，最多在检验第五个样本后做出是否接收的判断，即做出"接收"还是"不接收"的结论。

对于产品具有多个质量特性且分别需要检验的情形，只有当该批产品的所有抽样方案检验结果均为接收时，才能判断最终接收该批产品。

12）检验批的处理。对判为接收的批，使用方应整批接收。但使用方有权不接收样本中发现的任何不合格品，生产方必须对这些不合格品加以修理或用合格品替换。对不接收的产品批可以做降级、报废处理；也可以在对不合格批进行100%检验的基础上，将发现的不合格品剔除或修理好以后，再次提交检验。对于再次提交检验的批，是使用正常检验还是加严检验，是检验所有类型的不合格还是仅仅检验成批不合格的个别类型的不合格，均由使用方决定。

【例】对批量为4000的某产品，采用AQL=1.5%，检验水平为Ⅲ的一次正常检验，连续25批的检验记录如表5-5所示，试探讨检验的宽严程度及结果。

表5-5　正常检验的连续25批的检验记录

批号	抽样方案				检验结果		
	N	n	Ac	Re	不合格数	批是否合格	接收/拒收
1	4000	315	10	11	7	合格	接收
2	4000	315	10	11	2	合格	接收
3	4000	315	10	11	4	合格	接收
4	4000	315	10	11	11	不合格	拒收
5	4000	315	10	11	9	合格	接收
6	400	315	10	11	4	合格	接收
7	4000	315	10	11	7	合格	接收
8	4000	315	10	11	3	合格	接收
9	4000	315	10	11	2	合格	接收
10	4000	315	10	11	12	不合格	拒收
11	4000	315	10	11	8	合格	接收
12	4000	315	10	11	11	不合格	拒收
13	4000	315	8	9	7	合格	接收
14	4000	315	8	9	8	合格	接收
15	4000	315	8	9	4	合格	接收
16	4000	315	8	9	9	不合格	拒收
17	4000	315	8	9	3	合格	接收
18	4000	315	8	9	5	合格	接收
19	4000	315	8	9	3	合格	接收
20	4000	315	8	9	1	合格	接收
21	4000	315	8	9	6	合格	接收
22	4000	315	10	11	7	合格	接收
23	4000	315	10	11	2	合格	接收
24	4000	315	10	11	5	合格	接收
25	4000	315	10	11	3	合格	接收

解：从正常检验开始，第 4 批和第 10 批遭拒收，但未造成转换为加严检验条件。从第 8 批起到第 12 批为止的连续 5 批中有 2 批不合格，符合转换为加严检验的条件。因此从第 13 批开始由正常检验转为加严检验。从第 17 批起到第 21 批止的连续 5 批加严检验合格，因此从第 22 批开始由加严检验恢复为正常检验。

上例中，如果连续 25 批的检验结果如表 5-6 所示，请重新探讨检验的宽严程度及结果。

表 5-6　连续 25 批的检验记录

批号	抽样方案				检验结果		
	N	n	Ac/Ac_j	Re	不合格数	转移得分	接收/拒收
1	4000	315	10/7	11	6	3	接收
2	4000	315	10/7	11	9	0	接收
3	4000	315	10/7	11	5	3	接收
4	4000	315	10/7	11	6	6	接收
5	4000	315	10/7	11	9	0	接收
6	400	315	10/7	11	4	3	接收
7	4000	315	10/7	11	3	6	接收
8	4000	315	10/7	11	4	9	接收
9	4000	315	10/7	11	3	12	接收
10	4000	315	10/7	11	5	15	接收
11	4000	315	10/7	11	3	18	接收
12	4000	315	10/7	11	4	21	拒收
13	4000	315	10/7	9	3	24	接收
14	4000	315	10/7	9	3	27	接收
15	4000	315	10/7	9	4	30	接收
16	4000	315	5	6	2		接收
17	4000	315	5	6	1		接收
18	4000	315	5	6	2		接收
19	4000	315	5	6	3		接收
20	4000	315	5	6	3		接收
21	4000	315	5	6	2		接收
22	4000	315	10/7	11	3		接收
23	4000	315	10/7	11	6		拒收
24	4000	315	10/7	11	6	3	接收
25	4000	315	10/7	11	6	6	接收

注　Ac_j 为 AQL 加严一级后相应的抽样方案的合格判定数。

解：根据表 5-6，第 15 批累计转移得分达到 30 分，故从第 16 批开始放宽检验。由于第 23 批不接收，从第 24 批开始恢复正常检验。

5.2.4　计量抽样检验

（1）计量抽样检验概述

当质量特性是计量值时，衡量一批产品的质量有多种方法，其中最常见的是用批中所有单位产品的特性值的均值 μ 表示批质量的情况。根据用户对产品质量的要求，有的要求 μ 越大越好，即质量特性有下规格限，有的要求 μ 越小越好，即质量特性有上规格限，也有的规定了质量特性的双侧规格限。

假定质量指标 x 服从正态分布 $N(\mu, \sigma^2)$，由于 μ 通常是未知的，因而需要从该批产品中抽取 n 个产品测定其特性值，然后用样本的均值进行估计，对不同的质量要求有不同的接收判断规则。

1）对仅有下规格限的情况：由于要求指标值越大越好，因此可以定一个 K_L，当 $\bar{x} \geq K_L$ 时接收该批产品，否则就拒收该批产品。此时计量一次抽样检验方案可以用 (n, K_L) 表示。

2）对仅有上规格限的情况：由于要求指标值越小越好，因此可以定一个 K_U，当 $\bar{x} \leq K_U$ 时接收该批产品，否则就拒收该批产品。此时计量一次抽样检验方案可以用 (n, K_U) 表示。

3）对双侧规格限的情况：由于指标值不能太大也不能太小，要求其接近某规格值 μ_0，因此可以确定 K_L 与 K_U，当 $K_L \leq x \leq K_U$ 时接收该批产品，否则就拒收该批产品。此时计量一次抽样检验方案可以用 (n, K_L, K_U) 表示。

（2）具有下规格限的计量标准型一次抽样检验方案的实施

1）接收概率。对具有下规格限的抽样检验方案 (n, K_L) 来讲，当 $\bar{x} \geq K_L$ 时接收该批产品，否则就拒收，其接收概率是 μ 的函数，可以用 $L(\mu)$ 来表示。根据正态分布的性质，$\bar{x}$ 服从 $N(\mu, \sigma^2/n)$，当 σ 已知时有：

$$L(\mu) = P(\bar{x} \geq K_L) = 1 - \Phi\left(\frac{K_L - \mu}{\sigma/\sqrt{n}}\right)$$

随着 μ 的增大，$L(\mu)$ 也增大，如图 5-15 所示。

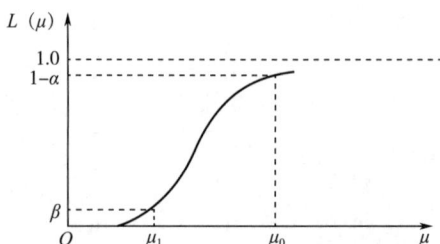

图 5-15　具有下规格限的计量标准型一次抽样检验方案的 OC 曲线

2）抽样方案的确定。为制定计量标准型一次抽样检验方案要求同时控制两种错判的概率。因此为制订方案 (n, K_L)，需要生产方与使用方协商两个质量指标的均值 μ_0、μ_1（$\mu_0 >$ μ_1），从保护生产方利益的观点提出一个批质量指标均值 μ_0，当批质量指标均值 $\geq \mu_0$ 时，要求以大于或等于 $1-\alpha$ 的高概率接收；另外从保护使用方利益出发提出一个批质量指标均值 μ_1，当批质量指标均值 $\leq \mu_1$ 时，要求以小于或等于 β 的低概率接收，即：

$$\begin{cases} L(\mu_0) \geq 1 - \alpha（当 \mu \geq \mu_0 时） \\ L(\mu_1) \leq \beta（当 \mu \leq \mu_1 时） \end{cases}$$

故要制订一个计量标准型一次抽样检验方案，应该事先给定生产方风险 α、使用方风险 β、双方可以接受的合格批质量指标均值 μ_0 与极限批质量指标均值 μ_1 这 4 个值。按接收概率 $L(\mu)$ 是 μ 的增函数的特点，从下面两个式子中解出 (n, K_L)。

$$\begin{cases} L(\mu_0) = 1 - \alpha \\ L(\mu_1) = \beta \end{cases}$$

即：

$$\begin{cases} L(\mu_0) = 1 - \Phi\left(\dfrac{K_L - \mu_0}{\sigma / \sqrt{n}}\right) = 1 - \alpha \\ L(\mu_1) = 1 - \Phi\left(\dfrac{K_L - \mu_1}{\sigma / \sqrt{n}}\right) = \beta \end{cases}$$

如我们记 μ_α 与 μ_β 分别为标准正态分布的 α 与 β 分位数，则有：

$$\begin{cases} \left(\dfrac{K_L - \mu_0}{\sigma / \sqrt{n}}\right) = \mu_0 \\ \left(\dfrac{K_L - \mu_1}{\sigma / \sqrt{n}}\right) = \mu_{1-\beta} \end{cases}$$

而当 σ 已知时，有：

$$\begin{cases} n = \left[\dfrac{(\mu_\alpha + \mu_\beta)\sigma}{\mu_0 - \mu_1}\right]^2 \\ K_L = \dfrac{\mu_1\mu_\alpha + \mu_0\mu_\beta}{\mu_\alpha + \mu_\beta} \end{cases}$$

当 σ 未知时，由于涉及 t 分布，这里略去计算公式。

【例】对一批包装袋拉伸强度抽样检验，要求其拉伸强度越大越好。已知其服从正态分布，标准差 $\sigma = 4 \text{kg/mm}^2$。现已确定 $\alpha = 0.05$，$\beta = 0.10$，$\mu_0 = 46 \text{kg/mm}^2$，$\mu_1 = 43 \text{kg/mm}^2$。请制订计量标准型一次抽样方案。

解：$\alpha = 0.05$，$\beta = 0.10$ 时，$\mu_\alpha = -1.645$，$\mu_\beta = -1.282$。

$$\begin{cases} n = \left[\dfrac{(\mu_\alpha + \mu_\beta)\sigma}{\mu_0 - \mu_1}\right]^2 = \left[\dfrac{(-1.645 \quad 1.282) \times 4}{46 - 43}\right]^2 = 15.23 \approx 16 \\ K_L = \dfrac{\mu_1\mu_\alpha + \mu_0\mu_\beta}{\mu_\alpha + \mu_\beta} = \dfrac{43 \times (-1.645) + 46 \times (-1.282)}{-1.645 - 1.282} = 44.31 \end{cases}$$

所以，抽样方案为 $(16, 44.31)$：抽 16 个包装袋分别测其强度，其平均强度 $\bar{x} \geq 44.31$ 时，接收这批包装袋，否则拒收。如果我们从一批钢材中抽取 16 块，测得其强度的均值 $\bar{x} = 45.65$，则应接收该批包装袋。

（3）具有上规格限的计量标准型一次抽样检验方案的实施

1）接收概率。对具有上规格限的抽样检验方案 (n, K_U) 来讲，当 $\bar{x} \leq K_U$ 时接收该批产品，否则就拒收，其接收概率也是 μ 的函数，同样用 $L(\mu)$ 来表示。根据正态分布的性质，$\bar{x}$ 服从 $N(\mu, \sigma^2/n)$，当 σ 已知时有：

$$L(\mu) = P(\bar{x} \leq K_U) = \Phi\left(\frac{K_U - \mu}{\sigma/\sqrt{n}}\right)$$

随着 μ 的增大，$L(\mu)$ 减小，如图 5-16 所示。

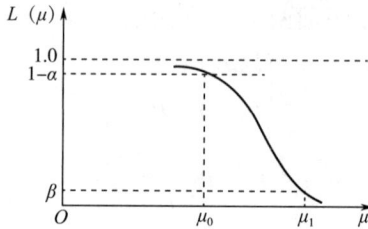

图 5-16　具有上规格限的计量标准型一次抽样检验方案的 OC 曲线

2）抽样方案的确定方法。与具有下规格限的情况类似，为同时控制两种错判的概率，在制定抽样检验方案时，需要生产方与使用方协商两个质量指标的均值 μ_0、μ_1（$\mu_0 < \mu_1$）。为了保护生产方利益，当批质量均值 $\leq \mu_0$ 时，要求高概率（$\geq 1-\alpha$）接收。为了保护使用方利益，当批质量均值 $\geq \mu_1$ 时，要求低概率（$\leq \beta$）接收。

$$\begin{cases} L(\mu_0) \geq 1 - \alpha (\mu \leq \mu_0) \\ L(\mu_1) \leq \beta (\mu \geq \mu_1) \end{cases}$$

从上面两个式子中可解出 (n, K_U)：

$$\begin{cases} n = \left[\dfrac{(\mu_\alpha + \mu_\beta)\sigma}{\mu_1 - \mu_0}\right]^2 \\ K_U = \dfrac{\mu_1\mu_\alpha + \mu_0\mu_\beta}{\mu_\alpha + \mu_\beta} \end{cases}$$

（4）具有双侧规格限的计量标准型一次抽样检验方案的实施

1）接收概率。对于抽样方案 (n, K_L, K_U) 来讲，当 $K_L \leq \bar{x} \leq K_U$ 时接收该批产品，否则拒收。

接收概率仍然是 μ 的函数，也用 $L(\mu)$ 来表示。同样根据正态分布的性质，$\bar{x}$ 服从 $N(\mu, \sigma^2/n)$，当 σ 已知时有：

$$L(\mu) = P(K_L \leq \bar{x} \leq K_U) = \Phi\left(\frac{K_U - \mu}{\sigma/\sqrt{n}}\right) - \Phi\left(\frac{K_L - \mu}{\sigma/\sqrt{n}}\right)$$

令 $\mu_0 = (K_U + K_L)/2$，$K_0 = (K_U - K_L)/2$；则 $K_U = \mu_0 + K_0$，$K_L = \mu_0 - K_0$。从而 $\bar{x} \leq K_U$ 等价于 $\bar{x} - \mu_0 \leq K_0$，$\bar{x} \geq K_L$ 等价于 $\bar{x} - \mu_0 \geq -K_0$，所以判断规则转化为 $\bar{x} - \mu_0 \leq K_0$ 时接收，否则拒收。因此把抽样方案记为 (n, K_0)，此时：

$$L(\mu) = \Phi\left(\frac{\mu_0 + K_0 - \mu}{\sigma / \sqrt{n}}\right) - \Phi\left(\frac{\mu_0 - K_0 - \mu}{\sigma / \sqrt{n}}\right)$$

当 $\mu = \mu_0$、$\mu_0 + d$、$\mu_0 - d$（$d > 0$）时，$L(\mu)$ 的值分别为：

$$L(\mu_0) = 2\Phi\left(\frac{K_0}{\sigma / \sqrt{n}}\right) - 1$$

$$L(\mu_0 + d) = \Phi\left(\frac{K_0 - d}{\sigma / \sqrt{n}}\right) - \Phi\left(\frac{-K_0 - d}{\sigma / \sqrt{n}}\right) = \Phi\left(\frac{K_0 + d}{\sigma / \sqrt{n}}\right) + \Phi\left(\frac{K_0 - d}{\sigma / \sqrt{n}}\right) - 1$$

$$L(\mu_0 - d) = \Phi\left(\frac{K_0 + d}{\sigma / \sqrt{n}}\right) - \Phi\left(\frac{-K_0 + d}{\sigma / \sqrt{n}}\right) = \Phi\left(\frac{K_0 + d}{\sigma / \sqrt{n}}\right) + \Phi\left(\frac{K_0 - d}{\sigma / \sqrt{n}}\right) - 1$$

由此可见，$L(\mu)$ 在 $\mu = \mu_0$ 时达到最大，且关于 $\mu = \mu_0$ 对称，如图 5-17 所示。

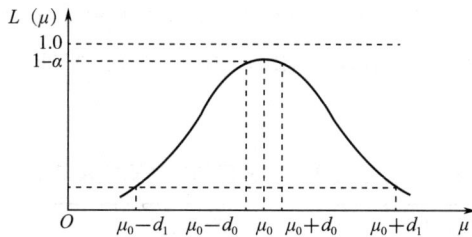

图 5-17　具有双侧规格限的计量标准型一次抽样检验方案的 OC 曲线

2）抽样方案的确定方法。由于抽样方案的 OC 曲线关于 μ_0 对称，且在 μ_0 处达到最大，因此为制订抽样方案，可以用双方协商给出 d_0 与 d_1，当 $\mu_0 - d_0 \leqslant \mu \leqslant \mu_0 + d_0$ 时以高概率（$>1-\alpha$）接收，当 $\mu \leqslant \mu_0 - d_1$ 或 $\mu \geqslant \mu_0 + d_1$ 时以低概率（$<\beta$）接收。

根据接收概率关于 μ_0 的对称性，我们可以从如下等式中求解 (n, k_0)：

$$\begin{cases} L(\mu_0 + d_0) = 1 - \alpha \\ L(\mu_1 + d_1) = \beta \end{cases}$$

这也就是要求：

$$\begin{cases} \Phi\left(\dfrac{K_0 - d_0}{\sigma / \sqrt{n}}\right) + \Phi\left(\dfrac{K_0 + d_0}{\sigma / \sqrt{n}}\right) - 1 = 1 - \alpha \\ \Phi\left(\dfrac{K_0 - d_1}{\sigma / \sqrt{n}}\right) + \Phi\left(\dfrac{K_0 + d_1}{\sigma / \sqrt{n}}\right) - 1 = \beta \end{cases}$$

要从中解出 (n, K_0) 比较困难，下面我们给出一个近似解。

在 σ 已知且 $\dfrac{2d_0}{\sigma / \sqrt{n}} > 1.7$ 时，有 $\Phi\left(\dfrac{2d_0}{\sigma / \sqrt{n}}\right) > \Phi(1.7) > 0.95$，从而由于

$$\left(\frac{K_0 + d_0}{\sigma / \sqrt{n}}\right) > \frac{2d_0}{\sigma / \sqrt{n}} > 1.7 \text{ 且 } \left(\frac{K_0 + d_1}{\sigma / \sqrt{n}}\right) > \frac{2d_0}{\sigma / \sqrt{n}} > 1.7$$

故 $\qquad \Phi\left(\dfrac{K_0 + d_0}{\sigma / \sqrt{n}}\right) > 0.95 \text{ 且 } \Phi\left(\dfrac{K_0 + d_1}{\sigma / \sqrt{n}}\right) > 0.95$

上述方程组可以近似表示为：

$$\begin{cases} \varPhi\left(\dfrac{K_0 - d_0}{\sigma/\sqrt{n}}\right) \approx 1-\alpha \\ \varPhi\left(\dfrac{K_0 - d_1}{\sigma/\sqrt{n}}\right) \approx \beta \end{cases}$$

从中可以解得：

$$\begin{cases} n = \left[\dfrac{(\mu_\alpha + \mu_\beta)\,\sigma}{d_1 - d_0}\right]^2 \\ K_0 = \dfrac{d_1\mu_\alpha + d_0\mu_\beta}{\mu_\alpha + \mu_\beta} \end{cases}$$

（5）抽样检验表的使用

1）等价形式及说明。为使用方便，GB/T 8054—2008 给出了计量标准型一次抽样程序及相关表格。为使标准适用于更多的场合，GB/T 8054—2008 把抽样方案的表达形式进行了一些改变（表5-7）。

表5-7　计量抽样检验方案的表达形式及其变形

规格限情况	不同的3种情况	统计量	方案	接收准则
下规格限的情况	原形式	$\bar{x}$	(n, K_L)	$\bar{x} \geq K_L$
	σ法的表示式（σ已知）	$Q_L = \dfrac{\bar{x} - \mu_0}{\sigma}$	(n, k)	$Q_L \geq k$
	s法的表示式（σ未知）	$Q_L = \dfrac{\bar{x} - \mu_0}{s}$	(n, k)	$Q_L \geq k$
上规格限的情况	原形式	$\bar{x}$	(n, K_U)	$\bar{x}$
	σ法的表示式（σ已知）	$Q_U = \dfrac{\mu_0 - \bar{x}}{\sigma}$	(n, k)	$Q_U \geq k$
	s法的表示式（σ未知）	$Q_U = \dfrac{\mu_0 - \bar{x}}{s}$	(n, k)	$Q_U \geq k$
双侧规格限的情况	原形式	$\bar{x}$	(n, K_0)	$|\bar{x} - \mu_0| \leq K_0$
	σ法的表示式（σ已知）	$Q_L = \dfrac{\bar{x} - \mu_0 + d_0}{\sigma}$　$Q_U = \dfrac{\mu_0 + d_0 - \bar{x}}{\sigma}$	(n, k)	$Q_L \geq k$ 且 $Q_U \geq k$
	s法的表示式（σ未知）	$Q_L = \dfrac{\bar{x} - \mu_0 + d_0}{s}$　$Q_U = \dfrac{\mu_0 + d_0 - \bar{x}}{s}$	(n, k)	$Q_L \geq k$ 且 $Q_U \geq k$

下面以 σ 法为例，对其等价性进行说明。

①有上规格限的情况。在 $\alpha = 0.05$，$\beta = 0.10$ 时，有 $\mu_\alpha = -1.645$，$\mu_\beta = -1.282$。根据 (n, K_U) 的计算公式，可知：

$$\begin{cases} \left(\dfrac{\mu_1 - \mu_0}{\sigma}\right)^2 = \left(\dfrac{\mu_\alpha + \mu_\beta}{\sqrt{n}}\right)^2 = \left(\dfrac{2.927}{\sqrt{n}}\right)^2 \\ K_U = \mu_0 + \dfrac{\mu_1 - \mu_0}{\mu_\alpha + \mu_\beta} = \mu_0 + \sigma\dfrac{1.645}{\sqrt{n}} \end{cases}$$

若记 $A = \dfrac{\mu_1 - \mu_0}{\sigma}$，$k = -\dfrac{1.645}{\sqrt{n}}$，则 $n = \left(\dfrac{2.927}{A}\right)^2$，接收规则可改写为：

$$Q_U = \frac{\mu_0 - \bar{x}}{\sigma} \geqslant \frac{\mu_0 - K_U}{\sigma} = -\frac{1.645}{\sqrt{n}} = k$$

②有下规格限的情况。同理，根据 (n, K_L) 的计算公式，如：

$$\begin{cases} \left(\dfrac{\mu_1 - \mu_0}{\sigma}\right)^2 = \left(\dfrac{\mu_\alpha + \mu_\beta}{\sqrt{n}}\right)^2 = \left(\dfrac{2.927}{\sqrt{n}}\right)^2 \\ K_L = \mu_0 - \dfrac{\mu_0 - \mu_1}{\mu_\alpha + \mu_\beta}\mu_\alpha = \mu_0 - \sigma\dfrac{1.645}{\sqrt{n}} \end{cases}$$

若记 $A' = \dfrac{\mu_0 - \mu_1}{\sigma}$，$k = -\dfrac{1.645}{\sqrt{n}}$，则 $n = \left(\dfrac{2.927}{A'}\right)^2$，接收规则可改写为：

$$Q_L = \frac{\bar{x} - \mu_0}{\sigma} \geqslant \frac{K_L - \mu_0}{\sigma} = -\frac{1.645}{\sqrt{n}} = k$$

③有双侧规格限的情况。同理，根据 (n, K_0) 的计算公式，若令 $A = \dfrac{d_1 - d_0}{\sigma}$，则 $n = \left(\dfrac{2.927}{A}\right)^2$。

从 $|\bar{x} - \mu_0| \leqslant K_0$ 接收可知，要求 $\bar{x} \geqslant K_0 + \mu_0$，这就意味着：

$$Q_U = \frac{\mu_0 + d_0 - \bar{x}}{\sigma} \geqslant \frac{d_0 - K_0}{\sigma} = k$$

$$Q_L = \frac{\bar{x} - \mu_0 + d_0}{\sigma} \geqslant \frac{-K_0 + d_0}{\sigma} = k$$

2）使用步骤。

① σ 法：σ 法的使用步骤见表 5-8。

表 5-8　σ 法的使用步骤

规格限情况	第1步	第2步	第3步	第4步
有上规格限的情况	计算 $A = \dfrac{\mu_1 - \mu_0}{\sigma}$	由 A（或 A'）值从单侧规格限 σ 法的样本量与接收常数表中查出 (n, k)	计算 $Q_U = \dfrac{\mu_0 - \bar{x}}{\sigma}$	当 $Q_U \geqslant k$ 时接收，否则拒收
有下规格限的情况	计算 $A' = \dfrac{\mu_0 - \mu_1}{\sigma}$		计算 $Q_L = \dfrac{\bar{x} - \mu_0}{\sigma}$	当 $Q_L \geqslant k$ 时接收，否则拒收

续表

规格限情况	第1步	第2步	第3步	第4步
有双侧规格限的情况	计算 $A = \dfrac{d_1 - d_0}{\sigma}$，从双侧规格限 σ 法的样本量与接收常数中查出 n	计算 $c = \dfrac{2d_0}{\sigma}$，从表中查出常数 k	计算 $Q_L = \dfrac{\bar{x} - \mu_0 + d_0}{\sigma}$ $Q_U = \dfrac{\mu_0 + d_0 - \bar{x}}{\sigma}$	当 $Q_L \geqslant k$ 且 $Q_U \geqslant k$ 时接收，否则拒收

②s 法：当 σ 未知时，常用样本标准差 s 来估计 σ，在 GB/T 8054—2008 中称此为 s 法，使用它们可以查得抽样方案。s 法的使用步骤如表 5-9 所示。

表 5-9　s 法的使用步骤

规格限情况	第1步	第2步	第3步	第4步
有上规格限的情况	计算 $B = \dfrac{\mu_1 - \mu_0}{s}$	由 B(或 B') 值从单侧规格限 s 法的样本量与接收常数表中查出 (n, k)	计算 $Q_U = \dfrac{\mu_0 - \bar{x}}{s}$	当 $Q_U \geqslant k$ 时接收，否则拒收
有下规格限的情况	计算 $B' = \dfrac{\mu_0 - \mu_1}{s}$		计算 $Q_L = \dfrac{\bar{x} - \mu_0}{s}$	当 $Q_L \geqslant k$ 时接收，否则拒收
有双侧规格限的情况	计算 $B = \dfrac{d_1 - d_0}{s}$，从双侧规格限 s 法的样本量与接收常数中查出 n	计算 $c = \dfrac{2d_0}{s}$，从表中查出常数 k	计算 $Q_L = \dfrac{\bar{x} - \mu_0 + d_0}{s}$ $Q_U = \dfrac{\mu_0 + d_0 - \bar{x}}{s}$	当 $Q_L \geqslant k$ 且 $Q_U \geqslant k$ 时接收，否则拒收

【例】某食品尺寸的大小服从正态分布，其标准尺寸为 100.0mm，如果批均值在（100±0.2）mm 之内，则合格；如果在（100±0.5）mm 之外，则不合格。已知批标准差 $\sigma = 0.3$mm，请求出抽样方案（取 $\alpha = 0.05$，$\beta = 0.10$）。

解：由于 σ 已知，利用查表方法的步骤如下：

首先，计算 $A = \dfrac{d_1 - d_0}{\sigma} = 1$，所在范围为 0.980~1.039，查得 $n = 9$；

由于 $c = \dfrac{2d_0}{\sigma} = 1.333$，所在范围为 0.867 以上，接收常数 $k = -0.548$；

故 $Q_L = \dfrac{\bar{x} - \mu_0 + d_0}{\sigma} = \dfrac{\bar{x} - 99.8}{0.3} \geqslant -0.548$，且 $Q_U = \dfrac{\mu_0 + d_0 - \bar{x}}{\sigma} = \dfrac{100.2 - \bar{x}}{0.3} \geqslant -0.548$ 时接收该批产品，否则拒收。

如果现在抽取了 9 个样品，求得其样本均值为 100.4，那么

$$Q_L = \frac{\bar{x} - \mu_0 + d_0}{\sigma} = \frac{100.4 - 99.8}{0.3} = 2 \geqslant -0.548$$

$$Q_U = \frac{\mu_0 + d_0 - \bar{x}}{\sigma} = \frac{100.2 - 100.4}{0.3} = -0.667 \geqslant -0.548$$

故拒收该批。

思考题

1）什么是操作特性曲线？它与抽样方案有什么关系？

2）简述抽样检验中的两类错误。

3）一次抽样检验和多次抽样检验有何区别？分别有什么优缺点？

4）什么是调整型抽样方案？它的基本原理和特点是什么？

5）在计数标准型抽样检验中，规定 $p_0 = 0.32\%$，$p_1 = 1.9\%$，求抽样方案。

6）在某种产品质量检验中，制定 AQL = 1.5%，批量 $N = 7300$，检验水平 Ⅱ，根据计数调整型抽样方案采用一次抽样检验，求一次正常、放宽、加严抽样方案。

7）对某批产品进行抽样检验，规定检验批不合格品率 $p \leqslant 1.5\%$ 为合格批，若 $p \geqslant 5\%$ 为不合格批，又规定 $\alpha = 0.05$，$\beta = 0.10$，试求计数标准型一次抽样方案。

8）有一批产品，批量 $N = 1000$，试画出抽样方案为（30，3）的 OC 曲线。

课程思政案例

检验计划与管理

6　食品质量管理体系

在当今社会，食品安全问题日益受到广泛关注。随着全球化的加速和消费者对食品安全要求的提高，建立有效的食品质量管理体系已成为食品行业的必然选择。本章将详细介绍全面质量管理、ISO 9000 质量管理体系、ISO 22000 食品安全管理体系以及 ISO 14000 环境管理体系，旨在为读者提供一个全面的食品质量管理知识框架。

全面质量管理是一种管理理念，强调组织内部的每个成员都应参与质量改进过程，以确保产品和服务的质量满足客户需求。在食品行业中，全面质量管理的应用有助于确保从原材料采购到产品销售的每一个环节都能达到高标准的质量要求。

ISO 9000 系列标准是 ISO 制定的关于质量管理体系的一系列标准。这些标准提供了一套完整的质量管理体系框架，包括领导作用、策划、支持、运行、绩效评价和改进等七大章节。通过实施 ISO 9000 标准，食品企业可以建立起一套系统化的质量管理体系，从而提高产品质量和客户满意度。

ISO 22000 是专门针对食品安全管理的体系标准，它融合了 HACCP 原理和 ISO 9000 标准的要求。ISO 22000 标准强调预防为主，通过对食品生产过程中可能出现的危害进行分析和控制，确保食品安全。该标准的实施有助于食品企业建立起一套完善的食品安全管理体系，从而降低食品安全风险。

ISO 14000 是一系列关于环境管理的国际标准，旨在帮助组织实现环境目标并持续改进环境绩效。在食品行业中，环境保护同样重要。通过实施 ISO 14000 标准，食品企业可以更好地管理其环境责任，减少生产过程中的环境污染，提高资源利用效率。

全面质量管理、ISO 9000 质量管理体系、ISO 22000 食品安全管理体系以及 ISO 14000 环境管理体系共同构成了食品质量管理的核心内容。通过学习和掌握这些管理体系，食品企业可以建立起一套完善的质量管理体系，确保产品质量、食品安全和环境保护，从而满足消费者的需求并提升企业的竞争力。同时，这些管理体系也为食品行业的可持续发展提供了有力支持。

6.1　全面质量管理

6.1.1　全面质量管理的概述

最早提出全面质量管理概念的是美国通用电器公司前质量总监费根堡姆博士。全面质量管理的核心思想是在一个企业内各部门中做出质量发展、质量保持、质量改进计划，从而以最为经济的水平进行生产与服务，使用户或消费者获得最大的满意。

全面质量管理并不等同于质量管理，它是质量管理的更高境界。全面质量管理是将组织的所有管理职能纳入到质量管理的范畴，强调一个组织要以质量为中心，全员参与为基础，各部门协调配合，进行全过程质量控制，着重强调员工的教育和培训。因此，要掌握全面质量管理的核心思想，首先应该理解全面的含义。

全面是全面质量管理中的关键词语，它主要包括三个层次的含义：运用多种手段，系统地保证和提高产品质量；控制质量形成的全过程，而不仅是制造过程；质量管理的有效性应当是以质量成本来衡量和优化的。因此，全面质量管理不仅停留在制造过程本身，而且已经渗透到了质量成本管理的过程之中。

从全面质量管理的英文"total quality management"来看，total 指的是与公司有联系的所有人员都参与到质量的持续改进过程中，quality 指的是完全满足顾客明确或隐含的要求，而 management 则是指各级管理人员要充分地协调好。因此，全面质量管理不仅要求有全面的质量概念，还需要进行全过程的质量管理，并强调全员参与，即"三全"的 TQM。全面质量管理不仅仅是一种技术或工具，更是一种管理哲学和文化，旨在通过系统的方法和策略来实现组织的长期成功。

（1）全面质量管理的内容

全面质量管理的一般性内容必须是可以计量的，同时又具有技术含量。此外，质量特征发生变化是有原因的，全面质量管理的一般性内容主要包括质量的计量特征和技术特征。质量必须是可以度量的，能够准确地、并且必须用数据来表示。同时，质量又要体现一定的技术，如制造技术、质量检验技术，或蕴含在产品中的功能方面的技术等。这些都是全面质量管理过程中所要求的。

全面质量管理的一般性内容中还包括质量特征变化的原因。由于顾客的需求在不断地改变，产品质量如同市场规律一样同样会产生波动，这种波动需要全面质量管理的管理者去研究，寻找产生波动的具体原因，并谋求将这种波动降低到最小的程度。当然，完全消除这种波动是无法实现的。

（2）全面质量管理的方法

全面质量管理的一般性方法主要包括：质量控制界限的判别、质量的抽样检查、预防性质量管理和成品质量检验。通过这些方法企业就能够保证和提高产品的质量，从而有可能更好地去满足顾客的需求。

质量控制界限的判别。由于多面因素的影响，质量具有一定的波动性。质量的波动必须是在一定的范围内进行，而不能超出这个范围。因此，对于全面质量管理的一般性方法来说，如何去设定波动的界限，即质量控制界限的判别，是需要我们进行深入研究的内容。

质量的抽样检查。产品质量的检验无论何时何地都离不开抽样检查，因为我们不太可能把所有的产品进行彻底的检验，特别是对于那些批量很大的产品来说，做到全检是很不现实的。因此，为了比较客观地反映产品的质量，就必须研究如何抽样、如何对抽样的可信度进行评估等。

预防性质量管理和成品质量检验。前面我们谈到，质量并不是检验出来的，而是设计、制造、管理出来的，同时也是预防出来的。因此，我们应该把更多精力放在产品质量的预防上。

　　TQM 的一般性内容和一般性方法实际上揭示了 TQM 的内容本质：TQM 是对全面质量的管理，它包括从产品的设计、开发、生产制造、使用及售后服务，期间所有的环节都属于 TQM 的范围；TQM 是对全部过程的管理，从顾客的需求开始，直到通过设计检验等全过程的活动，设计、生产和销售出满足客户需要的产品。

6.1.2　全面质量管理的原则

　　（1）以顾客为中心

　　理解顾客需求。企业需要深入了解顾客的需求和期望，这包括对市场趋势的敏感度、对顾客反馈的关注以及定期的市场调研。通过这些方式，企业可以确保其产品或服务能够满足顾客的实际需求。

　　超越顾客期望。仅仅满足顾客的基本需求是不够的，企业应该努力超越顾客的期望，提供超出预期的产品或服务体验。这可以通过创新的设计、卓越的性能、便捷的使用体验等方式实现。

　　（2）全员参与

　　员工培训与发展。企业应该为员工提供必要的培训和发展机会，使他们具备实施全面质量管理所需的知识和技能。这不仅包括技术培训，还包括沟通技巧、团队合作等方面的培训。

　　激励机制。通过设立奖励制度、职业发展路径等激励措施，鼓励员工积极参与全面质量管理活动。这些激励措施可以是物质奖励，如奖金、晋升机会，也可以是精神奖励，如表彰大会、优秀员工称号等。

　　（3）过程方法

　　流程优化。通过对现有流程进行细致的分析，识别出瓶颈和浪费环节，并采取措施进行改进。例如，采用精益生产的方法减少不必要的库存，或引入自动化设备提高生产效率。

　　标准化作业。制定明确的操作标准和程序，确保每个步骤都按照既定的标准执行，从而减少变异性和不确定性。这有助于提高产品的一致性和可靠性。

　　（4）持续改进

　　PDCA 循环，即计划（plan）、执行（do）、检查（check）、处理（act）四个阶段。企业应该不断地在这四个阶段之间循环，以便持续地改进产品和服务的质量。

　　六西格玛方法。这是一种旨在减少产品和服务缺陷的方法，通过定义（define）、测量（measure）、分析（analyze）、改进（improve）和控制（control）五个步骤（DMAIC）来实现。六西格玛方法可以帮助企业找到问题的根本原因，并采取有效的措施进行改进。

　　（5）基于事实的决策

　　数据分析。收集和分析相关数据，以便更好地理解问题的本质和趋势。这可以通过统计分析软件、数据挖掘技术等手段实现。

　　科学方法。运用科学的方法论来指导决策过程，避免主观臆断和盲目决策。这意味着在做出任何决策之前，都需要有充分的证据支持。

　　（6）长期观点

　　战略规划。制定长远的发展目标和战略计划，确保全面质量管理的实施与企业的整体发展方向一致。这要求企业在制定战略时考虑到市场变化、技术进步等因素。

资源投入。为了实现长期的成功，企业需要在人力、物力和财力上进行持续的投资。这包括招聘合适的人才、购买先进的设备和技术以及合理的财务规划等。

6.1.3 全面质量管理的建立流程

（1）领导承诺与支持

高层领导的决心。企业的高层管理人员必须展现出对全面质量管理的承诺和支持。他们需要明确表达对质量的重视，并通过行动来证明这一点。例如，亲自参与质量改进项目、定期审查质量目标的进展等。

资源配置。为了确保全面质量管理的成功实施，高层领导需要分配足够的资源，包括资金、人员和技术等。这可能涉及到增加预算、调整组织结构、引进外部专家等措施。

（2）建立质量文化

内部宣传。通过内部会议、培训、通信等方式，向全体员工传达全面质量管理的理念和重要性。这些活动应该定期举行，以确保信息的持续传播和更新。

价值观塑造。将全面质量管理的核心价值观融入企业文化中，使其成为员工日常工作的一部分。这可以通过制定相应的行为准则、奖惩机制等方式实现。

（3）设定质量目标

SMART 原则。设定具体（specific）、可衡量（measurable）、可达成（achievable）、相关性（relevant）、时限性（time-bound）的质量目标。这些目标应该是清晰明确的，并且能够通过实际的数据来衡量其进展。

目标分解。将总体的质量目标分解为各个部门和个人的具体目标，确保每个人都清楚自己的责任和期望。这有助于提高员工的责任感和参与度。

（4）培训与教育

专业知识培训。提供关于全面质量管理理论和实践的培训课程，帮助员工掌握相关的知识和技能。这些课程可以由内部专家或外部顾问提供。

技能提升。除了专业知识外，还应该提供沟通技巧、团队合作等方面的培训，以提高员工的综合能力。这些技能对于跨部门的协作尤为重要。

（5）过程管理

流程图绘制。创建详细的流程图，以便于识别和管理关键的过程步骤。流程图应该清晰地展示每个步骤的输入和输出，以及它们之间的关系。

关键控制点。确定过程中的关键控制点，并实施严格的监控措施，以确保过程的稳定性和一致性。这些控制点可以是原材料检验、生产过程监控、成品检验等环节。

（6）质量控制

统计过程控制（SPC）。利用统计工具来监测和控制生产过程，确保产品质量的稳定性。SPC 可以帮助企业及时发现生产过程中的异常情况，并采取相应的措施进行调整。

故障模式与效应分析（FMEA）。评估潜在的故障模式及其对产品性能的影响，从而提前采取措施预防问题的发生。FMEA 可以帮助企业识别出最关键的质量问题，并优先解决这些问题。

（7）质量保证

审核与评估。定期进行内部审核和第三方审核，以确保质量管理体系的有效运行。这些审核可以帮助企业发现潜在的问题，并及时采取措施进行改进。

认证获取。争取获得国际认可的质量管理体系认证，如 ISO 9001 等，以提高企业的信誉度和竞争力。这些认证不仅可以增强客户的信任，还可以帮助企业开拓新的市场。

(8) 持续改进

改进项目。启动针对特定问题的改进项目，如降低成本、缩短交货时间等。这些项目应该有明确的目标和时间表，并且需要跨部门的合作来完成。

效果评估。对改进项目的效果进行评估，并根据结果调整改进策略。这可以通过收集数据、分析趋势等方式实现。如果某个改进措施没有达到预期的效果，企业应该重新审视该措施的有效性，并寻找新的方法来解决问题。

6.1.4 全面质量管理的特点和执行要点

(1) 全面质量管理的特点

全面质量管理从过去的就事论事、分散管理转变为以系统观念为指导的全面的综合治理，它不仅仅强调各方面工作各自的重要性，而且更加强调各方面工作共同发挥作用时的协同作用。

1) 以人为本。全面质量管理是一种以人为中心的质量管理，必须十分重视整个过程中所涉及的人员。为了做到以人为本，企业必须做到以下 4 个方面：高层领导的全权委托，重视和支持质量管理活动；给予每个人均等的机会，公正评价结果；让全体员工参与到质量管理的过程中；缩小领导者、技术人员和现场员工的差异。

2) 以适用性为标准。在传统的质量管理中，一般都是以符合技术标准和规范的要求为目标，即所生产出来的产品只需要符合企业事先制订的技术要求就行。但是，全面质量管理与传统质量管理截然不同，它要求产品的质量必须符合用户的要求，始终以用户的满意为目标。从这个角度来看待全面质量管理，则将涉及所有参与到产品生产过程中的资源和人员。

3) 突出改进的动态性。全面质量管理的另一个显著特点就是突出改进的动态性。在传统的质量管理中，产品生产的目标是符合质量技术要求，而现在对产品质量的要求是能够符合顾客的需求。但是，顾客的需求通常会随着产品质量的提高而变得更高，这就要求我们有动态的质量管理概念。全面质量管理不但要求质量管理过程中有控制程序，而且要有改进程序。

4) 综合性。全面质量管理还有一个特点就是综合性。所谓综合性，指的是综合运用质量管理的技术和方法，并且组成多样化的质量管理方法体系，从而使企业的人、机器和信息有机结合起来。在日本，石川馨博士最早将统计技术和计算机技术应用到全面质量管理过程并总结出全面质量管理的 7 种方法，如直方图、特性要因图等。

(2) 全面质量管理的执行要点

1) 质量以预防为主。在传统的质量管理中，往往是通过产品生产后的检验来控制产品的质量，这种质量保证方式并不能防止缺陷的产生，仅仅是一种补救措施。因此在全面质量管理中，必须意识到质量应该以预防为主，通过事前管理的方式来降低产品的成本。

2) 质量以顾客为主。随着市场经济的发展，产品供不应求的状况已经结束，市场呈现出产品数量和种类都非常繁多的局面，顾客有了绝对性的选择权，产品必须符合顾客的要求才有可能销售出去。因此，全面质量管理中心思想是为顾客服务，而不是为标准服务。

3）质量控制以自检为主。在全面质量管理过程中，对质量的控制应该以自检为主。这样的质量管理方式也就意味着全体员工在全过程的生产制造中必须树立强烈的自我质量意识，而不是等到质量部门检验以后才形成质量的概念。

4）质量形成于生产全过程。产品质量形成于生产的全过程，这一过程是由若干个相互联系的环节所组成的，从供应商提供原料、进厂检验控制、上线生产、质量检验，直到合格品入库，每一个环节都或大或小地影响着产品质量的最终状况。这样也就决定了全面质量管理的管辖范围。

5）质量的好坏用数据来说话。全面质量管理的科学性与严谨性体现在质量的好坏要靠翔实的数据来证明，而不是靠人员的感觉来确定。只有那些真实的统计数据，如客户的满意程度、产品销售量和对市场的占有率等，才能够说明产品质量的优劣。

6）科学技术、经营管理和统计方法相结合。全面质量管理尤其要注重科学技术、经营管理和统计方法相结合。从1961年提出全面质量管理的概念开始，科学技术对生产的推动作用越来越巨大和明显，因此我们需要将这些科学技术和统计方法充分利用到全面质量管理之中。

（3）全面质量管理在食品企业实施的作用

优化生产流程：全面质量管理要求企业在生产过程中严格控制各个环节的质量，从而优化生产流程，提高生产效率。对于食品企业来说，优化生产流程可以降低生产成本，提高产品质量，从而增强市场竞争力。通过优化生产流程，食品企业还可以减少能源消耗和废弃物排放，实现绿色生产。

提高员工素质：全面质量管理强调全员参与和培训，这有助于提高员工的质量管理意识和技能水平。通过实施全面质量管理，食品企业可以培养一支高素质的员工队伍，为企业的发展提供有力的人才支持。同时，全面质量管理还有助于激发员工的积极性和创造性，提高员工的工作满意度和忠诚度。

强化过程控制：全面质量管理要求企业对生产过程进行严格控制，确保每个环节都符合质量标准。通过实施全面质量管理，食品企业可以建立有效的质量反馈机制，及时发现和解决问题，防止质量问题的发生。这将有助于提高企业的产品质量和安全水平，增强消费者的信任度。

优化供应链管理：全面质量管理要求企业对供应链进行有效管理，确保原材料和零部件的质量。通过实施全面质量管理，食品企业可以与供应商建立长期合作关系，共同提高供应链的质量水平。这将有助于降低企业的采购成本，提高企业的盈利能力。同时，优化供应链管理还有助于提高企业的响应速度和灵活性，更好地满足市场需求。

提高客户满意度：全面质量管理以顾客满意为目标，通过不断改进产品和服务质量来满足客户需求。通过实施全面质量管理，食品企业可以提高客户满意度，增加客户的忠诚度和口碑传播，从而扩大市场份额。这将有助于提高企业的销售收入和利润水平，增强企业的市场竞争力。

降低质量成本：全面质量管理通过预防为主、控制为辅的方式降低质量成本。通过实施全面质量管理，食品企业可以降低生产过程中的废品率、返工率等不良现象的发生，从而降低企业的质量成本。这将有助于提高企业的盈利能力，增强企业的市场竞争力。同时，降低质量成本还有助于提高企业的资源利用效率，实现可持续发展。

促进技术创新：全面质量管理强调持续改进和创新，这有助于食品企业不断适应市场变化，满足消费者需求。通过实施全面质量管理，食品企业可以推动技术创新和管理创新，提高企业的核心竞争力。这将有助于企业在激烈的市场竞争中立于不败之地。

增强风险管理能力：全面质量管理要求企业对潜在的风险进行识别、评估和控制。通过实施全面质量管理，食品企业可以建立完善的风险管理体系，提高企业的风险管理能力。这将有助于企业在面对市场波动、政策调整等不确定因素时保持稳健经营。

提升企业文化：全面质量管理强调全员参与和团队协作，这有助于营造积极向上的企业文化氛围。通过实施全面质量管理，食品企业可以培养员工的团队精神和责任感，提高员工的工作积极性和凝聚力。这将有助于提高企业的整体执行力和创新能力。

增强社会责任意识：全面质量管理要求企业在追求经济效益的同时关注社会效益和环境效益。通过实施全面质量管理，食品企业可以树立良好的企业形象和社会责任感，积极参与公益事业和环保活动。这将有助于提高企业的社会声誉和品牌价值。

6.2 ISO 9000 质量管理体系

在当今全球化的经济环境中，食品质量的保障不仅是企业竞争力的核心，更是公共健康和消费者权益的重要守护。ISO 9000 系列标准作为国际上广泛认可的质量管理体系指南，为食品行业提供了一套全面、科学的质量保障框架。ISO 9000 质量管理体系是一个全员参与、全面控制、持续改进的综合性质量管理体系，其核心是以满足客户的质量要求为标准。它所规定的文件化体系具有很强的约束力，它贯穿于质量管理体系的全过程，使体系内各环节环环相扣，互相督导，互相促进，任何一个环节发生问题，都可能直接或间接影响到其他部门或其他环节，甚至波及整个体系。

6.2.1 ISO 9000 质量管理体系的概述

（1）ISO 9000 产生的历史背景

1）世界各国军工质量管理经验为质量管理国际标准的产生打下基础。第二次世界大战期间，世界各国急需大量高质量军事物品，囿于当时的生产技术条件，如何提高产品的质量和数量来满足需要成为领导者最为关心的问题。为了保证军事物品的质量，20 世纪 50 年代末，美国发布的《质量大纲要求》是世界上最早的有关质量保证方面的标准，在军工生产中的成功经验被迅速应用到民用工业上，如锅炉、压力容器、核电站等涉及安全要求较高的行业，之后迅速推行到各行业中，包括食品行业。军事在质量保证方面的成功经验在世界范围内产生了很大的影响，英国、加拿大、法国等都相继制定、发布一系列质量管理和质量保证的标准和规定。

2）全球经济和技术发展需要。全球经济和科学技术不断发展，国际经济贸易和合作逐渐增强，竞争的激烈性也逐渐增强，但国际上商品的质量标准存在差别，许多国家为了维护自己的利益，故意提高进口产品的质量标准，在国际贸易间形成贸易壁垒。这种贸易壁垒包括法规、标准、检验和认证。由于这种贸易壁垒在某种意义上代表了先进的生产力，是难以要求消除的，因此，只能通过掌握、适应它，进而打破和跨越它。而 ISO 9000 系列标准提供了一个全球统一的、详尽的和可操作的标准，质量管理和质量标准的国际化也逐步成为世界各国的需要。

3）生产经营者提高经济效益和竞争力需要。自 20 世纪 70 年代以来，真正意义上的全球经济逐渐形成，因而所有的工业、商业性企业哪怕是很小的地方性企业，均应从全球角度开发产品和市场，以适应全球性竞争，企业的全球战略逐步形成，而质量在全球性竞争中的重要性与日俱增。顾客对产品的质量有了更深的认识，琳琅满目的产品同时也为顾客提供了较多的选择机会，因此生产者为了提高经济效益和竞争力不得不提高自己的产品质量，满足顾客的需求。制定国际化的质量管理和质量保证标准成为迫切需要。

（2）ISO 9000 族标准修订发展阶段

1）第一阶段：1994 版 ISO 9000 族标准。第一阶段修订为"有限修改"，仅对标准的内容进行技术性局部修改，并通过 ISO 9000-1 和 ISO 8402 两个标准，引入了一些新的概念和定义，如过程和过程网络、受益者、质量改进产品（硬件、软件、流程性材料和服务），为第二阶段修改提供了过渡的理论基础。1994 年 7 月 1 日，ISO/TC 176 完成了第一阶段的修订工作，发布了 16 项国际标准，到 1999 年底 ISO 9000 族标准的数量已经发展到 27 项，从而提出了 ISO 9000 系列标准的概念。

2）第二阶段：2000 版 ISO 9000 族标准。第二阶段修订为"彻底修订"，第二次修改是在充分总结了前两个版本标准的长处和不足的基础上，对标准总体结构和技术内容两个方面进行的彻底修改。2000 年 12 月 15 日，ISO/TC 176 正式发布了新版本的 ISO 9000 族标准，统称为 ISO 9000：2000 族标准。该标准的修订充分考虑了 1987 版和 1994 版标准以及当时其他管理体系标准的使用经验，ISO 9000：2000 族标准将使质量管理体系有更好的适用性，更加简便、协调，它由 4 个核心标准、1 个支持标准、6 个技术报告、3 个小册子等组成。2000 版 ISO 9000 族标准更加强调了顾客满意及监视和测量的重要性，增强了标准的通用性和广泛的适用性，促进质量管理原则在各类组织中的应用，满足了使用者对标准应更通俗易懂的要求，强调了质量管理体系要求标准和指南标准的一致性。2000 版 ISO 9000 标准对提高组织的运作能力、增强国际贸易、保护顾客利益、提高质量认证的有效性等方面产生了积极而深远的影响。

3）第三阶段：2008 版 ISO 9000 族标准。2004 年，ISO 9001：2000 在各成员国中进行了系统评审，以确定是否撤销、保持原状、修正或修订。评审结果表明，需要修正 ISO 9001：2000。所谓"修正"是指"对规范性文件内容的特定部分的修改、增加或删除"。修正 ISO 9001 的目的是更加明确地表述 2000 版 ISO 9001 标准的内容，并加强与 ISO 14001：2004 的兼容性。修改的主要要求为：标题、范围保持不变，继续保持过程方法，修止的标准仍然适用于各行业不同规模和类型的组织，尽可能地提高与 ISO 14001：2004《环境管理体系要求及使用指南》的兼容性，ISO 9001 和 ISO 9004 标准仍然是一对协调一致的质量管理体系标准，使用相关支持信息协助识别需要明确的问题，根据设计规范进行修正并经验证和确认。

4）第四阶段：2015 版 ISO 9000 族标准。2015 年 12 月，2015 版 ISO 9000 发行，2008 版 ISO 9000 完成了其历史使命，退出历史舞台 ISO 一般是 5~8 年改一次版本，标准的更新时间一般为 3 年。2015 版 ISO 9000 族标准与 2008 版 ISO 9000 族标准相比较有 26 个变化。GB/T

19000 系列标准是我国等同采用 ISO 9000 系列标准而制定的。

（3）ISO 9000：2015 族的组成

在 1999 年 9 月召开的 ISO/TC 176 第 17 届年会上，提出了 2000 版 ISO 9000 族标准的文件结构。ISO 9000 族标准由许多涉及质量问题的术语、要求、指南、技术规范、技术报告等组成。2015 版 ISO 9000 族标准继承了 2000 版和 2008 版的结构，其组成包括四个核心标准、一个支持性标准、若干个技术报告和宣传性小册子（表 6-1）。

表 6-1　2015 版 ISO 9000 族标准的组成

核心标准	ISO 9000：2015 质量管理体系基础和术语
	ISO 9001：2015 质量管理体系要求
	ISO 9004：2009 质量管理体系业绩改进指南
	ISO 19011：2011 管理体系审核指南
支持性标准和文件	ISO 10001 质量管理—顾客满意　组织行为规范指南
	ISO 10002 质量管理—顾客满意　组织处理投诉指南
	ISO 10003 质量管理—顾客满意　组织外部争议解决指南
	ISO 10004 质量管理体系文件指南

1）ISO 9000：2015《质量管理体系　基础和术语》。本标准为质量管理体系提供了基本概念、原则和术语，并为质量管理体系的其他标准奠定了基础。本标准旨在帮助使用者理解质量管理的基本概念、原则和术语，以便能够高效地实施质量管理体系，并实现其他质量管理体系标准的价值。本标准基于融合已制定的有关质量的基本概念、原则、过程和资源的框架，提出了明确的质量管理体系，以帮助组织实现其目标。本标准适用于所有组织，无论其规模、复杂程度或经营模式。本标准旨在增强组织在满足其顾客和相关方的需求和期望以及在实现其产品和服务的满意方面的义务和承诺意识。本标准包含范围、基本概念和七项质量管理原则、质量管理体系标准中应用的术语和定义。本标准给出了有关质量术语共 138 个词条，分成 13 个部分。

2）ISO 9001：2015《质量管理体系要求》。本标准规定了质量管理体系的要求，其基本目的是供组织需要证实其具有稳定地提供顾客需求和适用法律法规要求的产品的能力时应用。本标准是通用的，适用于各行各业、各种类型产品。为适应不同类型组织的需要，在一定条件下，允许删减某些要求。2015 版《质量管理体系要求》的主要变化：a. 依据《附录 SL》对标准的结构进行了调整；b. 用"产品和服务"替代了"产品"，强调产品和服务的差异，标准的适用性更广泛；c. 借鉴了初始评审的理念，明确提出了"评审组织所处环境"的要求；d. 更关注风险和机会，明确提出"确定风险和机会应对措施"的要求；e. 用"外部提供的过程、产品和服务"取代"采购"，包括"外包过程"；f. 提出了"知识"也是一种资源，是产品实现的支持过程；g. 更强调了最高管理者的领导力和承诺，最高管理者要对管理体系的有效性承担责任，推动过程方法及基于风险的思想的应用；h. 明确提出将管理体系要求融入组织的过程；i. 删除了特定的要求，如质量手册、管理者代表；j. 使用新术语"文件化信息"；k. 去掉了"预防措施"，预防措施概念采用以风险为基础的方法来表示；l. 关于标准的适用性，不再使用"删减"一词，但组织可能需要评审要求的适用性，确定不适用的标准是：该要求不影响产品和服务的符合性、不影响增强顾客满意的目标。标准可作为组织内部和外部（第二方或第三方）进行质量管理体系评价的依据。

3）ISO 9004：2009《质量管理体系　业绩改进指南》。标准对组织改进其质量管理体系总体绩效提供了指导和帮助，是指南性质的标准，标准不能用于认证、审核、法规或合同的目的。标准应用了"以过程为基础的质量管理体系模式"的结构，鼓励组织在建立、实施和改进质量管理体系及提高其有效性和效率时，采用"过程方法"，通过满足相关方要求提高相关方的满意程度。标准给出了"自我评定指南"和"持续改进的过程"两个附录，用于帮助组织评价质量管理体系的有效性和效率以及成熟水平，通过给出的持续改进方法寻找改进的机会，以提高组织的整体绩效，从而使所有相关方满意。

4）ISO 19011：2011《管理体系审核指南》。本标准提供的管理体系审核的指南包括审核原则、审核方案的管理和管理体系审核的实施，也对参与管理体系审核过程的人员的个人能力提供了评价指南，这些人员包括审核方案管理人员、审核员和审核组长。本标准适用于需要实施管理体系内部审核、外部审核或需要管理审核方案的所有组织，标准给出了与审核有关的 20 个术语和定义；提出的 6 个"审核原则"体现了审核的基本性质；"审核方案管理"提供了审核管理的思路和方法；"审核活动"为审核的实施过程提供了指南；"审核员的能力和评价"中明确了管理体系审核员的能力和条件要求，为评价审核员提供了指南。

6.2.2　ISO 9000 质量管理体系的原则

（1）ISO 9000 质量管理体系部分术语

1）有关人员的术语。

最高管理者（top management）：在最高层指挥和控制组织的一个人或一组人。

质量管理体系咨询师（quality management system consultant）：对组织的质量管理体系实现给予帮助、提供建议或信息的人员。

管理机构（configuration authority 或 configuration control board）：赋予技术状态决策职责和权限的一个人或一组人。

2）有关组织的术语。

组织（organization）：为实现目标，由职责、权限和相互关系构成自身职能的一个人或一组人。

相关方（interested pary 或 stakeholder）：可影响决策或活动，也被决策或活动所影响，或自认为被决策或活动影响的个人或组织，如顾客、所有者、组织内的员工、供方、银行、监管者、工会、合作伙伴以及竞争对手。

顾客（customer）：能够或实际接受本人或本组织所需要或所要求的产品或服务的个人或组织。例如，消费者、委托人、最终使用者、零售商、内部过程的产品或服务的接收人、受益者和采购方。

供方（provider 或 supplier）：提供产品或服务的组织。例如，制造商、批发商、产品或服务的零售商或商贩。

3）有关活动的术语。

改进（improvement）：提高绩效的活动。

持续改进（continual improvement）：提高绩效的循环活动。

管理（management）：指挥和控制组织的协调活动。

质量管理（quality management）：关于质量的管理，可包括制定质量方针和质量目标，以及通过质量策划、质量保证、质量控制和质量改进实现这些质量目标的过程。

质量策划（quality planning）：质量管理的一部分，致力于制定质量目标并规定必要的运行过程和相关资源以实现质量目标。

质量保证（quality assurance）：质量管理的一部分，致力于提供质量要求会得到满足的信任。

质量改进（quality improvement）：质量管理的一部分，致力于增强满足质量要求的能力。

4）有关过程的术语。

过程（process）：利用输入提供预期结果的相互关联或相互作用的一组活动。

项目（project）：由一组有起止日期的、相互协调的受控活动组成的独特过程，该过程要达到符合包括时间成本和资源的约束条件在内的规定要求的目标。

质量管理体系实现（quality management system realization）：建立、形成文件、实施、保持和持续改进质量管理体系的过程。

设计和开发（design and development）：将考虑对象的要求转换为对该对象更详细的要求的一组过程。

程序（procedure）：为进行某项活动或过程所规定的途径。

5）有关体系的术语。

管理体系（management system）：组织建立方针和目标以及实现这些目标的过程的相互关联或相互作用的一组要素。

质量管理体系（quality management system）：管理体系中关于质量的部分。

计量确认（metrological confirmation）：为确保测量设备符合预期使用要求所需要的一组操作。

测管理体系（measurement management system）：实现计量确认和测量过程控制所必需的相互关联或相互作用的一组要素。

使命（mission）：由最高管理者发布的组织存在的目的。

6）有关要求的术语。

实体（object）：可感知或想象的任何事物。例如，产品、服务、过程、人、组织、体系、资源。

质量（quality）：实体的若干固有特性满足要求的程度。

要求（requirement）：明示的、通常隐含的或必须履行的需求或期望。

可追溯性（traceability）：追溯实体的历史、应用情况或所处位置的能力。

7）有关结果的术语。

目标（objective）：要实现的结果。

质量目标（quality objective）：有关质量的目标。

产品（product）：在组织和顾客之间未发生任何交易的情况下，组织生产的输出。

服务（service）：至少有一项活动必须在组织和顾客之间进行的输出。

效率（efficiency）：得到的结果与所使用的资源之间的关系。

8）有关数据、信息和文件的术语。

数据（data）：关于实体的事实。

质量手册（quality manual）：组织的质量管理体系的规范。

质量计划（quality plan）：对特定的实体应用程序和相关资源的规范。

记录（record）：阐明所取得的结果或提供所完成活动的证据的文件。

项目管理计划（project management plan）：规定满足项目目标所必需的事项的文件。

验证（verification）：通过提供客观证据对规定要求已得到满足的认定。

确认（validation）：通过提供客观证据对特定的预期用途或应用要求已得到满足的认定。

9）有关顾客的术语。

反馈（feedback）：对产品、服务或投诉处理过程的意见、评价和关注的表示。

顾客满意（customer satisfaction）：顾客对其要求已被满足程度的感受。

投诉（complaint）：就其产品、服务或投诉处理过程，向组织表达的不满，而希望给予答复或解决问题的愿望是明确的或不明确的。

顾客服务（customer service）：在产品或服务的整个生命周期内，组织与顾客之间的互动。

顾客满意行为规范（customer satisfaction code of conduct）：组织为提高顾客满意度，就其行为对顾客做出的承诺及相关规定。

10）有关特性的术语。

特性（characteristic）：可区分的特征。

质量特性（quality characteristic）：与要求有关的，实体的固有特性。

能力（competence）：应用知识和技能实现预期结果的本领。

技术状态（configuration）：在产品技术状态信息中规定的产品或服务的相互关联的功能特性和物理特性。

11）有关确定的术语。

测定（determination）：查明一个或多个特性及特性值的活动。

评审（review）：为了实现规定的目标，对实体的适宜性、充分性或有效性的测定。例如，管理评审、设计和开发评审、顾客要求评审、纠正措施评审和同行评审。

监视（monitoring）：测定个体、过程、产品、服务或活动的状态。

进展评价（progress evaluation）：评定实现项目目标的进展情况。

12）有关措施的术语。

预防措施（preventive action）：为消除潜在不合格或其他潜在不期望情况的原因所采取的措施。

纠正措施（corrective action）：为消除不合格的原因并防止再发生所采取的措施。

偏离许可（deviation permit）：产品或服务实现前，对偏离原规定要求的许可。

13）有关审核的术语。

审核（audit）：为获得客观证据并对其进行客观的评价，以确定满足审核准则的程度所进行的系统的、独立的并形成文件的过程。

多体系审核（combined audit）：一个受审核方对两个或两个以上管理体系一起进行的审核。

审核方案（audit program）：针对特定时间段所策划并具有特定目标的一组（一次或多次）审核安排。

审核结论（audit conclusion）：考虑了审核目标和所有审核信息后得出的审核结果。

审核组（audit team）：实施审核的一名或多名人员，需要时，由技术专家提供支持。

审核员（auditor）：实施审核的人员。

技术专家（technical expert）：向审核组提供特定知识或技术的人员。

（2）ISO 9000 质量管理体系的管理原则

1）以顾客为关注焦点。质量管理的主要关注点是满足顾客要求并且努力超越顾客的期望。

理论依据。组织只有赢得和保持顾客及其他相关方的信任才能获得持续成功。与顾客相互作用的每个方面，都提供了为顾客创造更多价值的机会。理解顾客和其他相关方当前和未来的需求，有助于组织的持续成功。

主要益处。增加顾客获得的价值，提高顾客满意度；增进顾客忠诚；增加重复性业务，提高组织的声誉，扩展顾客群，增加收入和市场份额。

可开展的活动。辨识从组织获得价值的直接和间接的顾客；理解顾客当前和未来的需求和期望。将组织的目标与顾客的需求和期望联系起来。在整个组织内沟通顾客的需求和期望，为满足顾客的需求和期望，对产品和服务进行策划、设计、开发、生产、交付和支持。测量和监视顾客满意度，并采取适当的措施。确定有可能影响到顾客满意度的相关方的需求和期望并采取措施。积极管理与顾客的关系。

2）领导作用。各层领导建立统一的宗旨和方向，并且创造全员参与的条件，以实现组织的质量目标。

理论依据。统一的宗旨、方向以及全员参与，能够使组织将战略、方针、过程和资源保持一致，以实现其目标。

主要益处。提高实现组织质量目标的有效性和效率；组织的过程更加协调，改善组织各层级、各职能间的沟通，开发和提高组织及其人员的能力，以获得期望的结果。

可开展的活动。在整个组织内，就其使命、愿景、战略、方针和过程进行沟通。在组织的所有层次创建并保持共同的价值观和公平道德的行为模式；培育诚信和正直的文化。在整个组织范围内鼓励人员履行对质量的承诺；确保各级领导者成为组织人员中的实际楷模。为人们提供履行职责所需的资源、培训和权限；激发、鼓励和表彰人员的贡献。

3）全员参与。整个组织内各级人员的胜任、授权和参与是提高组织创造和提供价值能力的必要条件。

理论依据。为了有效和高效地管理组织，各级人员得到尊重并参与其中是极其重要的。通过表彰、授权和提高能力，促进实现组织的质量目标过程中的全员参与。

主要益处。通过组织内人员对质量目标的深入理解和内在动力的激发以实现其目标，在改进活动中，提高人员的参与程度。促进个人发展、主动性和创造力。提高员工的满意度。增强整个组织的信任和协作；促进整个组织对共同价值观和文化的关注。

可开展的活动。与员工沟通，以增进他们对个人贡献的重要性的认识。促进整个组织的协作。提倡公开讨论，分享知识和经验。让员工确定工作中的制约因素，毫不犹豫地主动参与。赞赏和表彰员工的贡献、钻研精神和进步。针对个人目标进行绩效的自我评价。为评估员工的满意度和沟通结果进行调查，并采取适当措施。

4）过程方法。只有将活动作为相互关联的连贯系统进行运行的过程来理解和管理时，才能更加有效和高效地得到一致的、可预知的结果。众多的过程是相互关联的，识别和管理这些相互关联的过程叫过程方法，一个过程包含将输入转化为输出的一个或多个活动。

理论依据。质量管理体系是由相互关联的过程所组成。理解体系是如何产生结果的能够使组织尽可能地完善其体系和绩效。

主要益处。提高关注关键过程和改进机会的能力。通过协调一致的过程体系，始终得到预期的结果。通过过程的有效管理，资源的高效利用及职能交叉障碍的减少，尽可能提升其绩效。使组织能够向相关方提供关于其一致性、有效性和效率方面的信任。

可开展的活动。确定体系和过程需要达到的目标。为管理过程确定职责、权限和义务。了解组织的能力，事先确定资源约束条件。确定过程相互依赖的关系，分析个别过程的变更对整个体系的影响。对体系的过程及其相互关系进行管理，有效和高效地实现组织的质量目标。确保获得过程运行和改进的必要信息，并监视、分析和评价整个体系的绩效。管理能影响过程输出和整个质量管理体系结果的风险。

以过程为基础的 ISO 9001 质量管理体系模式如图 6-1 所示。识别顾客需求，通过各过程的应用提供产品给顾客可视为一个大过程；基于过程的方法，为满足顾客（和其他相关方）的需求提供产品并使其满意的组织活动可能由 4 个过程构成：产品实现过程，管理活动过程，资源管理过程，测量、分析和改进过程。这 4 个过程存在着相互作用。以产品实现过程为主过程对过程的管理构成管理过程，即管理职责，实现过程所需资源的提供构成资源管理过程，对实现过程的测量、分析、和改进构成支持过程。这 4 个过程分别可以依据实际情况分为更详细的过程。监视相关方满意程度需要评价有关相关方感受的信息，这可通过测量、分析、改进过程实现。PDCA 方法适合组织的 ISO 9001 质量管理体系的持续改进，持续改进又使 ISO 9001 质量管理各个过程持续改进。

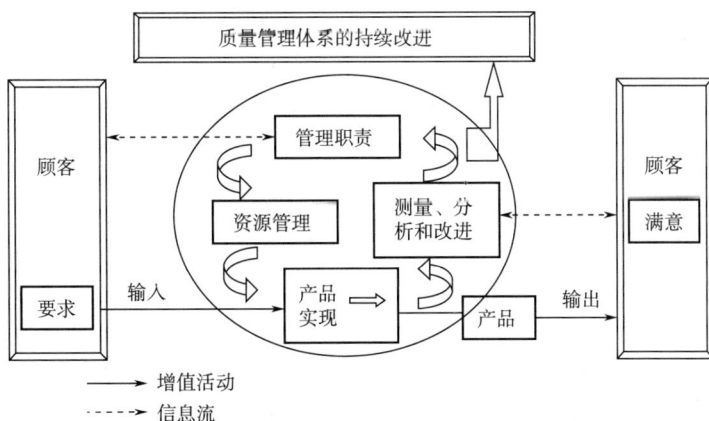

图 6-1　以过程为基础的 ISO 9001 质量管理体系模式

5) 改进。理论依据。改进对于组织保持当前的绩效水平,对其内、外部条件的变化做出反应并创造新的机会都是非常必要的。

主要益处。改进过程绩效、组织能力和顾客满意度。增强对调查和确定基本原因及后续的预防和纠正措施的关注。提高对内、外部的风险和机会的预测和反应能力;增加对增长性和突破性改进的考虑。通过加强学习实现改进。增强创新的动力。

可开展的活动。在组织的所有层次建立改进目标。对各层次员工进行培训,使其懂得如何应用基本工具和方法实现改进目标。确保员工有能力成功制定和完成改进项目;开发和展开整个组织实施的改进项目。跟踪、评审、审核和改进项目的计划、实施、完成和结果。将新产品开发或产品、服务和过程的更改都纳入到改进中予以考虑。赞赏和表彰改进。

6) 循证决策。基于数据和信息的分析和评价的决策更有可能产生期望的结果。

理论依据决策是一个复杂的过程,并且总是包含一些不确定因素。它经常涉及多种类型和来源的输入及其解释,而这些解释可能是主观的。重要的是理解因果关系和潜在的非预期后果。对事实、证据和数据的分析可导致决策更加客观,因而更有信心。

主要益处。改进决策过程;改进对实现目标的过程绩效和能力的评估。改进运行的有效性和效率。提高评审、挑战和改变意见和决策的能力。提高证实以往决策有效性的能力。

可开展的活动。确定、测量和监视可证实组织绩效的关键指标。使相关人员能够获得所需的全部数据。确保数据和信息足够准确、可靠和安全。使用适宜的方法对数据和信息进行分析和评价。确保人员对分析和评价所需的数据是胜任的;依据证据,权衡经验和直觉进行决策并采取措施。

7) 关系管理。为了持续成功,组织需要管理与相关方的关系。

理论依据。相关方影响组织的绩效。当组织管理与所有相关方的关系尽可能发挥其在组织绩效方面的作用时,持续成功更有可能实现。对供方及合作伙伴的关系网管理是非常重要的。

主要益处。通过对每一个与相关方有关的机会和限制的响应,提高组织及其相关方的绩效。对目标和价值观,与相关方有共同的理解;通过共享资源和能力,以及管理与质量有关的风险,增加为相关方创造价值的能力;管理良好的供应链,使产品和服务稳定流动的。

可开展的活动。确定相关方(如供方、合作伙伴、顾客、投资者、雇员或整个社会)与组织的关系。确定需要优先管理的相关方的关系,建立权衡短期收益与长期考虑的关系。收集并与相关方共享信息、专业知识和资源。适当时,测量绩效并向相关方报告,以增加改进的主动性。与供方、合作伙伴及其他相关方共同开展开发和改进活动。鼓励和表彰供方与合作伙伴的改进和成绩。

6.2.3 ISO 9001 质量管理体系的建立与应用

(1) 质量管理体系总要求的实施步骤

实施保持质量管理体系总要求的步骤包括:a. 最高管理者统一管理领导层思想,确定建立质量管理体系的进度目标。b. 成立组织的贯标领导班子和工作班子。c. 根据时间进度目标制订组织建立、实施质量管理体系的具体工作计划。d. 分层次地组织全体员工进行 ISO 9001 族标准的培训。e. 以顾客为关注的焦点,制订组织的质量方针和在相关职能部门和层次上建立质量目标。f. 策划产品实现所需要的过程。g. 根据 ISO 9001 标准的要求进行现状调查，找出薄弱环节。h. 确定各个过程和子过程中应开展的质量活动。i. 进行质量职能分配。j. 制（修）订各部门的质量管理职责、权限及相互关系。k. 进行质量管理职责和责任的考核。l. 编写质量管理体系文件。m. 质量管理体系文件会审后，由最高管理者（总经理）批准发布。n. 开展质量管理体系文件的宣传教育。o. 提供和管理人力资源、基础设施、工作环境。p. 按建立的质量管理体系试运行（3 个月以上）。q. 培训内部质量管理体系审核人员，并由厂长（总经理）聘任。r. 进行内部质量管理体系审核和纠正措施的跟踪（一次以上）。s. 最高管理者（总经理）亲自主持管理评审。

（2）ISO 9001 在食品企业中实施的意义

我国食品工业是改革开放以后发展起来的新兴行业，虽然起步较晚，但发展十分迅速，将 ISO 9001 标准引入食品企业中，可以在改善工艺装备、提高技术水平的基础上，使食品企业的管理更科学化、系统化、文件化、制度化，进而帮助食品企业扩大生产规模、增强市场竞争力、提高企业的市场信誉和经济效益。同时，ISO 9001 标准对推动我国食品行业质量管理水平向更高层次发展也具有积极意义。

1）有利于企业及员工增强质量意识。ISO 9001 质量管理体系所强调的质量意识，将迫使食品企业强化责任意识、提高管理水平、改善管理模式、提高工作效率。同时，它也将极大地提高企业员工的工作水平和业务素质，从而锻炼一支过硬的队伍，为今后的工作打下坚实的基础。

2）有利于保护消费者的利益。现代科学技术的发展，使产品向高科技、多功能、精细化和复杂化方向发展。但是，消费者在采购或使用这些产品时，一般都很难在技术上对产品加以鉴别。即使产品是按照技术规范、标准生产的，但当技术规范和标准本身不完善和组织质量管理体系不健全时，就无法保证持续为消费者提供满足其要求的产品。按 ISO 9001 标准建立质量管理体系，通过体系的有效应用，促进组织持续改进生产工艺和流程，实现产品质量的稳定和提高，无疑是对消费者利益的一种最有效的保护，同时也增加了合格供应商产品的可信程度。

3）为提高企业的持续改进能力提供有效的方法。ISO 9001 标准鼓励企业在制定、实施质量管理体系时采用过程控制方法，通过识别和管理众多的相互关联的活动，以及对这些活动进行系统的管理和连续的监视和控制，生产出令顾客满意的产品。此外，质量管理体系提供了持续改进的框架，增加顾客和其他相关方满意的机会。因此，ISO 9001 标准为提高企业的持续改进能力提供了有效的方法。

4）有利于企业持续满足顾客的需求和期望。顾客要求产品具有满足其需求和期望的特性，然而顾客的要求和期望是不断变化的，这就促使企业持续改进生产工艺及流程。此时 ISO 9001 质量管理体系的要求恰恰为企业提供了一条有效的途径。

（3）ISO 9001 在食品企业中的应用

ISO 9001：2015 标准在总结全世界各国质量管理实践经验和理论研究的基础上，提出了七项质量管理原则。这七项原则作为最基本、最通用的一般规律，通过密切关注顾客和其他相关方的需求和期望来促进组织总体业绩的提升，通过组织发挥领导作用及强化全员参与，成为组织文化的重要组成部分。食品企业应正确理解和遵循七项质量管理原则，这对指导企业质量管理和质量经营，建立科学量化的标准和可操作、易执行的作业程序，以及创建基于作业程序的管理工具，实现精细化管理具有重要意义。

按照 ISO 9001：2015 标准规定，ISO 9001 是按照 PDCA 循环实施的。因此在食品企业应用 ISO 9001 的具体步骤如下。

1）策划（plan）。食品企业管理者应根据自身的实际情况，对质量管理体系进行策划，制定质量方针和质量目标，形成质量体系文件，并在组织内部与全体人员进行沟通，对管理体系的有效性和完整性进行评审，而不是制定好相关文件后全员学习。通过适当的教育、培训等使食品企业所有环节（包括食品卫生质量控制、工艺制定、原辅料采购、生产控制、检验、设备维护、仓储运输、产品销售等）的人员熟悉 ISO 9001：2015 的细则，明确各级岗位人员的职责与权限，建立岗位职责和相应的考核制度，充分调动企业员工参与质量管理的积极性和能动性。

2）实施（Do）。产品实现的具体过程与顾客是息息相关的，其应以满足顾客要求为目标。另外，要及时与顾客进行沟通，因为任何突发情况（如合同或订单的处理）都会导致产品实现过程发生变化。在食品的设计和开发方面，应积极与高校或其他研发机构加强横向联合，研究各种食品的发展动向，为新产品的开发和立项提供可行性分析和技术支持。同时，要对试产新品进行现场跟踪，组织对实验产品进行品评并详细记录，并不断地改进完善。在采购方面，食品生产企业应制订原料、辅料、包装物、包装容器的接受准则或规范，应建立选择、评价供方程序，对原料、辅料、容器及包装物料的供方进行评价、选择，多方比较后选择优质、价廉、有良好资质和质量保证的厂家。

在食品的整个生产工艺过程中，要对过程的关键因素实施控制，保证各工艺按规程进行。食品企业应有与生产能力相适应的内设检验机构，对检验的每一批产品都要标识、编号、定置、分析、记录、跟踪，符合质量要求的颁发合格证。

食品企业应建立和实施追溯系统，确保从原辅料到成品的标志清楚，具有可追溯性，实现从原辅料验收到产品出库、从产品出库到直接销售商的全过程追溯。同时还应建立和实施不安全批次产品的召回程序，保证出现问题的产品能够追溯并及时召回，避免给消费者造成安全危害和对企业的信誉产生不利影响。

3）检查（check）。组织内部按时间间隔进行内部审核。按照标准要求，对企业的质量管理体系进行诸要素、诸部门全面审核，查找体系运行过程中存在的问题（即"不符合项"），然后限期整改，通过对"不符合项"进行纠正，使其达到标准要求，以确保体系正常运行，促进企业产品质量管理，从而达到有效保证产品质量的目的。

具体过程如下：对不符合产品要求的产品进行检查，详细记录检验报告，根据结果做出具体分析，推测出可能产生的原因，并采取相应的措施，消除不合格产品。同时制定相应的措施，消除可能导致产生不合格产品的潜在原因，从而杜绝相同情况的再次发生。所有过程都要求记录齐全，书写规范，整理归档，便于以后查询。

4）处置（action）。企业要进行管理评审，主要目的是确定企业的质量方针、目标的总体有效性，并根据内审结果、技术进步及市场、质量概念、社会要求等变化情况，对质量体系的适宜性进行评价。其中，应特别重视对顾客意见和要求的处理，以不断提高质量体系和持续向顾客提供符合要求产品的能力。

众多收效显著的企业实践证明，按照 ISO 9001 标准要求进行操作，企业提高了综合管理水平和市场竞争能力。

6.3　ISO 22000 食品安全管理体系

ISO 22000 不仅是一套标准，更是一种对食品安全管理的全面承诺，涵盖了从农场到餐桌的每一个环节。它强调预防为主，通过识别和控制潜在的危害，确保食品在整个供应链中的安全。ISO 22000 标准是食品质量管理领域的里程碑，它不仅提升了食品安全的标准，也为食品行业的可持续发展奠定了基础。

6.3.1　ISO 22000 食品安全管理体系的概述

ISO 22000 食品安全管理体系标准由 ISO 下设的 ISO/TC 34 食品技术委员会制定的一套专用于食品链内的食品安全管理体系。ISO 22000 标准的产生和发展是建立在 HACCP、GMP 和 SSOP 的基础上，同时整合了 ISO 9001：2000 的部分要求形成，并于 2005 年 9 月 1 日向全世界正式颁布。

食品安全问题一直是全球关注的焦点。随着食品工业的发展和全球化的推进，食品供应链变得越来越复杂，食品安全风险也日益增加。为了保障食品的安全性，各国政府和国际组织纷纷制定了一系列食品安全法规和标准。然而，这些法规和标准往往只针对某个环节或某个领域，缺乏一个全面、系统的食品安全管理体系。在这种背景下，ISO 22000 应运而生。

ISO 22000 的发展历程主要包括 5 个阶段。

（1）HACCP 原则的引入

HACCP（危害分析与关键控制点）是一种系统化的预防性食品安全控制方法，旨在识别、评估和控制食品生产过程中的潜在危害。HACCP 通过分析食品加工过程中的关键控制点，确定可能的危害并采取相应的预防措施，从而确保食品的安全性。HACCP 原则被广泛应用于食品生产和加工行业，成为现代世界确保食品安全的基础。

（2）ISO 9001 质量管理体系的应用

ISO 9001 是一种国际通用的质量管理体系标准，旨在帮助组织确保其提供的产品或服务持续满足客户和其他相关方的需求。ISO 9001 强调过程控制、持续改进和客户满意度等原则，为组织提供了一个全面的质量管理框架。在食品安全管理方面，ISO 9001 的应用有助于提高食品企业的管理水平和产品质量。

（3）ISO/TC 34 的成立

为了制定一个全面、系统的食品安全管理体系标准，ISO 于 1998 年成立了食品技术委员会（ISO/TC 34）。该委员会负责研究和制定有关食品安全管理的国际标准。ISO/TC 34 的成立标志着 ISO 22000 标准制定的开始。

（4）ISO 22000 标准的制定

在 ISO/TC 34 的指导下，来自世界各地的专家共同参与了 ISO 22000 标准的制定工作。他们结合 HACCP 原则和 ISO 9001 质量管理体系的要求，对食品安全管理的最佳实践进行了总结和提炼。经过多年的努力，ISO 22000 标准终于在 2005 年正式发布。

（5）ISO 22000 的实施与推广

自发布以来，ISO 22000 标准得到了全球各个国家和地区的广泛承认和应用。许多国家和地区都将其作为食品安全管理的国家标准或行业标准。同时，ISO 22000 也为食品企业提供了一个统一的食品安全管理体系框架，有助于提高企业的食品安全管理水平和产品质量。

我国于 2006 年 3 月 1 日颁布了 ISO 22000：2005《食品安全管理体系适用于食品链中各类组织的要求》的等同采用标准 GB/T 22000—2006《食品安全管理体系食品链中各类组织的要求》，并于 2006 年 7 月 1 日开始实施。2014 年 11 月，在第一版 ISO 22000 实施近 10 年之际，提出建议修改，并于 2015 年 11 月启动修改程序。标准的修订由来自 30 多个国家食品安全管理体系建立、实施和审核方面的专家进行。2016 年 12 月形成了委员会草案，2017 年 7 月形成了国际标准草案，2018 年 2 月形成了最终国际标准版草案，2018 年 6 月 18 日，ISO 22000：2018 正式发布。新标准的变更意义体现在赋予最高管理者更积极的角色、帮助组织应对日益复杂多变的环境、便于多体系整合以及更强调食品安全管理体系的有效性。

ISO 22000 标准是基于 HACCP 的 7 个原理的食品安全管理体系，可用于审核，也可用于认证，具有广泛适用性，能将 HACCP 同先决条件以及标准卫生操作程序兼容。标准明了 2 个单独的 PDCA 循环，一个覆盖管理体系和其他，另一个覆盖 HACCP。ISO 22000：2018 遵循与所有其他 ISO 管理体系标准相同的结构，为国际交流提供机制。

ISO 22000 适用于食品链中各种规模和复杂程度的所有组织，并允许任何组织在食品安全管理体系中实施外部开发要素，内部和/或外部资源均可用于满足 ISO 22000 的要求。直接或间接介入的组织包括但不限于：饲料生产者、动物食品生产者、野生动植物收获者、农民、配料生产者、食品生产制造者、零售商、提供食品服务的组织、餐饮服务与经营者，提供清洁卫生服务、运输、贮存和配送服务者、设备供应商、提供清洁剂和消毒剂、包装材料和其他食品接触材料的供应商。

6.3.2　ISO 22000 食品安全管理体系的原则

（1）ISO 22000 食品安全管理体系部分术语

ISO 22000：2018 标准术语和定义由 ISO 22000：2005 版本中的 17 个增加为 45 个；其中基本保持了 ISO 22000：2005 标准中的 7 个，修改和更新了 10 个术语、定义或其备注部分；新增了标准术语和定义 28 个。

可接受水平（acceptable level）：在组织提供的终产品中，不得超过的食品安全危害水平。可接受水平只是为确保食品安全，在组织的终产品进入食品链下一环节时，某特定危害所需要达到的水平。食品安全是一个相对安全的概念，产品达到可接受水平即表示其是安全的，对确定危害可接受水平的依据和记录应保留成文信息。

行为准则（action criterion）：用于监视操作性前提方案的可衡量或可观察的规范。行动准则设立的目的是保证操作性前提方案的良好运行。行动准则是与操作性前提方案有关的措施需要满足的标准，是用来保证某一活动符合规定要求的准则。行动准则可以是一个范围或一个值，也可以是一个方法和要求，可以测量，也可以是主观的观察。

符合（conformity）：满足要求。食品安全管理的符合主要是不对消费者造成伤害，满足可接受水平的要求。

污染（contamination）：在产品或加工环境中引入或产生污染物，包括食品安全危害。通常，污染物是指进入环境后能够直接或间接危害消费者的物质。

纠正（correction）：在发现不符合项或异常情况下所采取的控制措施。纠正一般包括恢复受控、重新加工、改作其他用途等。纠正与纠正措施不同，纠正的对象是发现的不符合项，只就事论事，没有关注识别及消除不符合项发生的原因。

成文信息（documented information）：组织需要控制和保持的信息，及其承载信息的载体。成文信息包括为食品安全管理体系创建的信息（文件）；体系运行结果的证据（记录）。成文信息（文件、记录）可以采用不同形式、任何来源，这决定于体系、风险管理和危害控制的需求。

有效性（effectiveness）：实现策划的活动及取得策划结果的程度，有效性包括体系管理的有效性、控制措施的有效性、标准中多个条款涉及的有效性以及评价、分析、保证、提高的有效性。

终产品（end product）：不再被组织进行进一步加工或转化的产品，终产品是一个相对的概念，食品链中生产、制作或加工的每个组织都有自己的终产品。组织自身的终产品可能是食品链中下游组织生产的原料或辅料。

食品（food）：用于消费的成品、半成品或原料，包括饮品、口香糖以及用于食品加工、制备或处理的任何物质，但不包括化妆品、烟草以及仅作为药用的物质（成分）。

饲料（feed）：用于喂养食用动物的一种或多种产品，可以是成品、半成品或原料。食品用于人类和动物的消费，包括饲料和动物食品；饲料用于喂养食用动物；动物食品用于喂养非食用动物，如宠物。

动物食品（animal food）：用于喂养非食用动物的一种或多种产品，可以是成品、半成品或原料。动物食品往往与人类无关，而仅仅与动物有关，其食品安全问题也与人类健康无关。在食品安全危害分析时，对食品、饲料和动物食品这三类食品要区别对待，人类食品和饲料最终要关注对人类消费者的伤害，而动物食品则关注对动物的危害。

食品链（food chain）：食品及其辅料从初级生产直至消费的各环节的序列，加工、分销、贮存和处理。初级产品指初级生产的产品，初级生产包括食品链前端的所有生产阶段，如收获、屠宰、挤乳、捕获等。组织在建立和实施食品安全管埋体系时必须考虑其加工的前后食品链的影响。

食品安全（food safety）：确保食品按照其预期用途制备和/或消费时，不会对消费者产生不良健康影响。预期用途通常指按照食品标签说明、产品说明或合同中规定的用途。预期用途包括拟定的加工、消费和预处理、拟定的消费者。营养不良与食品安全危害无关，没有按照预期用途食用造成营养失调或营养不良，不能称该食品不安全，不属于标准关注的食品安全问题，不在此概念范围内。

食品安全危害（food safety hazard）：食品中所含有的对健康有潜在不良影响的生物、化学或物理的因素或食品存在状况。健康特指人类的健康，饲料的安全是防止可食用动物的饲料食品安全问题通过肉类、乳类等转移到人类食品中。

批（lot）：在基本相同条件下生产、加工或包装的产品的规定数量的定义。与生产日期相关是人为规定的批次。通常描述为"某批产品"，可以是一个生产日期，也可以是多个日期，同样也可以一天生产多个批次。批次的管理，与产品质量相关，对相同质量的产品有一致性管理要求，包括检测指标的共用，更好地实现可追溯性。

测量（measurement）：确定数值的过程。测量是按照某种规律，用数据来描述观察到的现象，即对事物进行量化描述。测量往往要关注测量的对象、计量单位、测量方法、测量准确度。

不符合（nonconformity）：不满足要求。在食品安全管理体系中，不符合往往是不符合食品安全的要求；不合格品视为不安全产品。

操作性前提方案（operational prerequisite program，OPRP）：用于预防或减少显著食品安全危害至可接受水平的控制措施或控制措施组合，通过行动准则、测量或观察能够有效控制过程或产品。操作性前提方案针对通过危害分析所确定的特定危害，并且是控制特定危害至可接受水平的组合控制措施之一，需要与 HACCP 计划共同确认、监视和验证方法实施的有效性。

外包（outsource）：安排外部组织承担组织的部分职能或过程。组织自身没有能力，不方便开展或由外部组织开展能够更有利的工作，往往采取外包的方式。外包的目的是更好地控制食品安全问题，外部组织应该有能力保证外包的过程范围内食品安全的良好控制。

绩效（performance）：可测量的结果。绩效是可测量的结果，可以定性也可以定量，绩效的测量是一个过程。对体系、过程的绩效系统评价、分析可以有效使体系、过程改进和提高。

方针（policy）：由最高管理者正式发布的组织的宗旨和方向。食品安全方针应与组织总的发展方针相适应，是组织发展阶段性的为确保食品安全的宗旨和努力的方向，是组织食品安全目标制定的依据和框架。食品安全方针的制定应适宜，并在组织内外部沟通，各级工作人员应理解。

前提方案（prerequisite program，PRP）：在组织和整个食品链中为保持食品安全所必要的基本条件和活动。前提方案是实施控制措施计划（HACCP 计划、操作性前提方案计划）的前提和基础。组织应结合适用的法律法规、客户要求、组织在食品链中的位置、类型和自身条件及要求，确定应实施的管理规范，包括良好农业规范（GAP）、良好兽医规范（GVP）、良好操作规范（GMP）、良好卫生规范（GHP）、良好生产规范（GPP）、良好分销规范（GDP）和良好贸易规范（GTP）等。

要求（requirement）：明示的、通常隐含的或必须履行的需求或期望。必须履行的要求表现为标准、法规、客户的规定；明示的要求包括组织内部规定。通常惯例或一般做法，所考虑的需求或期望是不言而喻的，没有专门规定。

风险（risk）：不确定性的风险可能是对某个事件的结果缺乏理解、了解的状态。风险通常以事件的后果与相关的"可能性"的组合进行描述，食品安全危害的管理，一般从可能性、严重性两者结合考虑风险。

显著食品安全危害（significant food safely hazard）：通过危害评价识别的需要通过控制措施进行控制的食品安全危害。食品安全危害的种类很多，发生在特定食品中的危害仅仅是一部分；特定食品中的危害是否可能对消费者造成伤害需要进行评估和分析。确定的显著食品安全危害需要有控制措施。

更新（update）：为确保应用最新信息而进行的即时和（或）有计划的活动。为了确保更新活动的有效性，更新的即时性是重点。更新是有计划的活动，需要有策划、有职能、有目的地实施。

（2）ISO 22000 食品安全管理体系关键原则

食品安全管理体系总则中规定了食品安全管理体系的四大关键原则：相互沟通、前提方案、体系管理、HACCP 原理。

1）相互沟通。食品安全是通过食品链中所有参与方的共同努力取得的，"相互沟通"必不可少，是四大关键原则之一。沟通包括内外部沟通，目的是确保获取必要的信息，作为体系更新的输入和持续改进的基础。有效实施沟通，必须建立机制，包括沟通的内容、时间、责任人、方式、对象五要素。应确保其活动可能影响食品安全的所有人员，充分沟通了解各种要求，这些人中包括内部的管理者、员工，外部的供方、客户、相关部门等。

①内部沟通，组织应建立、实施和保持有效的体系，以便于对食品安全有影响的事项进行内部沟通。内部沟通的目的在于确保组织内的活动获得充分的信息和数据。内部沟通可能会涉及多个部门，需要组织内部各部门对内部沟通的充分理解和部门间的充分配合。

食品安全小组组长在食品安全问题的内部沟通方面发挥着主要作用，应关注源头、过程和终端的变化，立法、执法部门发布的法律法规及客户要求的变化，以及时组织危害分析和更新相关信息。组织内部人员的沟通宜清晰且及时。

②外部沟通，外部沟通的目的是确保在整个食品链中能够获得充分的食品安全方面的信息。外部沟通包括与食品链的上下游进行沟通，以实现与食品链上组织的知识分享，能够有效识别、评价、控制食品安全危害。与顾客的沟通，获取顾客的食品安全要求，为确定可接受水平提供依据。与立法和执法部门以及其他组织的沟通，以确定公众可接受的食品安全程度。外部沟通的证据应作为成文信息得到保留。

2）前提方案。前提方案（PRP）是危害控制的基础，一种是在危害分析基础上制订的控制措施计划（OPRP、CCP），另一种是可能不通过危害分析，而是对食品安全卫生一般管理的通用要求。这些通用方案不以危害分析为基础，但确实是建立食品安全管理体系必不可少的内容。组织应建立、实施、保持和更新前提方案，以便于预防和（或）减少产品加工过程和工作环境中的污染（包括食品安全危害），帮助组织实现以下目的：控制食品安全危害中通过工作环境进入产品的风险；控制产品的生物、化学和物理性污染；控制产品和产品加工环境的食品安全危害水平。

前提方案应满足的要求包括：a. 通用要求。组织应根据其在食品链中的位置和相关食品安全要求来制定其前提方案，同一产品由于不同的加工规模和加工方式，以及不同的终产品性质，就会有不同的前提方案与之相适应。前提方案需要在整个生产系统中实施，无论是普遍适用还是适用于特定产品或生产线。策划完成的前提方案需要得到食品安全小组的批准后才能够实施。b. 基本要求。法律法规是食品安全管理体系的最低要求，危害控制水平通常以法律法规要求为最低限，同时要考虑顾客的要求，并与使用的法规要求互相统一，当两个法规或法规与顾客要求不一致时应以更为严格的为依据。c. 个性化要求。前提方案的具体内容是随组织的不同而有所不同的，以危害分析为基础建立的控制措施计划因组织的不同而异。组织在制定前提方案时应根据自身的特点考虑标准中的相关信息。前提方案是否能够达到策划的目的和要求，可以对其进行验证，以满足过程控制的要求。

3）体系管理

ISO 22000在建立、实施以及提高其有效性时采用过程方法（PDCA），以增强安全产品的生产和服务，同时满足适用要求。

策划（plan）：安全产品是由不同的管理过程来实现的。组织策划各过程的运行准则、要求，并且与风险管理相对应，在识别组织环境、相关方要求，以及识别、评估风险的基础上，确定策划运行准则，适宜于组织并能实现组织食品安全目标。

实施（do）：组织应按照所策划的过程方法实施活动，最终实现产品的安全。要求保留证明过程已经按策划进行所需的成文信息，包括策划的文件、实施运行的记录等。

检查（check）：组织应对体系的实施过程和实施结果实行跟踪检查，以保证实施效果。对检查中发现的问题进行详细记录，为持续改进提供依据。

持续改进（act）：持续改进作为PDCA循环中的循环连接点，是确保PDCA循环至关重要的动作。企业应确保员工能积极地参与寻求过程、活动，创造一个全员参与、主动实施改进的氛围和环境，争取质量的改进机会。

持续改进的前提。可追溯性系统的建立是食品安全管理体系持续改进的前提条件。通过可追溯性系统的建立可以对发现的问题进行系统的原因分析、实现改进。追溯应是沿整个食品链的过程，针对一个组织生产的产品，要能够从原料追溯到最终顾客。因此在建立和实施可追溯性系统时至少应考虑材料接收、辅料和中间产品的批次与终产品的关系。材料/产品的返工和终产品的分销。为实现产品的可追溯性必须进行记录保持。通常记录的保存期应不小于产品的保质期，法律法规和顾客有要求的应满足其记录保持要求。

持续改进的实施。改进包括对不符合的纠正、体系持续改进和更新。组织可以通过相互沟通、管理评审、内部审核、结果验证、体系更新等多种方式和途径来持续改进食品安全管理体系的适宜性、充分性和有效性。保留必要的记录，如不符合的描述、相应的措施及最后的效果，以及企业自行确定的一些要求记录的内容。记录有助于追溯、传承和分析。

4）HACCP。ISO 22000食品安全管理体系的核心内容是HACCP体系的建立与实施。

①危害分析。危害分析是食品安全小组的重要工作职责，从识别危害、评价危害、控制危害三方面具体实施。控制程度应确保食品安全，适宜时，应使用控制措施组合。

危害识别和可接受水平的确定。危害识别应全面。危害分析是在预备步骤所收集的信息、数据和其他内外部沟通所获取信息的基础上进行的。丰富的信息是实施有效危害分析的前提。在危害识别时，需要充分与供方沟通，注意来自供方的危害信息。内部应关注组织现有的工艺、设备、人员、环境、管理等状况信息。危害分析通常是由食品安全小组成员共同完成。依据经验的判断通常是实施最初危害分析的一个重要手段，可以通过以后的数据对其科学性进行确认和验证。危害的可接受水平是危害评价的基础。可接受水平与组织在食品链中的位置、组织的目标、顾客的要求、法规的规定等都是相关的。确定依据应充分科学。政府权威部门制定的产品安全标准是可接受水平确定时的基础依据。对确定危害可接受水平的依据和记录应予以记录。

控制措施的选择和分类。组织应基于危害评估，选择适宜的控制措施或控制措施组合，使显著食品安全危害得到预防或降低至规定的可接受水平。组织应将所选择的控制措施进行分类，通过操作性前提方案或关键控制点实施管理。选择控制措施的依据，如法规、标准、客户要求等文件需要保留，并在危害分析表中记录控制措施判定的过程和结果。

控制措施和控制措施组合的确认。为确保以控制措施组合为核心建立的食品安全管理体系的有效性，食品安全小组应对控制措施组合的有效性进行确认。确认的目的是对操作性前提方案和 HACCP 计划能否对食品安全危害实施有效控制提供证实，确定控制措施组合使最终产品满足可接受水平的能力，如果经确认，目前的控制措施组合未能达到将食品安全控制在可接受水平内，就需要调整或重新设计。

②危害控制计划（HACCP/OPRP 计划）。危害控制计划（关键控制点、操作性前提方案）是危害分析的结果，是对显著危害的控制措施，其有效实施需要作为成文信息维护，为实现可操作性，文件内容中应明确控制危害、关键限值或行动准则、如何控制、如何监视、如何实施纠正和纠正操作、谁来实施及如何记录等。可以通过规范的 HACCP 计划表、OPRP 计划等形式来进行相关内容的描述，也可以通过专门的 HACCP 计划加以规定。

危害控制计划按策划的要求实施，实施的前提是相关人员要了解计划的要求；实施过程应保留相关记录，以便于追溯和证明危害控制计划的运行情况，应对危害控制计划进行评审和更新。

③信息更新。前提方案和危害控制计划应实施动态管理。食品安全小组要及时了解预备信息的变化，当预备信息内容变更后，应进行相关文件的及时更新，包括对控制措施计划和前提方案的更新修改。

④验证。不验证不足以置信。所有制定的控制措施是否按照策划的要求运行（符合性），运行的结果是否满足预期的要求（有效性）都需要通过验证活动来证明。

验证活动策划开展。符合性的验证策划包括前提方案是否得以实施、危害分析输入是否持续更新、HACCP 计划是否得以实施。符合性验证采用的方法包括现场检查、查阅记录、内部审核等。有效性的验证策划包括 HACCP 计划是否有效、危害控制是否在确定的可接受水平之内，有效性实施验证需要根据不同的验证内容策划不同的验证方法。验证策划的方法应是可行的可操作的，并能够真正实现对有效性的验证，所有的验证结果应有记录，保存并交流。需要特别注意的是同一活动的监视人员和验证人员不能是同一个人。

验证活动结果分析。根据验证策划，需要对验证活动结果实施评价，确定这些过程是否有效实施，是否经食品安全控制已达到可接受的水平。验证活动可由各部门进行，但结果由食品安全小组进行分析。验证结果分析是对食品安全管理体系的综合全面分析，为食品安全管理体系绩效评价提供输入，并对潜在不安全产品的风险发生趋势进行分析。

⑤产品和过程不合格的控制。CCP、OPRP 监视的数据应由有能力的专人进行评估，一般是食品安全小组成员，一旦出现不符合，须及时采取纠正和纠正措施。

纠正。当 OPRP 的运行准则或 CCP 的关键限值不满足要求时，组织应确保根据产品的用途和放行要求，识别和控制受影响的产品。不符合控制的对象是操作性前提方案失控及关键控制点的关键限值超出的情况。纠正是针对发生的不符合及其所产生的影响及时采取的行动，避免产生进一步不利影响，实施纠正时需要对受影响的产品进行识别和控制。超出关键限值生产出的产品其安全性有较大风险，为潜在不安全产品；不符合操作性前提方案行动准则生产的产品，应评价其严重程度，如对产品的安全有重要影响时应同潜在不安全产品一样处置。

对不合格产品、过程采取纠正的性质、原因、后果应有完整的处置过程记录。

纠正措施。建立管理体系不能够完全避免管理过程中出现的不符合，关键是要能够发现不符合的原因并最大限度地消除它，避免不符合的再次发生，组织只有通过过程的监控并对监控过程中所获取的数据进行分析才能够发现不符合行动准则或关键限值的原因。当发现不符合时，应评估采取纠正措施的必要性，一般来说 CCP 偏离必须采取纠正措施。组织就纠正措施要求应形成文件，对纠正措施实施过程应记录。

6.3.3　ISO 22000 食品安全管理体系的建立与应用

企业建立 ISO 22000 食品安全管理体系主要有七大步骤。

（1）准备阶段

ISO 22000 是目前国际上管理食品安全最有效的手段，组织建立食品安全管理体系是一项系统、严密、扎实而又艰巨的工作，需要领导者的支持和全体员工的共同参与。为了保证食品安全管理体系对组织的适宜性，需要认真策划和准备，发动全体员工，积极调动各方面力量，最终完成食品安全管理体系的建设。

在准备阶段，需完成以下几项任务：a. 领导决策，统一思想，达成共识。b. 组织落实，成立食品安全小组。c. 编制工作计划。d. 教育培训。

以上工作中，企业管理层的认识与投入是食品安全管理体系建立与实施的关键，组织和计划是保证，教育和培训是基础。如果企业在这方面缺乏专家，可以聘请咨询机构为企业建立和实施食品安全管理体系提供咨询。

（2）策划和总体设计

体系策划阶段主要是依据食品安全现状分析得到的结论，制定食品安全方针和目标，重新划分或明确组织机构和职责，编制前提方案，进行危害分析，并在危害分析的基础上，制订操作性前提方案和 HACCP 计划。

食品安全管理体系的策划和总体设计包括的主要工作：a. 企业组织食品安全现状分析，重点是组织目前的经营情况和现有食品安全管理体系的实施情况，经分析汇总形成企业组织现状报告。b. 制订实施工作计划，内容包括分哪几个主要阶段，各项工作的要求和时间进度，每项工作的负责人和参加人员，各阶段及总的经费预算等。c. 确定食品安全方针和食品安全目标。d. 确定实现食品安全目标必须的过程和职责。e. 确定和提供实现食品安全目标必需的资源。f. 确定食品安全管理结构，这是本阶段工作的重点和难点。组织结构的设置应坚持精简、效率原则，职能完备且各部门之间无重叠、重复或抵触现象存在。g. 编制前提方案。h. 进行危害分析。i. 制订操作性前提方案、HACCP 计划，并对其进行确认。

（3）食品安全管理体系文件编制

食品安全管理体系文件是描述食品安全管理体系的一整套文件，是食品安全管理体系的具体表现和运行的法规，也是食品安全管理体系审核的依据。编制适合企业自身特点并具有可操作性的食品安全管理体系文件是食品安全管理体系建立过程中的中心任务，主要包括食品安全管理体系文件结构策划、体系文件编制，以及文件审核、批准和发放。

1）确定要编制的文件清单。整理现有的各类食品安全管理体系文件，并与 ISO 22000 条款进行对照，以确定要新编与修订的文件清单。

2）编写指导性文件。为了使食品安全管理体系文件统一协调，达到规范化和标准化要求，应编制指导性文件，就食品安全管理体系文件的要求、内容、体例和格式等做出规定，如编写程序文件、编写规则、文件标号规定等。

3）制订文件编写计划。针对需要编写的文件制订编写计划。在编写计划中规定编写、讨论、审核、批准的人员、进度、要求和完成日期。

4）食品安全管理体系文件编写。食品安全管理手册可以由一人编写，也可由食品安全小组完成；前提方案、操作性前提方案、HACCP计划、程序文件及相关表格由食品安全小组完成；作业指导书及相关表格由各职能部门完成。

文件的讨论、审核与批准。文件编写完成后，应进行讨论修改，最后进行审核和批准。企业最高领导者批准食品安全管理手册、前提方案、操作性前提方案和HACCP计划，其余文件可由各级负责人审批。

（4）培训内部审核员

按照ISO 22000的要求，凡是推行ISO 22000的组织，每年都要进行一定频次的内部审核。食品安全管理体系内部审核需由经过培训且取得资格的内审员来执行。企业可根据具体情况培训若干名内审员，内审员可由各部门人员兼任。

（5）食品安全管理体系实施运行

1）试运行前培训。在食品安全管理体系文件正式发布或即将发布而未正式实施之前，各部门、各级人员都要通过学习清楚地了解食品安全管理体系文件对本部门、本岗位的要求以及与其他部门、岗位的相互关系的要求，应进行食品安全管理体系文件的培训，使企业各部门人员明确食品安全管理体系文件的要求，明白自己该做什么、该怎么做，只有这样才能确保食品安全管理体系文件在整个组织内得以有效实施。

2）试运行前准备。试运行是食品安全管理体系由不完善到完善，由不配套到配套，由不习惯到习惯，由没记录到记录完整，由不符合到符合的过渡过程。

试运行前的主要准备工作包括：检查资源配置到位情况；制定各类印章、标签和标识用品、记录表格等；做好计量工作；对已有的供应商进行评估登记；通过板报、标语等形式向企业员工宣讲食品安全方针、ISO 22000认证计划等。

食品安全小组应指导和监督企业各部门按照文件的规定进行管理和操作，对操作性前提方案、HACCP计划适宜性和有效性进行验证，并对验证结果进行评价分析。

3）食品安全管理体系文件发布和试运行。食品安全管理体系文件需经授权人批准发布，经最高管理者签署的管理手册一旦正式发布则意味着食品安全管理体系正式开始实施和运行。

4）整改完善，正式运行。对试运行中出现的问题应及时采取纠正措施。如果是文件问题应及时修订，然后按照修订完善的食品安全管理体系文件要求，全面正式运行。

食品安全管理体系运行主要反映在两个方面：一是组织所有食品安全活动都依据食品安全策划的安排以及食品安全管理体系文件要求实施；二是组织所有的食品安全活动都应提供证实，证实食品安全管理体系运行符合要求并得到有效实施和保持。

5）食品安全管理体系内部审核。组织在食品安全管理体系运行一段时间后，应组织内审员进行内审，以确定食品安全管理体系符合食品安全管理手册和程序文件的规定，能正常运行，以及对于实现企业食品安全方针的有效性。

组织申请食品安全管理体系认证之前至少要经过一次内审。对审核中的不符合项采取纠正措施加以解决。

6）管理评审。管理评审是由企业最高管理者，根据食品安全方针和食品安全目标，对食品安全管理体系的现状和适应性进行的正式评价，以确保食品安全管理体系持续的适宜性、充分性和有效性。组织申请食品安全管理体系认证之前至少要进行一次管理评审。

（6）食品安全管理体系认证前准备

1）选择认证机构。企业进行食品安全管理体系认证是为了向顾客提供足够的信任，这种信任是由认证机构来间接证明的。因此，企业应选择具有较强技术专业能力的权威认证机构，以提高信誉。

2）对食品安全管理体系文件全面整理。食品安全管理体系文件是食品安全管理体系审核的主要依据之一。在接受审核前，对企业的食品安全管理体系文件进行一次全面的整理，并将有关文件和记录放在审核组容易看到的地方。

3）有关接受审核的教育培训。明确食品安全管理体系审核的目的、意义、审核组的工作等，审核中应注意的问题，如何积极主动配合审核组。

（7）审核认证

1）认证申请与受理申请。企业向认证机构提出认证申请，并提交相关文件和资料。认证机构对企业（受审核方）的申请资料进行初步检查，确定是否受理，如发现不符合的地方，认证机构通知企业进行修正或补充。

2）第一阶段审核。文件审核后进行第一阶段现场审核准备工作，包括确定现场审核日期、编制第一阶段现场审核计划和检查表。第一阶段审核完成后，审核组应编制审核报告，报告内容包括审核实施情况与审核结论、发现的问题及下一步工作的重点。

3）第二阶段审核。审核组综合考虑第一阶段审核结论及受审核方对不符合项的纠正情况，确定第二阶段审核的时机和条件是否成熟。在此基础上，审核组进行第二阶段的准备工作：确定现场审核日期，编制第二阶段现场审核计划和检查表。现场审核后，审核组应编制审核报告，作出审核结论并将审核报告提交认证机构。

（8）企业建立 ISO 22000 食品安全管理体系的意义

1）提升食品安全管理水平。ISO 22000 是国际公认的食品安全管理标准，其核心理念在于预防为主、风险管理。通过实施 ISO 22000，企业能够建立一套完善的食品安全管理体系，从原料采购、生产加工到产品销售的每一个环节，都能够得到有效的监控和管理。这有助于降低食品安全风险，减少食品安全事故的发生，从而提升企业的食品安全管理水平。

2）增强市场竞争力。在激烈的市场竞争中，食品安全已成为消费者选择产品的重要因素之一。通过实施 ISO 22000，企业能够向消费者展示其对食品安全的重视和承诺，从而增强消费者的信任感和忠诚度。此外，ISO 22000 认证也是许多大型食品采购商和零售商选择供应商的重要依据。因此，获得 ISO 22000 认证将有助于企业拓展市场，提高市场份额，增强市场竞争力。

3）优化供应链管理。ISO 22000 不仅关注企业内部的食品安全管理，还强调与供应链上下游的合作与沟通。通过实施 ISO 22000，企业能够与供应商建立更加紧密的合作关系，共同提升食品安全管理水平。同时，企业还能够更好地了解市场需求和消费者需求，优化产品设计和生产流程，提高产品质量和客户满意度。这将有助于企业优化供应链管理，降低成本，提高效率。

4）促进持续改进。ISO 22000 强调持续改进的理念，要求企业不断评估和改进食品安全管理体系的有效性。通过定期的内部审核和管理评审，企业能够及时发现问题并采取纠正措施，确保食品安全管理体系的持续有效运行。这将有助于企业不断提高食品安全管理水平，适应市场变化和消费者需求的变化。

5）提升企业形象和品牌价值。实施 ISO 22000 不仅有助于提升企业的食品安全管理水平和市场竞争力，还能够提升企业的形象和品牌价值。通过获得 ISO 22000 认证，企业能够向外界展示其对食品安全的重视和承诺，树立良好的企业形象和社会声誉。这将有助于吸引更多的消费者和合作伙伴，提高企业的知名度和美誉度。同时，良好的企业形象和品牌价值也将为企业带来更多的商业机会和发展空间。

（9）ISO 22000 在食品企业应用的挑战与对策

1）内部管理的难点与解决方案。实施 ISO 22000 过程中，食品企业常面临员工培训不足、体系文件编制复杂等问题。为解决这些问题，企业应制订详细的培训计划，涵盖 ISO 22000 的核心内容及实际操作流程，确保员工充分理解并能熟练执行。同时，简化文件编制流程，采用标准化模板，减少重复劳动，提高工作效率。此外，建立内部审核机制，定期检查体系运行情况，及时发现并纠正问题。

2）供应链管理的复杂性与协调。食品企业的供应链涉及多个环节和众多供应商，管理复杂且协调难度大。为应对这一挑战，企业应建立统一的食品安全标准和沟通机制，确保供应链各环节均符合 ISO 22000 的要求。加强与供应商的合作与交流，共同提升食品安全管理水平。同时，利用信息化手段，实现供应链信息的实时共享和追溯，提高供应链的透明度和可控性。

3）法规遵从性的挑战。食品行业受到严格的法规监管，企业在实施 ISO 22000 时必须确保遵守相关法律法规。然而，法规更新频繁，企业需不断关注法规动态，及时调整管理体系。为此，企业应建立法规监测机制，定期收集、整理和分析相关法规信息，确保管理体系始终符合最新法规要求。同时，加强与监管部门的沟通与合作，共同推动食品安全法规的完善和实施。

4）持续改进的障碍与激励措施。持续改进是 ISO 22000 的核心理念之一，但在实际操作中往往面临动力不足、资源限制等障碍。为克服这些障碍，企业应建立持续改进的激励机制，如设立奖励基金、表彰优秀团队和个人等，激发员工的创新精神和参与热情。同时，优化资源配置，确保持续改进活动得到足够的支持和保障。此外，加强内部沟通与协作，形成全员参与、共同推进的良好氛围。

（10）ISO 22000 食品安全管理体系的未来展望

1）技术进步对 ISO 22000 的影响。随着科技的不断发展，大数据、人工智能等先进技术逐渐应用于食品安全管理领域。这些技术的应用将使 ISO 22000 的管理和监控手段更加高效和精准。例如，通过大数据分析，企业可以更准确地预测食品安全风险，提前采取预防措施；利用人工智能技术，可以实现对生产过程的自动化监控和智能决策，提高管理效率和质量水平。未来，随着技术的不断进步和应用范围的扩大，ISO 22000 将更加智能化、精准化。

2）全球化背景下的挑战与机遇。全球化为食品企业带来了更广阔的市场和更多的发展机遇，但同时也带来了更复杂的供应链管理和法规遵从性挑战。在全球化背景下，食品企业需要面对不同国家和地区的法规要求、文化差异和市场需求变化。然而，这也为企业提供了拓展市场、提升品牌影响力的机会。通过实施 ISO 22000 食品安全管理体系，企业可以更好地适应全球化趋势，提高产品质量和安全性，增强市场竞争力。同时，加强国际合作与交流，共同推动全球食品安全标准的制定和实施。

3）食品安全文化的建设与推广。食品安全文化是实现 ISO 22000 目标的关键因素之一。通过培训和宣传，可以提高员工的食品安全意识，形成全员参与、共同维护食品安全的良好氛围。企业应定期开展食品安全知识培训和应急演练活动，提高员工的应急处置能力和自我保护意识。同时，加强与消费者的沟通与互动，传递食品安全理念和价值观，增强消费者的信任感和忠诚度。此外，企业还应积极参与社会公益活动，履行社会责任，树立良好的企业形象和社会声誉。

思考题

1）全面质量管理的主要原则和建立流程是什么？
2）全面质量管理对食品企业的启示有哪些？
3）新版 ISO 9000 族的核心标准及其主要内容有哪些？
4）简要总结 ISO 9000 质量管理体系的管理原则。
5）食品企业实施 ISO 9001 的优点有哪些？
6）ISO 22000 食品安全管理体系和 HACCP 的关系是什么？
7）ISO 22000 食品安全管理体系关键原则是什么？
8）企业建立 ISO 22000 食品安全管理体系的主要步骤是什么？
9）食品企业建立 ISO 14000 环境管理体系的意义是什么？
10）ISO 9000、ISO 14000 和 ISO 22000 之间的区别与联系。

课程思政案例

ISO 14000 环境管理体系

7 食品质量认证与审核

7.1 质量认证制度与认证机构

7.1.1 质量认证制度的产生与发展

近代的产品认证制度最早出现在英国。1903年英国工程标准委员会首创了世界上第一个用于符合尺寸标准的铁道钢轨的标志，即"BS标志"，又称"风筝标志"。并于1922年按英国商标法注册，成为受法律保护的认证标志。

（1）质量管理体系标准的产生

第二次世界大战期间，世界军事工业得到了迅猛的发展。一些国家的政府在采购军品时，不但提出了对产品特性的要求，还对供应厂商提出了质量保证的要求。20世纪50年代末，美国发布了MIL-Q-9858A《质量大纲要求》，成为世界上最早的有关质量保证方面的标准。尔后，美国国防部制订和发布了一系列的对生产武器和承包商评定的质量保证标准。

20世纪70年代初，借鉴军用质量保证标准的成功经验，美国标准化协会和美国机械工程协会分别发布了一系列有关原子能发电和压力容器生产方面的质量保证标准。美国军品生产方面质量保证活动的成功经验在世界范围内产生了很大的影响。一些工业发达国家，如英国、美国、法国和加拿大等国在70年代末先后制订和发布了用于民品生产的质量管理和质量保证标准。随着世界各国经济的相互合作和交流，对供方质量体系的审核已逐渐成为国际贸易和国际合作的要求。世界各国先后发布了一些关于质量管理体系及审核的标准。但由于各国实施的标准不一致，给国际贸易带来了障碍，质量管理和质量保证的国际化成为当时世界各国的迫切需要。随着地区化、集团化、全球化经济的发展，市场竞争日趋激烈，顾客对质量的期望越来越高。每个组织为了竞争和保持良好的经济效益，努力设法提高自身的竞争能力以适应市场竞争的需要。为了成功地领导和运作一个组织，需要采用一种系统的和透明的方式进行管理，针对所有顾客和相关方的要求，建立、实施并保持持续改进其业绩的管理体系，从而使组织获得成功。这方面的关注导致了质量管理体系标准的产生，并以其作为对技术规范中有关产品要求的补充。

1979年，英国开始以本国质量管理和认证标准开展企业质量体系认证，开启了质量体系认证的先河。但是，这一发展有一定的局限性，即每个认证机构用于企业质量管理体系检查的检查大纲均不一样，给互认带来问题，给用户造成疑惑。为彻底解决上述问题，国际标准化组织于1979年成立了质量管理和质量保证技术委员会（TC176），在英国标准BS5750基础上，吸收了美国军标ANSI/ASOZ1.15和加拿大CSA Z299等国家标准的精华，在1986年发布了 ISO 8402《质量—术语》标准，1987 年发布了 ISO 9000《质量管理和质量保证标准—选择和使用指南》、ISO 9001《质量体系—设计开发、生产、安装和服务的质量保证模式》、ISO 9002《质量体系—生产和安装的质量保证模式》、ISO 9003《质量体系—最终检验和试验的质量保证模式》、ISO 9004《质量管理和质量体系要素—指南》等 6 项标准，统称为 ISO 9000 系列标准。

ISO 9000 系列标准的颁布，使各国的质量管理和质量保证活动统一在 ISO 9000 族标准的基础之上。标准总结了工业发达国家先进企业质量管理的实践经验，统一了质量管理和质量保证的术语和概念，并对推动组织的质量管理，实现组织的质量目标，消除贸易壁垒，提高产品质量和顾客的满意程度等产生了积极的影响，得到了世界各国的普遍关注和采用。迄今为止，它已被全世界一百五十多个国家和地区等同采用为国家标准，并广泛用于工业、经济和政府的管理领域，世界各国质量管理体系审核员注册的互认和质量管理体系认证的互认制度也在广泛范围内得以建立和实施。

（2）质量管理体系在中国的发展

受世界各发达国家先进经验和管理实践的影响，中国各类产品认证、体系认证和服务认证以及中国的认可工作随着中国市场经济发展和中国不断融入国际经济体系之中而不断完善发展。其发展历程如下：

1981 年，建立了第一个产品认证机构，中国电子元器件认证委员；

1983 年，启动实验室认可制度；

1988 年，《中华人民共和国标准化法》颁布实施，明确实施质量认证工作；

1989 年，《中华人民共和国进出口商品检验法》颁布实施，明确在进出口商品领域开展质量认证工作；

1991 年，国务院发布了《中华人民共和国产品质量认证管理条例》，全面规定了认证的宗旨、性质、组织管理、认证条件和程序、认证机构、罚则等；

1993 年，《中华人民共和国产品质量法》颁布，明确质量认证制度为国家的基本质量监督制度；

1994 年，启动认证机构认可制度；

1995 年，启动认证评审员注册制度；

2001 年，国家认证认可监督管理委员会成立；

2003 年，《中华人民共和国认证认可条例》颁布。自此，中国的认证认可工作进入国家统一管理，全面规范化、法治化阶段。建立了一系列管理制度：a. 统一的认证认可监督管理制度（统一管理、共同实施）；b. 统一的认可制度；c. 自愿性认证和强制性认证相结合的认证制度；d. 认证机构、认证培训机构和咨询机构的审批制度；e. 认证从业人员注册管理制度；f. 实验室、检查机构的资质认定制度。

采用法律约束、行政监管、认可约束、行业自律、社会监督等方式，使认证认可监督管理部门；认可机构；认证机构、检测机构；被认证对象的关系人；产品/服务经营活动者在统一规范基础上，积极推动国际合作，使中国的认证认可工作健康发展。

7.1.2 质量认证的意义与认证认可工作的重点

（1）质量认证的意义

有利于提高组织的管理水平。ISO 9001 标准强调职责明晰、规范操作、严格过程监控、确保过程质量。ISO 9001 标准给出的"过程方法"，引导组织根据具体业务的不同特点识别过程及其相互关系，包括：识别顾客需求和期望等与外部顾客有关的过程、组织内部前后工作接口的关系、服务提供过程的策划、服务实施及后续跟踪过程以及产品和服务质量监督检查过程等。这些思想理念的落实，无疑会在很大程度上促进和提升组织管理的水平。

有利于提高组织的服务质量。开展质量体系认证，通过对文件执行、记录控制、服务质量监督检查、内部审核等活动的实施，可及时发现经营及服务活动中存在的不规范现象，及时采取纠正措施加以整改，避免不规范现象的再发生，从而最大限度地控制经营及服务质量。

有利于提升组织的执行力。执行力是决定组织成败的一个重要因素，是组织核心竞争力形成的关键。它是把意图、规划化为现实的具体执行效果的好坏，其强弱程度也直接制约着公司经营目标能否得以顺利实现。管理层的意图、组织的决策如果不能被付诸实施的话，再周密的计划也会一事无成。通过对文件执行、记录控制、服务质量监督检查、内部审核等活动的实施，可及时发现经营活动中存在的不规范现象，及时采取纠正措施加以整改，避免不规范现象的再发生，从而最大限度地控制工作质量。

（2）中国认证认可工作的重点

打造认证认可工作的科学性、有效性、服务性、权威性；促进经济社会又好又快地发展：以产品质量和产品安全为核心，围绕质量效益型社会建设、节约型社会建设、环境友好型社会建设、创新型社会的建设、新农村建设、和谐社会建设，大力推动认证认可活动的应用。

7.1.3 认证认可管理部门与质量认证的基本类型

（1）认证认可管理部门

中国国家认证认可监督管理委员会，2001 年 8 月成立，由中国国务院直接授权，统一监督、管理和综合协调中国认证认可工作。2018 年 3 月，根据第十三届全国人民代表大会第一次会议批准的国务院机构改革方案，组建国家市场监督管理总局，作为国务院直属机构。国家认证认可监督管理委员会、国家标准化管理委员会职责划入国家市场监督管理总局，对外保留牌子。

中国合格评定国家认可委员会（China National Accreditation Service for Conformity Assessment，CNAS），负责产品认证机构、管理体系认证机构以及检查机构和实验室的资质能力认可。

中国认证认可协会（China Certification and Accreditation Association，CCAA），成立于 2005 年 9 月，是由认证机构、认可机构、检验检测机构、认证培训机构、认证咨询机构和获得认证的组织等单位会员和个人会员组成的全国性的非营利行业组织。主要业务活动有九项，其中与认证执业人员相关的有：a. 人员注册。聚焦行业人才队伍建设，通过运行培训、考试、评价、注册等人员管理制度，为人员提供能力提升与能力证实服务，提高行业人才供给水平，保障行业高质量发展，承担国家认监委授权的统一实施认证人员考试与注册工作。b. 培训服务。组织行业从业人员继续教育培训；开展面向社会的质量基础设施相关知识培训。

地方认证认可监督管理部门。各地市场监督管理局，负责属地的认证认可监管工作。

（2）质量认证的基本类型

质量认证机构是指根据《中华人民共和国认证认可条例》经国务院认证认可监督管理部门批准，并依法取得法人资格，可从事批准范围内的认证活动的机构。质量管理体系的认证机构，是指具有可靠的执行认证制度的必要能力，并在认证过程中能够客观、公正、独立地从事认证活动的机构，即认证机构是独立于制造厂、销售商和使用者（消费者）的、具有独立的法人资格的第三方机构，开展第三方认证工作。ISO 出版的《认证的原则与实践》一书，将国际上通用的认证形式归纳为以下八种：

第一种：型式检验。按照规定的试验方法对产品样品进行试验，来检验样品是否符合标准或技术规范。这种认证只发证书，不允许使用合格标志，只能证明现在的产品符合标准，不能保证今后的产品符合标准。

第二种：型式检验加认证后监督—市场抽样检验。这是一种带监督措施的型式检验。监督的办法是从市场上购买样品或从批发商、零售商的仓库中抽样进行检验，以证明认证产品的质量持续符合标准或技术规范的要求。

第三种：型式检验加认证后监督—工厂抽样检验。与第二种认证形式的区别在于，以工厂样品随机检验或成品库抽样检验代替市场样品的核查试验。

第四种：型式检验加认证后监督—市场和工厂抽样检验。这种认证制是第二、第三种认证制的综合。从产品样品核查试验来看，样品来自市场和工厂两个方面，因而要求更加严格。

第五种：型式检验加工厂质量体系评定加认证后监督—质量体系复查加工厂和市场抽样检验。这一形式的认证，既对产品作形式试验，又对与产品有关的供方质量体系进行评定。评定内容包括供方的质量体系对其生产设备、材料采购、检验方法等能否进行恰当的控制，能否使产品始终符合技术规范。第五种形式试验的认证通过后，可证实申请使用认证标志的供方，确定能控制其生产活动，确定能在标上合格标志前明确鉴别出不合格产品，将它们从合格产品中分离出来并加以纠正。

第六种：评定供方的质量体系。这一认证形式已逐渐在国际上被接受。ISO 导则 48《供方质量体系的第三方评定和注册导则》规定，对供方质量体系作评定的依据是 ISO 9000 标准系列，但对供方质量体系的评定不能代替对产品的认证，因此通过质量体系评定的企业的产品不能使用合格标志，认证机构只给予与该产品有关的供方质量体系注册登记，发给注册号和注册证书，表明该体系是根据 ISO 9000 标准系列中某一个质量保证模式作过评定，取得注册的权力。

第七种：批量试验。这是依据统计抽样试验的方法对某批产品进行抽样试验的认证。其目的在于帮助买方判断该批产品是否符合技术规范。这一认证形式只有在供需双方协商一致后方能有效地执行。一般说来，这种形式的认证较少被采用。

第八种：全数试验。对认证产品作百分之百的试验后发给认证证书，允许产品使用合格标志。在某些国家只有极少数与人民的身体健康密切相关的产品进行全数试验。

以上八种认证形式中，第六种是质量体系认证，第五种认证形式是最复杂、最全面的产品认证形式。这两种是各国普遍采用的，也是 ISO 向各国推荐的认证制，ISO 和国际电工委员会（International Electrotechnical Commission，IEC）联合发布的所有有关认证工作的国际指南，都是以这两种认证制为基础的。但是，上述八种类型的质量认证制度所提供的信任程度都是相对的，即使是比较完善的质量认证制度也会受到客观条件的限制。例如，对全部出厂的产品很难做到由认证机构逐个地检验其是否符合标准。然而，一个比较完善而又普遍可行的认证制度可以保证产品是在最佳条件下生产出来的，使买主买到不合格品的风险降低到最低限度。

（3）产品质量认证与质量体系认证的联系

产品质量认证与质量体系认证同属质量认证的范畴，都具有质量认证的特征：a. 两种认证类型都有具体的认证对象。b. 产品质量认证与质量体系认证都是以特定的标准作为认证的基础。c. 两种认证类型都是第三方所从事的活动。

产品质量认证与质量体系认证除具以上三点相似点外，两者间的联系还在于产品质量认证与质量体系认证都要求企业建立质量体系，都要求对企业质量体系进行检查评定，产品认证进行质量体系审核时应充分利用质量体系认证的审核结果，质量体系认证进行质量体系审核时也应充分利用产品认证的质量体系审核结果，这不仅体现了认证工作的科学性，也保证了认证工作的质量。

从理论上讲，产品质量认证之所以要检查评定企业的质量体系，目的是评定工厂是否具有持续生产符合技术规范的产品的能力，评定的主要因素是工厂的质量管理体系（ISO 出版的《质量认证的原则与实践》）。

从实践的角度分析，仅仅依据产品技术标准对产品进行抽样检验，作出认证合格的结论是不够全面的，不科学的，具有较大的风险性，这是由于：a. 质量的形成与完善是和产品形成全过程密不可分的。从市场调研、设计控制到产品的生产、交付发运，每一过程的输入和输出都在影响着产品质量。b. 质量的形成和与质量有关的管理人员的素质和行为有关，这些人员素质的高低，行为的失误与否，都会影响到产品质量的优劣。c. 由于标准本身的局限性、滞后性，不可能把所有影响产品质量的因素都反映在标准内。而以标准为依据的检验试验又受到抽样方法等多方面随机性的制约，即使按标准检验试验，也未必能反映全部产品的质量状况。d. 第三方认证最重要的目的在于使购买者购买的产品的质量真正可靠，这就需要证明产品质量持续符合标准要求的方法，方法之一就是检查评定企业的质量体系。

（4）产品质量认证与质量体系认证的区别

认证对象不同。产品质量认证的对象是批量生产的定型产品，质量体系认证的对象是企业的质量体系，确切地说，是企业质量体系中影响持续按需方的要求提供产品或服务的能力和某些要素，即质量保证体系。

证明的方式不同。产品质量认证的证明方式是产品认证证书及产品认证标志，证书和标志证明产品质量符合产品标准，质量体系认证的证明方式是质量体系认证证书和体系认证标记，证书和标记只证明该企业的质量体系符合某一质量保证标准，不证明该企业生产的任何产品符合产品标准。

证明使用的不同。产品质量认证证书不能用于产品，标志可用于获准认证的产品上，质量体系认证证书和标记都不能在产品上使用。

申请企业类型不同。要求申请产品质量认证的企业是生产特定产品的企业，申请质量体系认证的企业可以是生产、安装型企业，可以是设计/开发、制造、安装服务型企业，也可以是出厂检查和检验型企业。

综上所述产品质量认证与质量体系认证既有区别，又互相关联。企业只有清楚了解了两类认证的区别和互相关系，以确定应该实施产品认证，还是应该实施质量体系认证。

7.2　质量管理体系认证

7.2.1　质量管理体系认证审核标准

质量管理体系认证是指依据质量管理体系标准，由质量管理体系认证机构对质量管理体系实施合格评定，并通过颁发体系认证证书，以证明某一组织有能力按规定的要求提供产品的活动。质量管理体系认证也称质量管理体系注册。目前我国与食品相关的常用质量管理体系审核标准如下。

（1）ISO 9001 质量管理体系

ISO 9001 标准是一个基础型的标准，是西方质量管理科学的精华，不仅生产型的企业适用，服务性行业、中介公司、销售公司等也都适用。因为质量控制都是共通的。通常，ISO 9001 标准更适合生产型企业，因为标准中的内容能与生产过程相对应。

销售公司可以分为两种，纯销售和生产型销售公司，如果是纯销售公司，它的产品就是外包或采购的，其产品就是销售服务，而不是产品生产，因此策划过程就要考虑产品（销售过程）的特殊性。如果是生产型的销售企业，中间包括了生产，就应该把生产过程及销售过程都策划进去，所以给销售公司申请 ISO 9001 证书时就应该考虑自己的产品，与生产型企业区分开。

总的来说，无论企业大小，无论什么行业都适合做 ISO 9001 认证，其适用范围广，亦是所有企业发展壮大的基础、根基。针对不同行业，ISO 9001 又衍生出不同的细化标准，如汽车行业、医疗行业以及军工行业的质量体系标准等。

（2）ISO 14001 环境管理体系

ISO 14001 环境管理体系认证适用于任何组织，包括企业、事业及相关政府单位，通过认证后可证明该组织在环境管理方面达到了国际水平，能够确保对企业各过程、产品及活动中的各类污染物控制达到相关要求，给企业树立良好的社会形象。

现在环境保护问题日益受到人们的关注，自从国际标准化组织发布了 ISO 14001 环境管理体系标准和其他几个相关标准以来，得到了世界各国的普遍响应和关注。越来越多的注重环境节能的企业自愿推行了 ISO 14001 环境管理体系。企业推行 ISO 14001 环境管理体系有以下 3 种情况：a. 注重环境保护，希望通过环境管理体系的实施，从根本上实现污染预防和持续改进，同时可以推动企业开发清洁产品、采用清洁工艺、采用高效设备、合理处置废物的进程。b. 满足相关方要求。如供方、顾客、招投标等的需求，需要企业提供 ISO 14001 环境管理体系认证证书。c. 提高企业管理水平，推动企业管理模式转变。通过对各种资源消耗的控制，全面优化本身的成本管理。总而言之，ISO 14001 环境管理体系是一项自愿性认证，凡是有需求提高的企业都可以推行此项认证来加强企业的知名度，从根本上改善节能降耗管理水平。

（3）ISO 45001 职业健康安全管理体系

ISO 45001 是国际性安全及卫生管理系统验证标准，是原职业健康及安全管理体系（OHSAS 18001）的新版本，目的是通过管理减少及防止因意外而导致生命、财产、时间的损失，以及对环境的破坏。

通常将 ISO 9001、ISO 14001 以及 ISO 45001 这三大体系一起合称为三体系（又称三标）。这三大体系标准适用于各行各业，更有些地方政府会给予通过认证的企业以财政补助。

（4）ISO 22000 食品安全管理体系

ISO 22000 体系适用于整个食品供应链中所有的组织，包括饲料加工、初级产品加工，食品的制造、运输和储存以及零售商和饮食业的第三方认证，也可以用于作为组织对其供应商第二方审核的标准依据。

（5）HACCP 危害分析与关键控制点体系

HACCP 体系是对可能发生在食品加工环节中的危害进行评估，进而采取控制的一种预防性的食品安全控制体系。该体系主要针对食品生产企业，即生产链全部过程的卫生安全（对消费者的生命安全负责）。

虽然 ISO 22000 和 HACCP 体系都归属于食品安全管理行列，但是在适用范围上有所区分：ISO 22000 体系适用于各个行业，而 HACCP 体系只能适用于食品及其相关行业。

（6）ISO 50001 能源管理体系

2018 年 8 月 21 日，国际标准化组织（ISO）宣布能源管理体系新标准 ISO 50001：2018 发布。新标准在 2011 版的基础上进行修订，以适用 ISO 对管理体系标准的要求，包括附录的高层次架构、相同核心文本、通用术语和定义，以确保与其他管理体系标准高度兼容。

获认证组织将有三年时间用于新标准转换。附录架构的引入与所有新修订的 ISO 标准相一致，包括 ISO 9001、ISO 14001 和 ISO 45001 等，确保 ISO 50001 可以轻易地与这些标准相整合。

随着领导人员和员工更多地参与到 ISO 50001：2018，能源绩效的持续改进将更加成为万众瞩目的焦点。通用的高层次结构将使它更容易与其他管理体系标准相整合，从而提高效率，降低能源成本。它能使组织更加具有竞争力，并可能减少对环境产生的影响。通过能源管理体系认证的企业，可以申请绿色工厂、绿色产品等认证，同时各地区都有政府补贴项目申报。

（7）知识产权贯标

知识产权贯标常用于以下三类企业。

第一类：具有知识产权优势、示范企业要求贯标；第二类：准备申报市、省著名商标、驰名商标的企业，贯标可作为知识产权管理规范的有效证明；准备申报高新技术企业、技术创新项目、产学研合作项目、技术标准项目的企业，贯标可作为知识产权管理规范的有效证明；准备上市的企业，贯标可规避上市前的知识产权风险，并成为公司知识产权规范的有效证明。第三类：集团化、控股型等组织架构复杂的中大型企业，贯标可以理顺管理思路；知识产权风险大的企业，通过贯标可以规范知识产权风险管控，降低侵权风险；知识产权工作已经有一定基础、希望更加规范的企业，贯标可以规范管理流程。第四类：经常需要参加招投标的企业，贯标后可以成为国企和央企采购优先考虑的对象。

（8）ISO/IEC 17025 实验室管理体系

实验室认可是 CNAS 等权威机构对检测/校准实验室及其人员是否有能力进行指定类型的检测/校准做出一种正式承认的程序。通过认可的检测/校准实验室具备实施特定类型的检测/校准工作能力证明。

检测/校准报告是实验室最终成果的体现，能否向社会出具高质量（准确、可靠、及时）的报告，并得到社会各界的依赖和认可，已成为实验室能否适应市场经济需求的核心问题。

（9）SA8000 社会责任标准管理体系认证

SA8000 社会责任标准管理体系认证涉及以下主要内容：a. 童工。企业必须按照法律控制最低年龄、少年工、学校学习、工作时间和安全工作范围。b. 强制雇佣。企业不得进行或支持使用强制劳工或在雇佣中使用诱饵或要求抵押金，企业必须允许雇员轮班后离开并允许雇员辞职。c. 健康安全。企业须提供安全健康的工作环境，对可能的事故伤害进行防护，进行健康安全教育，提供卫生清洁设备和常备饮用水。d. 结社自由和集体谈判权。企业尊重全体人员组成和参加所选工会并进行集体谈判的权利。e. 无差别待遇。企业不得因种族、社会地位、国籍、伤残、性别、生育倾向、会员资格或政治派系等原因存在歧视。f. 惩罚措施。不允许物质惩罚、精神和肉体上的压制和言词辱骂。g. 工作时间。企业必须遵守相应法规，加班必须是自愿的，雇员一周至少有一天的假期。h. 报酬。工资必须达到法定和行业规定的最低限额，并在满足基本要求外有任意收入。雇主不得以虚假的培训计划规避劳工法规。i. 管理体系。企业须制定一个对外公开的政策，承诺遵守相关法律和其他规定；保证进行管理的总结回顾，选定企业代表监督实行计划和实施控制，选择同样满足 SA8000 的供应商，确定表达意见的途径并采取纠正措施，公开与审查员的联系，提供应用的检验方法，并出示支持的证明文件和记录。

7.2.2　质量管理体系认证的作用

实施质量管理体系认证可提高企业质量管理水平；提高企业信誉度和产品知名度；有利于产品顺利进入市场，降低成本，提高效益；享受国家的优惠政策及对获证单位的重点扶持；具体作用如下。

（1）适应国际化大趋势

关税壁垒打破后，我国的产品直接面临国际市场的竞争；推行 ISO 9000 系列标准是在质量管理体系方面实现与国际接轨的有效途径；可消除国际贸易中由于质量管理体系方面要求不统一所造成的障碍，适合全球经济一体化的需要；适应国际范围内流行的管理趋同化趋势。

（2）提高企业的管理水平

建立完善的质量管理体系文件系统；确定对各项质量活动的控制原则和控制方法；认真执行文件，使质量管理体系有效运行；通过开展内部审核、管理评审、模拟审核，建立纠正和预防措施，持续改进、建立自我完善机制；第三方认证监督审核促进企业维持和改进质量管理体系。

（3）产品质量的稳定与提高

对所有影响质量的活动实施控制；对事先充分考虑到的各种风险，采取有效的预防措施；保证使用合适的设备和材料；及时针对不合格和不良趋势采取有效的纠正措施和预防措施；

形成良性循环机制。

（4）提高企业市场竞争力

实施 ISO 9000 系列标准可提供优质产品、优质服务；满足用户规定的和潜在的需要；产品生产过程质量受控，得到不断改进；提高企业经济运行质量，增强综合实力；努力打造业内、国内、全球知名品牌。

7.2.3　质量管理体系认证的程序

（1）质量体系认证的申请

1）申请人提交一份正式的由其授权代表签署的申请书。申请书或其附件应包括：申请方简况，如组织的性质、名称、地址、法律地位以及有关人力和技术资源；申请认证的覆盖的产品或服务范围；法人营业执照复印件，必要时提供资质证明、生产许可证复印件；有关质量体系及活动的一般信息；申请人同意遵守认证要求，提供评价所需要的信息；对拟认证体系所适用的标准、其他引用文件的说明。

2）认证中心根据申请人的需要提供有关公开文件。

3）认证中心在收到申请方申请材料之日起，经合同评审以后 30 天内作出受理、不受理或改进后受理的决定，并通知委托方（受审核方）。以确保：a. 认证的各项要求规定明确，形成文件并得到理解；b. 认证中心与申请方之间在理解上的差异得到解决；c. 对于申请方申请的认证范围，运作场所及一些特殊要求，如申请方使用的语言等，认证机构有能力实施认证；d. 必要时认证中心要求受审核方补充材料和说明。

4）双方签订"质量体系认证合同"。当某一特定的认证计划或认证要求需要做出解释时，由认证中心代表负责按认可机构承认的文件进行解释，并向有关方面发布。

5）对收到的信息将用于现场审核评定的准备。认证中心承诺保密并妥善保管。

（2）现场审核前的准备

1）在现场审核前，申请方按 ISO 9000 标准建立的文件化质量体系运行时间应达到 3 个月，并至少提前 2 个月向认证中心提交质量手册及所需相关文件。

2）认证中心准备组建审核组，指定专职审核员或审核组长作为正式审核的一部分进行文件审查、审查以后填写"文件评审表"，通知受审核方，并保存记录。

3）认证中心应准备在文件审查通过以后，与受审核方协商确定审核日期并考虑必要的管理安排。在初次审核前，受审核方应至少提供一次内部审核和管理评审的实施记录。

4）认证中心任命一个合格的审核组，确定审核组长、组成审核组，代表认证中心实施现场审核。a. 审核组成员由国家注册审核员担任。b. 必要时聘请专业的技术专家协助审核。c. 提出审核组成员、专家姓名。由认证中心提前通知受审核方并确认受审核方对所指派审核员和专家是否有异议。如以上人员与受审核方可能发生利益冲突时，受审方有权要求更换人员，但必须征得体系认证中心的同意。

5）认证中心正式任命审核组，由审核组编制审核计划，审核计划和日期应得到受审核方的同意，必要时在编制审核计划之前安排初访，察看受审核方现场，了解特殊要求。

（3）现场审核

审核依据受审核方选定的认证标准，在合同确定的产品范围内审核受审核方的质量体系，主要程序为：

1）召开首次会议。介绍审核组成员及分工；明确审核目的、依据文件和范围；说明审核方式，确认审核计划及需要澄清的问题。

2）实施现场审核。收集证据对不符合项写出不符合报告单。对不符合项类型评价的原则是：a. 严重不符合项主要指质量体系与约定的质量体系标准或文件的要求不符；造成系统性、区域性严重失效的不符合或可造成严重后果的不符合，可直接导致产品质量不合格。b. 轻微的（或一般的）不符合项主要指孤立的人为错误；文件偶尔未被遵守造成后果不严重，对系统不会产生重要影响的不符合等。

3）审核组编写审核报告做出审核结论，其审核结论有 3 种情况：a. 没有或仅有少量的轻微不符合，可建议通过认证；b. 存在多个严重不符合，短期内不可能改正，则建议不予通过认证；c. 存在个别严重不符合，短期内可能改正，则建议推迟通过认证。

4）与受审核方沟通审核情况、结论。

5）召开末次会议，宣读审核报告，受审方对审核结果进行确认。

6）认证中心跟踪受审方对不符合项采取纠正措施的效果。

（4）认证批准

1）认证中心对审核结论进行审定、批准，自现场审核后一个月内最迟不超过二个月通知受审核方，并纳入认证后的监督管理。

2）认证中心负责认证合格后注册、登记、颁发由认证中心总经理批准的认证证书，并在指定的网站上公布质量体系认证注册单位名录。公布和公告的范围包括：认证合格企业名单及相应信息（产品范围、质量保证模式标准、批准日期、证书编号等）。

3）对不能批准认证的企业，认证中心要给予正式通知，说明未能通过的理由，企业再次提出申请，至少需经 6 个月后才能受理。

（5）认证范围的扩大、缩小和认证标准的变更

1）获证企业若需扩大或缩小体系认证范围时，由获证方提出书面申请，提出与扩大或缩小认证范围相应的质量手册，由合同管理部审查接受后，需签订扩大认证范围合同，需缩小认证范围的，办理原合同更改手续。现场审核时将负责审核扩大认证范围相关要素和部门、生产车间，具体实施按《质量体系认证（审核）实施与控制程序》进行。审核通过后，给予更换认证证书，证书内更改覆盖范围，注明换证日期，但证书有效期不变。

2）获证企业需变更体系认证标准时须由获证方提出书面申请，并提供与认证标准相适应的质量文件。审核员现场审核认证标准变更的要素及相关部门，具体实施按《质量体系认证（审核）实施与控制程序》进行，审核通过后给予更换认证证书，更改认证标准，注明换证日期，但证书有效期不变。

（6）质量管理体系的维护—持续改进

"持续改进"是质量管理体系的精神，是指增强满足要求的能力的循环活动，它要求组织不断寻求改进的机会，以改善产品的特性和提高生产或交付产品过程的有效性和效率。改进措施可以是日常的改进活动，也可以是较重大的改进项目。组织应对以下 5 项活动进行策划和管理，以持续改进质量管理体系的有效性。体系的维护始终是遵循"PDCA"运行模式的，具体方法如下。

1）评审质量方针，组织可通过更新和实施新的质量方针来激励员工不断努力，营造一个不断改进的气氛与环境。

2）评审质量目标，明确改进方向。

3）对现有过程的状况（包括已发生的和潜在的不合格）进行数据分析和内部审核分析，确定改进的方案，不断寻求改进的机会。

4）实施纠正和预防措施以及其他适用的措施，实现持续改进。

5）组织管理评审。

7.3 产品质量认证

产品质量认证也称产品认证，国际上称合格认证。根据 1991 年实施的《中华人民共和国产品质量认证管理条例》，产品质量认证是依据产品标准和相应技术要求，经认证机构确认并通过颁发认证证书和认证标志来证明某一产品符合相应标准和相应技术要求的活动。ISO 的定义是：由可以充分信任的第三方证实某一产品或服务符合特定标准或其他技术规范的活动。产品认证分为强制认证和自愿认证两种。一般来说，对有关人身安全、健康和其他法律法规有特殊规定者为强制性认证，即法制强制执行的认证制度。其他产品实行自愿认证制度。《中华人民共和国产品质量认证管理条例》规定：国务院标准化行政主管部门统一管理全国的认证工作；国务院标准化行政主管部门直接设立的或授权国务院其他行政主管部门设立的行业认证委员会负责认证工作的具体实施。县级以上（含县，下同）地方人民政府标准化行政主管部门在本行政区域内，对认证产品进行监督检查。获准认证的产品，除接受国家法律和行政法规规定的检查外，免于其他检查，并享有实行优质优价、优先推荐评为国优产品等国家规定的优惠。对于违反法律、行政法规、国务院标准化行政主管部门会同国务院有关行政主管部门制定的规章规定的有关认证的行为，依据法律、行政法规和规章的规定进行处罚。

7.3.1 产品质量认证的依据、类型和证书

（1）产品质量认证的依据

产品质量认证的依据是认证检验机构对产品质量进行检验、评定所依据的标准和相应的技术要求。由于我国的标准体系中有国家标准、行业标准、地方标准、企业标准，不同产品有不同的特征及特性要求，所以认证机构在开展产品质量认证工作时，主要有以下 4 类依据：a. 对于一般产品开展质量认证，应以具有国际水平的国家标准或行业标准为依据。对于现行国家标准或行业标准内容不能满足认证需要的，应当由认证机构组织制定补充技术要求。对于这一点，《产品质量法》第九条第二款规定：国家参照国际先进的产品标准和技术要求，推行产品质量认证制度。这一规定的目的是体现出认证的水平和层次。b. 对于我国名、特、优产品开展产品质量认证，应当以经国家市场监督管理局确认的标准和技术要求作为认证依据。c. 对于经过国家市场监督管理局批准加入了相应国际认证组织的认证机构（如电子元器件认证委员会、电工产品认证委员会）进行产品质量认证，应采用国际认证组织已经公布的、并已转变化为我国的国家标准或行业标准为依据。d. 对于我国已与国外有关

认证机构签订双边或多边合作协议的产品，应按照合作协议规定采用的标准开展产品质量认证工作。

（2）产品质量认证的分类

产品质量认证分为安全认证和合格认证。

1）安全认证。凡根据安全标准进行认证或只对商品标准中有关安全的项目进行认证的，称为安全认证。它是对商品在生产、贮运、使用过程中是否具备保证人身安全与避免环境遭受危害等基本性能的认证，属于强制性认证。实行安全认证的产品，必须符合《中华人民共和国标准化法》中有关强制性标准的要求。强制性产品认证，又称 CCC 认证，是中国政府为保护广大消费者的人身健康和安全，保护环境、保护国家安全，依照法律法规实施的一种产品评价制度，它要求产品必须符合国家标准和相关技术规范。强制性产品认证，通过制定强制性产品认证的产品目录和强制性产品认证实施规则，对列入《目录》中的产品实施强制性的检测和工厂检查。凡列入《目录》的产品，必须经国家指定的认证机构认证合格、取得指定认证机构颁发的认证证书、并加施认证标志后，方可出厂销售、进口和在经营性活动中使用。见《强制性产品认证管理规定》第五条，国家对强制性产品认证实施"四个统一"，即统一目录，统一标准、技术法规和合格评定程序，统一标志，统一收费标准。凡列入目录内的产品未获得指定机构的认证证书，未按规定加贴认证标志，不得出厂、进口、销售和在经营服务场所使用。中国强制性认证标志实施以后，取代原实行的"长城"标志和"CCIB"标志。

强制性产品认证制度在推动国家各种技术法规和标准的贯彻、规范市场经济秩序、打击假冒伪劣行为、促进产品的质量管理和保护消费者合法权益等方面，具有不可替代的作用和优势。目前，政府利用强制性产品认证制度作为市场准入的手段，正在成为国际通行的做法。强制性产品认证制度具有以下特点：国家公布统一的目录，确定统一的国家标准、技术规则和实施程序，制定统一的标志，规定统一的收费标准。凡列入目录的产品，必须经国家指定的认证机构认证合格，取得相关证书并加施认证标志后，才能出厂、进口、销售和在经营服务场所使用。

2）合格认证。合格认证是依据商品标准的要求，对商品的全部性能进行的综合性质量认证，一般属于自愿性认证。实行合格认证的产品，必须符合《标准化法》规定的国家标准者行业标准的要求。

（3）产品质量认证的标志

认证证书是证明产品质量符合认证要求和许可产品使用认证标志的法定证明文件。认证委员会负责对符合认证要求的申请人颁发认证证书，并准许其使用认证标志。认证证书由国务院标准化行政主管部门组织印刷并统一规定编号。证书持有者可将标志标示在产品、产品铭牌、包装物、产品使用说明书、合格证上。

我国主要产品质量认证有 CCC 认证和 CQC 产品质量认证。a. CCC 认证。中国强制性产品认证于 2002 年 5 月 1 日起实施，认证标志的名称为"中国强制认证"（China Compulsory Certification，CCC）。对列入国家质量监督检验检疫总局和国家认证认可监督管理委员会发布的《第一批实施强制性产品认证的产品目录》中的产品实施强制性的检测和审核。凡列入目录内的产品未获得指定机构认证的，未按规定标贴认证标志，一律不得出厂、进口、销售和在经营服务场所使用。b. CQC 产品质量认证。CQC 机构名称为中国质量认证中心，现中国强制认证 CCC 认证由其承担。获得 CQC 产品认证证书，加贴 CQC 产品认证标志，就意味着该产品被国家级认证机构认证为安全的、符合国家规定的质量标准。

7.3.2　产品质量认证的作用和程序

（1）产品质量认证的作用

实行产品质量认证的目的是保证产品质量，提高产品信誉，保护用户和消费者的利益，促进国际贸易和发展国际质量认证合作。其作用具体表现在以下几方面：a. 提高商品质量信誉和在国内外市场上的竞争力。商品在获得质量认证证书和认证标志并通过注册加以公布后，就可以在激烈的国内外市场竞争中提高自己产品质量的可信度，有利于占领市场，提高企业经济效益。b. 提高商品质量水平，全面推动经济的发展。商品质量认证制度的实施，可以促进企业进行全面质量管理，并及时解决在认证检查中发现的质量问题；可以加强国家对商品质量进行有效的监督和管理，促进商品质量水平不断提高。同时，已取得质量认证的产品，还可以减少重复检验和评定的费用。c. 提供商品信息，指导消费，保护消费者利益，提高社会效益，消费者购买商品时，可以从认证注册公告或从商品及其包装上的认证标志中获得可靠的质量信息，经过比较和挑选，购买到满意的商品。

（2）产品质量认证的程序

按《中华人民共和国产品质量认证管理条例》规定，中国企业、外国企业均可提出认证申请。提出申请的企业应当具备以下条件：产品符合国家标准或行业标准要求；产品质量稳定，能正常批量生产；生产企业的质量体系符合国家质量管理和质量保证标准及补充要求。

中国企业向认证委员会提出书面申请，外国企业或代销商向国务院标准化行政主管部门或其指定的认证委员会提出书面申请；认证委员会通知承担认证检验任务的检验机构对产品进行检验；认证委员会对申请认证的生产企业的质量体系进行审查；认证委员会对认证合格的产品，颁发认证证书，并准许使用认证标志。

典型产品认证包括型式试验、工厂检查和获证后的监督三个基本过程，前面两个过程是产品取得认证证书的前提条件，最后一个过程是认证后的监督措施。a. 型式试验。选择具有代表性的典型型号规格的样品（产品型号、规格等），按规定的数量送样，依据产品标准规定的或引用的方法和标准进行检验。b. 工厂检查，指对生产场地按照规定的检查依据进行工厂质量保证能力检查和产品一致性检查，覆盖申请认证的所有产品和生产厂。c. 获证后的监督，包括工厂质量保证能力检查、产品一致性检查和产品抽测等。

7.3.3　我国食品生产经营许可制度

我国食品安全管理以法律、法规、部门规章的施行及修订历史为轴线，经历了 1995 年《食品卫生法》，2009 年《食品安全法》，2015 年《食品安全法》的修订及《食品经营许可管理办法》的施行，2018 年《食品安全法》修订并伴随着《食品经营许可管理办法》收集意见，2020 年国家市场监督管理总局发布《食品生产许可管理办法》，2023 年国家市场监督管理总局发布《食品经营许可和备案管理办法》等阶段。

根据 1995 年 10 月 30 日起施行的《食品卫生法》第 27 条第一款的规定，食品生产经营企业和食品摊贩，必须先取得卫生行政部门发放的卫生许可证方可向工商行政管理部门申请登记。未取得卫生许可证的，不得从事食品生产经营活动。开办与食品生产、经营相关的经营场所需要取得卫生许可证，由卫生部门颁发，有效期4年。

2009年6月1日起施行的《食品安全法》第4条第三款规定，国务院质量监督、工商行政管理和国家食品药品监督管理部门依照本法和国务院规定的职责，分别对食品生产、食品流通、餐饮服务活动实施监督管理。第29条第一款、第二款规定，国家对食品生产经营实行许可制度。从事食品生产、食品流通、餐饮服务，应当依法取得食品生产许可、食品流通许可、餐饮服务许可。取得食品生产许可的食品生产者在其生产场所销售其生产的食品，不需要取得食品流通的许可；取得餐饮服务许可的餐饮服务提供者在其餐饮服务场所出售其制作加工的食品，不需要取得食品生产和流通的许可；农民个人销售其自产的食用农产品，不需要取得食品流通的许可。

2015年10月1日起，《食品经营许可管理办法》开始施行，第2条规定，在中华人民共和国境内，从事食品销售和餐饮服务活动，应当依法取得食品经营许可。食品经营许可的申请、受理、审查、决定及其监督检查，适用本办法。食品销售、餐饮合并为食品经营许可证。2017年修订了两点：a. 电子证书与纸质证书具有同等效力；b. 对应监管机构或名称。

2020年1月3日，国家市场监督管理总局发布《食品生产许可管理办法》，自2020年3月1日起施行。2022年10月21日，国家市场监督管理总局发布《食品生产许可审查通则（2022版）》。2023年7月12日，国家市场监督管理总局发布《食品经营许可和备案管理办法》，自2023年12月1日起施行，同日颁布的还有《食品经营许可和备案管理办法》解读。对销售定型包装食品的市场主体采用备案制度。

（1）食品生产许可（国家市场监督管理总局令第24号公布，自2020年3月1日起施行）

在中华人民共和国境内，从事食品生产活动，应当依法取得食品生产许可。食品生产许可实行一企一证原则，即同一个食品生产者从事食品生产活动，应当取得一个食品生产许可证。市场监督管理部门按照食品的风险程度，结合食品原料、生产工艺等因素，对食品生产实施分类许可。国家市场监督管理总局负责监督指导全国食品生产许可管理工作。县级以上地方市场监督管理部门负责本行政区域内的食品生产许可监督管理工作。省、自治区、直辖市市场监督管理部门可以根据食品类别和食品安全风险状况，确定市、县级市场监督管理部门的食品生产许可管理权限。保健食品、特殊医学用途配方食品、婴幼儿配方食品、婴幼儿辅助食品、食盐等食品的生产许可，由省、自治区、直辖市市场监督管理部门负责。国家市场监督管理总局负责制定食品生产许可审查通则和细则。省、自治区、直辖市市场监督管理部门可以根据本行政区域食品生产许可审查工作的需要，对地方特色食品制定食品生产许可审查细则，在本行政区域内实施，并向国家市场监督管理总局报告。国家市场监督管理总局制定公布相关食品生产许可审查细则后，地方特色食品生产许可审查细则自行废止。县级以上地方市场监督管理部门实施食品生产许可审查，应当遵守食品生产许可审查通则和细则。县级以上地方市场监督管理部门应当加快信息化建设，推进许可申请、受理、审查、发证、查询等全流程网上办理，并在行政机关的网站上公布生产许可事项，提高办事效率。

申请食品生产许可，应当先行取得营业执照等合法主体资格。企业法人、合伙企业、个人独资企业、个体工商户、农民专业合作组织等，以营业执照载明的主体作为申请人。申请食品生产许可，应当按照以下食品类别提出：粮食加工品、食用油、油脂及其制品、调味品、肉制品、乳制品、饮料、方便食品、饼干、罐头、冷冻饮品、速冻食品、薯类和膨化食品、糖果制品、茶叶及相关制品、酒类、蔬菜制品、水果制品、炒货食品及坚果制品、蛋制品、可可及焙烤咖啡产品、食糖、水产制品、淀粉及淀粉制品、糕点、豆制品、蜂产品、保健食品、特殊医学用途配方食品、婴幼儿配方食品、特殊膳食食品及其他食品等。国家市场监督管理总局可以根据监督管理工作需要对食品类别进行调整。申请食品生产许可，应当向申请人所在地县级以上地方市场监督管理部门提交下列材料：食品生产许可申请书；食品生产设备布局图和食品生产工艺流程图；食品生产主要设备、设施清单；专职或兼职的食品安全专业技术人员、食品安全管理人员信息和食品安全管理制度。申请保健食品、特殊医学用途配方食品、婴幼儿配方食品等特殊食品的生产许可，还应当提交与所生产食品相适应的生产质量管理体系文件以及相关注册和备案文件。申请人申请生产多个类别食品时，由申请人按照省级市场监督管理部门确定的食品生产许可管理权限，自主选择其中一个受理部门提交申请材料。受理部门应当及时告知有相应审批权限的市场监督管理部门，组织联合审查。县级以上地方市场监督管理部门对申请人提出的食品生产许可申请，申请材料不齐全或不符合法定形式的，应当当场或在5个工作日内一次告知申请人需要补正的全部内容。当场告知的，应当将申请材料退回申请人；在5个工作日内告知的，应当收取申请材料并出具收到申请材料的凭据。逾期不告知的，自收到申请材料之日起即为受理。县级以上地方市场监督管理部门对申请人提出的申请决定予以受理的，应当出具受理通知书；决定不予受理的，应当出具不予受理通知书，说明不予受理的理由，并告知申请人依法享有申请行政复议或提起行政诉讼的权利。

　　县级以上地方市场监督管理部门应当对申请人提交的申请材料进行审查。需要对申请材料的实质内容进行核实的，应当进行现场核查。县级以上地方市场监督管理部门应当根据申请材料审查和现场核查等情况，对符合条件的作出准予生产许可的决定，并自作出决定之日起5个工作日内向申请人颁发食品生产许可证；对不符合条件的，应当及时作出不予许可的书面决定并说明理由，同时告知申请人依法享有申请行政复议或提起行政诉讼的权利。食品生产许可证发证日期为许可决定作出的日期，有效期为5年。

　　食品生产许可证分为正本、副本。正本、副本具有同等法律效力。国家市场监督管理总局负责制定食品生产许可证式样。省、自治区、直辖市市场监督管理部门负责本行政区域食品生产许可证的印制、发放等管理工作。食品生产许可证应当载明：生产者名称、社会信用代码、法定代表人（负责人）、住所、生产地址、食品类别、许可证编号、有效期、发证机关、发证日期和二维码。食品生产许可证编号由SC（"生产"的汉语拼音字母缩写）和14位阿拉伯数字组成。数字从左至右依次为：3位食品类别编码、2位省（自治区、直辖市）代码、2位市（地）代码、2位县（区）代码、4位顺序码、1位校验码。

　　（2）食品经营许可和备案管理（国家市场监督管理总局令第78号公布，自2023年12月1日起施行）

　　在中华人民共和国境内从事食品销售和餐饮服务活动，应当依法取得食品经营许可。仅销售预包装食品的，应当报所在地县级以上地方市场监督管理部门备案。

　　申请食品经营许可，应当先行取得营业执照等合法主体资格。企业法人、合伙企业、个人独资企业、个体工商户等，以营业执照载明的主体作为申请人。机关、事业单位、社会团体、民办非企业单位、企业等申办食堂，以机关或事业单位法人登记证、社会团体登记证或营业执照等载明的主体作为申请人。申请食品经营许可，应当按照食品经营主体业态和经营项目分类提出。食品经营主体业态分为食品销售经营者、餐饮服务经营者、集中用餐单位食堂。食品经营者从事食品批发销售、中央厨房、集体用餐配送的，利用自动设备从事食品经营的，或学校、托幼机构食堂，应当在主体业态后以括号标注。主体业态以主要经营项目确定，不可以复选。食品经营项目分为食品销售、餐饮服务、食品经营管理三类。食品经营项目可以复选。

申请食品经营许可，应当提交下列材料：食品经营许可申请书；营业执照或其他主体资格证明文件复印件；与食品经营相适应的主要设备设施、经营布局、操作流程等文件；食品安全自查、从业人员健康管理、进货查验记录、食品安全事故处置等保证食品安全的规章制度目录清单。利用自动设备从事食品经营的，申请人应当提交每台设备的具体放置地点、食品经营许可证的展示方法、食品安全风险管控方案等材料。从事食品经营管理的食品经营者，可以不提供主要设备设施、经营布局材料。仅从事食品销售类经营项目的不需要提供操作流程。

县级以上地方市场监督管理部门对申请人提出的申请决定予以受理的，应当出具受理通知书；当场作出许可决定并颁发许可证的，不需要出具受理通知书；决定不予受理的，应当出具不予受理通知书，说明理由，并告知申请人依法享有申请行政复议或提起行政诉讼的权利。申请材料不齐全或不符合法定形式的，应当当场或自收到申请材料之日起 5 个工作日内一次告知申请人需要补正的全部内容和合理的补正期限。申请人无正当理由逾期不予补正的，视为放弃行政许可申请，市场监督管理部门不需要作出不予受理的决定。市场监督管理部门逾期未告知申请人补正的，自收到申请材料之日起即为受理。

县级以上地方市场监督管理部门应当对申请人提交的许可申请材料进行审查。需要对申请材料的实质内容进行核实的，应当进行现场核查。食品经营许可申请包含预包装食品销售的，对其中的预包装食品销售项目不需要进行现场核查。县级以上地方市场监督管理部门应当自受理申请之日起十个工作日内作出是否准予行政许可的决定。因特殊原因需要延长期限的，经市场监督管理部门负责人批准，可以延长五个工作日，并应当将延长期限的理由告知申请人。鼓励有条件的地方市场监督管理部门优化许可工作流程，减短现场核查、许可决定等工作时限。

县级以上地方市场监督管理部门应当根据申请材料和现场核查等情况，对符合条件的，作出准予行政许可的决定，并自作出决定之日起五个工作日内向申请人颁发食品经营许可证；对不符合条件的，应当作出不予许可的决定，说明理由，并告知申请人依法享有申请行政复议或提起行政诉讼的权利。食品经营许可证发证日期为许可决定作出的日期，有效期为五年。

食品经营许可证分为正本、副本。正本、副本具有同等法律效力。国家市场监督管理总局负责制定食品经营许可证正本、副本式样。省、自治区、直辖市市场监督管理部门负责本行政区域内食品经营许可证的印制和发放等管理工作。食品经营许可证应当载明：经营者名称、统一社会信用代码、法定代表人（负责人）、住所、经营场所、主体业态、经营项目、许可证编号、有效期、投诉举报电话、发证机关、发证日期，并附有二维码。其中，经营场所、主体业态、经营项目属于许可事项，其他事项不属于许可事项。食品经营者取得餐饮服务、食品经营管理经营项目的，销售预包装食品不需要在许可证上标注食品销售类经营项目。食品经营许可证编号由 JY（"经营"的汉语拼音首字母缩写）和十四位阿拉伯数字组成。数字从左至右依次为：一位主体业态代码、两位省（自治区、直辖市）代码、两位市（地）代码、两位县（区）代码、六位顺序码、一位校验码。

7.3.4 绿色食品与有机食品认证

有机农业在二战之前就开始在一些西方国家实施，起初只是由个别生产者针对局部市场需求而自发地生产某种产品，而后逐步由这些分散的生产者自发组合成区域性的社团组织或协会等民间团体，自行制定规则或标准指导生产和加工，并相应产生一些民间认证机构。随着国际贸易迅速增加，而各国、各认证机构的有机农业与生产加工标准又存在差异，在国际贸易中不可避免地因标准差异而产生贸易摩擦。为保证有机食品生产标准、认证和检查程序在全球的一致性，从 20 世纪 80 年代末起，国际有机农业运动联盟开始建立了国际有机认可体系（International Organic Accreditation System，IOAS）。同时，法国、美国、丹麦、日本、澳大利亚、捷克等国也从政府层面设立管理有机农业的机构，制定有关生产、加工标准以及管理条例或进行立法。欧盟于 1991 年制定了《欧共体有机农业条例 2092/91》；日本于 2000 年制定了《日本有机农产品和加工食品标准》；美国于 2001 年也制定了《美国有机农业条例》；联合国食品法典委员会（CAC）也制定了《有机食品生产、加工、标识和销售准则》。形成了由政府协调各协会、认证机构，并通过政府制定标准条例、法规，将有机食品的认证、管理纳入政府管理渠道。

中国绿色食品事业的发展是在立足国情的基础上起步的。在绿色食品的开发和管理上，并不是简单地照搬国外同类农产品的认证模式，而是在参考其相关技术、标准及管理方式的基础上，结合我国的国情，选择了自己的发展道路。2012 年 7 月 30 日，农业部（现农业农村部）根据《中华人民共和国农业法》《中华人民共和国食品安全法》《中华人民共和国农产品质量安全法》和《中华人民共和国商标法》，以第 6 号令发布了《绿色食品标志管理办法》，规定绿色食品是指产自优良生态环境、按照绿色食品标准生产、实行全程质量控制并获得绿色食品标志使用权的安全、优质食用农产品及相关产品。并制定了 NY 系列标准。绿色食品标志依法注册为证明商标，受法律保护。县级以上人民政府农业行政主管部门依法对绿色食品及绿色食品标志进行监督管理。中国绿色食品发展中心负责全国绿色食品标志使用申请的审查、颁证和颁证后跟踪检查工作。省级人民政府农业行政主管部门所属绿色食品工作机构（以下简称省级工作机构）负责本行政区域绿色食品标志使用申请的受理、初审和颁证后跟踪检查工作。绿色食品是遵循可持续发展原则，按照特定生产方式生产，经专门机构认定，许可使用绿色食品标志商标的无污染的安全、优质、营养类食品。绿色食品标志是在经绿色食品认证机构认证的绿色食品上使用、以区分此类产品与普通食品的特定标志。该标志已作为我国第一例证明商标由中国绿色食品发展中心在国家商标局注册，绿色食品标志管理，即依据绿色食品标志证明商标特定的法律属性，通过该标志商标的使用许可，衡量企业的生产过程及其产品的质量是否符合特定的绿色食品标准，并监督符合标准的企业严格执行绿色食品生产操作规程、正确使用绿色食品标志的过程。

1994 年，南京环境科学研究所农村环保室在充分借鉴国外有机食品标准和管理体系的基础上，成立了有机食品发展中心，开始在我国从事有机食品的检查和认证。2005 年 1 月 19 日国家质检总局发布了 GB/T 19630《有机产品生产、加工、标识与管理体系要求》的国家标准，2013 年 11 月 15 日国家质检总局以 155 号令颁布《有机产品认证管理办法》。

（1）绿色及有机食品认证的意义和原则

绿色及有机食品、有机农业的认证是指由第三方对有机农产品生产的食品进行验证，以证明其真实性。认证的必要性在于明确有机生产的定义，保护真正的有机农产品生产者并给予培训，向消费者保证有机产品的生产、加工和包装等过程，其生产方法是限量或禁止化学合成物质的投入并保护环境；区别真正和假冒的有机农产品，保证生产者确实按照有机方式生产，避免欺骗行为，保护市场价格，保护消费者利益；实现有机食品和有机农业的公平贸易。

开展绿色及有机食品认证的意义如下：a. 绿色及有机食品认证为生产者制订生产计划。因为认证要求生产者必须对生产做出计划并进行记录，这就使生产更高效、更能减少浪费；b. 绿色及有机食品认证可促进产品贸易和推广。认证过程中收集的信息对市场规划、推广和研究都很有帮助；c. 认证可创造透明。认证的基本原则是透明性，向公众公开谁得到认证，哪些产品得到认证，这种透明可以促进消费者与生产者之间的直接联系，减少中间环节造成的麻烦；d. 认证可改善绿色及有机农业在社会上的整体形象，增加绿色及有机农业的可信度和可见性；e. 认证促进对绿色及有机农业的特殊支持；f. 绿色及有机食品认证可以保护生产者，特别是依靠绿色及有机产品增值来补偿有机生产高成本的生产者的利益，同时在没有其他更好措施的前提下，有机食品认证和标志是消费者可以信赖的重要证明。

绿色食品和有机食品认证的原则如下：a. 质量认证和商标管理相结合的原则。绿色食品标志管理包含绿色食品产品的质量认证和认证后使用标志的管理两部分内容。产品质量认证从可能影响产品质量的各个环节反复进行验证，以求得与客观事实相符的结论。使用标志之后的管理又包含两层含义，一是对用商标的产品一旦出现质量问题时的处理；二是对其他产品冒用该产品及认证标志的打击和处罚。前者质量认证本身已有规范的解决途径，对后者而言，质量认证虽然也有相关的法律支持，但却不如商标管理的力度大。b. 公正、公平、公开的原则。所谓公正，就是要把绿色食品标志管理纳入法制管理的轨道，使其一切措施遵循社会主义法制的要求，符合法律管理的规律和特点。其中包括：a. 积极立法。在国家宪法和其他法律的基础上，通过法定的程序和手续，制定和颁布绿色食品管理的法规、国家标准，以使整个管理工作有法可依、有章可循。b. 严格执法。在日常的质量认证工作中，对企业申请的任何审核、裁定工作，严格执行绿色食品的有关标准和规章规定。严格执法还包括对那些绿色食品企业在使用绿色食品标志过程中违反规定的行为以及非绿色食品企业冒用绿色食品标志的行为，严格依法打击。c. 认证机构和所有被认证单位都不能有任何形式的隶属关系和经济关系，更不能有丝毫的交易成分；认证机构也不能从事任何有碍其认证公正性的经营活动和其他活动，以确保其公正地位；同时，只有全方位地公开认证机构的认证活动，自觉接受社会公众的监督，才能真正达到取信于消费者和申请者的目的。一切符合标准的企业，不论其体制如何，实力强弱，也不管其身居都市还是在穷乡僻壤，只要其有发展绿色食品的积极性，又符合标准要求，认证部门就必须接纳它并为它认真服务。

（2）绿色食品与有机食品认证机构的认可和授权

认证组织是根据有机食品标准对绿色食品与有机农业的生产过程进行验证和审核，并证明其产品真实性的第三方组织。认证机构是掌握标准、控制生产过程和保证产品质量的关键因素。一个认证机构的信誉度、知名度和权威性直接影响产品的销售和市场的认可程度，因此需要根据认可标准对认证机构进行评价。认证组织应符合以下 3 个条件：a. 能力。该组织必须在财力、人力和物力上保证能进行认证工作。b. 独立。该组织必须保证不受有关利益相关者的干扰。c. 透明。其标准、认证程序以及被认证过的组织等信息（企业秘密除外）必须公开。认证和认可的结构是市场发展的基点，多数的有机认证项目最初是从农户团体开始的信息交流，认证成员都是地方的或地区的。当有机食品的国内或国际贸易足够广泛时，为了保护生产者和消费者，政府受到激发而采取国家标准并成为认可机构。

认证组织的认可目前主要有两种形式：政府认可和非政府组织认可。欧盟通过国家独立的认可机构完成，美国以及日本等通过国家的农业部门等进行认可。私人机构的认可如果按照 ISO/IEC 65 的规定进行，则在欧盟国家内也有可能被承认。

政府认可。以欧共体为例，说明典型认证体系的类型、程序和方法。欧共体制定有机农业条例后，要求其成员国指定其有机食品认证的控制和管理机构。a. 英国体系。欧共体有机农业条例是英国认证体系的核心。英国有机农产品登记体系（UKROFS）是指定的授权管理机构。它有权力制定自己的标准，当然不能与欧盟标准冲突而且要严于欧盟标准。同时英国的标准还包括了 1999 年以前欧盟标准没有的动物性生产的标准。认证机构受 UKROFS 的管理。每年 UKROFS 根据认证机构各自的工作情况对其进行评价。b. 德国体系。德国每个州都有自己认可的管理机构，因此私人认证机构要从事有机食品的认证就必须在州的管理机构注册。c. 丹麦体系。与德国和英国不同，其认可管理机构就是唯一的认证机构。

非政府组织认可。国际有机农业运动联盟（International Federation or Organic Agriculture Movements，IFOAM）的有机农业认证属于非政府组织的认证。IFOAM 是世界上最大的有机农业认证非政府组织之一，其活动主要通过总部设在美国国际有机认可委员会完成，其活动是严格按照国际标准 ISO 65 的原理进行操作的。尽管 IFOAM 是非政府组织，但是由于它在世界上的影响很大，所以有些国家和政府也承认 IFOAM 认可的机构。

欧盟有机农业标准对检查机构的要求。根据欧盟的有关规定，检查和认证机构应按照 EN 45011（1989 年）和随后的替代标准 ISO/IEC 65 导则（1996）的要求进行检查认证活动。在对认证机构进行认可时，下列因素应予以考虑：标准化的检查程序；违反标准或不符合标准的情况发生时应采取的处理或处罚措施；有基本的资源包括合格的人员、管理和技术资源以及检查认证人员的经验和可靠性；检查认证机构的客观性。另外在对认证机构进行认可时，欧盟管理机构负责给认证机构编号，保证检查活动公平客观，确认检查活动的有效性，对不符合要求、违规的处罚进行确认。

认证机构应允许认可管理机构对其进行审核，每年向认可管理机构汇报检查认证项目。如认证机构不符合规定，授权管理机构应撤销检查认证机构的权利。EN 45011/ISO 65 导则对认证机构的要求包括：a. 非歧视。b. 向所有申请者开放其服务。c. 根据制定的标准进行活动。d. 只在认证范围内对认证做出决定。e. 公平。f. 对所有决定负责。g. 有系统文件管理程序。h. 保证在评审和认证时由不同人负责。i. 有能力进行认证服务。j. 有足够数量的、合格的人力资源。k. 有基本的质量体系。l. 有基本的政策和程序。m. 没有其他除认证以外有可能对认证活动产生影响的商业活动。n. 不对认证的产品进行供货或设计。o. 不对申请者提供咨询服务。p. 对抱怨、申诉和纠纷处理的政策和程序，在对文件进行管理时，应该对以下内容进行规定：认证系统，评审程序，财务支持，申请者的权利与义务，处理抱怨、申诉和纠纷的程序，认证产品和供应商的名单。

中国有机食品的认证体系的认可。国家认证认可监督管理委员会是国务院授权的履行行政管理职能，统一管理、监督和综合协调全国认证认可工作的主管机构。国家认可制度是指由国家实施的，对认证机构、实验室、认证培训机构、认证人员进行认可管理的制度。国家认可机构是指由国家授权的，从事认证机构认可、实验室认可、认证培训机构和认证人员认可的机构。

中国绿色食品的授权。中国绿色食品发展中心（China Green Food Development Center），隶属中华人民共和国农业部，是组织和指导全国绿色食品开发和管理工作的权威机构，也是绿色食品的认证机构，同时也是绿色食品标志商标的所有者。绿色食品发展中心以商标标志委托管理的方式，组织全国的绿色食品管理部门，实施标志委托管理，被委托机构获得相应管理职能的同时，即承担了维护标志法律地位的严肃义务。中国绿色食品发展中心已在全国30多个省、市、自治区委托了绿色食品标志管理机构，形成了一支网络化的管理队伍。这些委托管理机构形成了区域性的分中心，对区域绿色食品发展起到重要作用；从宏观角度看，他们又是事业网络中必不可少的结点，承担着宣传发动、检查指导、信息传递等重要任务。各省绿色食品定点环境监测机构分别由各省绿色食品委托管理机构进行委托。绿色食品委托管理机构将监测机构的有关材料报中国绿色食品发展中心备案，经中国绿色食品发展中心对该监测单位资格确认同意后，与被委托单位签订合同，并于每次任务下达的同时，下达委托书。

依据《绿色食品标志管理办法》及有关规定要求，定点的环境监测机构必须通过省级以上计量认证。委托时，要考虑该监测单位所能检测的项目、仪器设备、检测人员、检测能力、收费、服务质量以及对当地环境状况的掌握程度等因素。根据绿色食品委托管理机构的委托，按有关规定对申报产品或产品原料产地进行环境监测与评价。根据中国绿色食品发展中心的抽检计划，对获得绿色食品标志的产品或产品原料产地环境进行抽检；根据中国绿色食品发展中心的安排，对提出仲裁监测申请的企业进行复检；根据中国绿色食品发展中心的布置，专题研究绿色食品环境监测与评价工作中的技术问题等。各绿色食品办公室对所辖范围内申报产品的环境监测实行统一编号，对监测单位下发委托任务书。监测单位只有接到当地省绿色食品办公室的委托任务书后，才能进行环境监测。绿色食品定点食品监测机构是中国绿色食品发展中心按照行政区划的划分、绿色食品在全国各地的发展情况、各地食品监测机构的监测能力、监测单位与中心的合作愿望等因素而由中国绿色食品发展中心直接委托。

（3）绿色食品与有机食品的检查、认证系统

认证制度主要来自买方对卖方产品质量放心的客观需要。检查和认证是绿色食品与有机农业体系一个不可缺少的组成部分，其工作由认证机构指派的检查员和认证人员完成。认证检查的任务是客观地反映申请者有关生产和管理体系的实际状况。

绿色食品与有机农业检查和认证具有以下特点：a. 连续过程（每年）：监督有机生产，

保证质量，帮助生产者改进和完善生产体系，促进生产者建立持续稳定的有机农业生产体系；涉及与其相关的种植、加工、贸易等，是从土地到餐桌的全程质量控制，包括从原料、生产基地、生产过程到产品运输、销售全过程实行现场认证。b. 注重生产过程的检查，必要时对产品进行检测。c. 注重跟踪系统的检查，使认证产品质量和数量的可追踪性得到保障。d. 检查和认证人员具有独立性。e. 检查和认证活动及结果具有法律效力。

绿色食品与有机农业检查和认证体系的构成主要包括检查和认证人员；检查、认证准则和条例；认证组织和申请者之间的合约；认可机构与认可。

认证主要是通过认证组织的检查员对有机生产者的检查、审核以及必要的样品分析完成的。检查员是有机食品认证组织和广大有机食品消费者的"嘴巴""眼睛""耳朵"和"鼻子"，是沟通生产者和消费者的桥梁。因此，检查员的素质是直接影响认证组织的信誉和产品质量的关键。检查员应该具备的基本素质包括：a. 系统教育，包括农业、环境保护的知识以及质量管理、标准培训等。b. 良好的观察和评估能力。c. 良好的语言交流和编写报告能力。d. 与认证组织签订保守检查秘密的协议，为生产者、加工者和贸易者保守商业和技术上的秘密。e. 实事求是地报告所有检查的问题。f. 作为第三方进行实事求是、公正的检查，与申请有机食品认证的任何一方都没有利益冲突；保证在认证前和认证后一段时间内没有经济上的联系，不得接受申请者的礼品和产品；不得为申请者提供有机生产技术咨询，并收取费用。g. 不得参与最后的认证决定。

（4）绿色食品与有机食品检查及认证的程序和内容

检查和认证的程序过程包括：a. 向认证组织索取申请表格。其他材料如检查认证标准等也可以根据客户的要求提供。b. 申请者填写申请表格并寄回检查认证组织。c. 认证组织制定检查计划和费用预算。客户同意后，认证组织与客户将签订《检查合同》和《遵守有机农作条例的协议》。d. 客户向认证组织支付检查认证预算费用的一半。e. 收到费用后，认证组织委派合适的检查员对客户进行实地检查。f. 检查将在现场进行。检查完成后，检查员填写检查报告并寄给认证组织。g. 认证组织将召集颁证会议，形成认证决定。h. 客户缴纳检查和认证费用的余额。i. 认证组织通知客户认证决定以及颁发证书。

有机食品认证的程序基本按照以下步骤进行：确定申请人的合法性，如是否遵守了生产和加工的有关标准；申请人向认证机关提交必需的材料；对申请者的田块或工厂进行现场检查；对检查报告进行评审后，决定认证意见。具体如下：

1）预评审。确认申请者是否遵守了有机生产和加工的有关标准。评审要点包括：a. 种植业生产。农场外部系统物质的投入和使用（应尽量依靠农场系统内的物质和能量）：对于标准允许、限制和禁止使用的物质，应按照相关规定严格执行；病虫草害的控制方法；高水溶性矿质肥料以及限制性合成杀虫剂、杀菌剂、杀真菌剂的使用。b. 动物性生产。动物福利，是否给动物提供了合适的生长、活动空间和其他条件；动物来源，限制常规生产的动物作为幼畜；喂养，是否尽量利用了有机饲料；疾病防治，应尽量避免对抗疗法、预防等药物措施；屠宰加工，应尽量减少对动物精神和肉体上的损害。c. 加工和保证。对于产品的原料与配料，工厂病虫害的防治措施是否符合要求。

2）申请。申请者填写认证机构提供的表格。表格填写的内容包括：有机和非有机生产单元的基本情况，有机耕种的土地面积，贮藏以及有关生产、加工、运输的所有情况。并提供地图、农田生产历史以及最后一次使用禁用物品的时间等。对加工者，应提交食品配料的种类、数量、来源、加工流程图、清洗措施、害虫防治措施及档案等。此外，申请者还应该和认证机构签订合同，保证履行按时交纳费用、允许认证机构检查生产场所和查阅有关档案以及遵守有机农业生产的规定。

3）检查。检查一般应每年一次。对认证机构派出的检查员，申请人有权力根据利益冲突等原因要求检查员回避。主要的检查活动包括：会谈，就生产活动、对标准的理解等与负责人交谈；农场、工厂巡视，确认活动与申请人提供的信息吻合，如贮藏、药物使用等；记录检查，如进、出物料的量是否平衡，是否有被污染的农产品进入农场或工厂等；土壤或产品采样，如检查员怀疑有污染，可采样进一步分析。

4）检查后的活动。检查完成后，检查员进行报告编写并送交认证机构。在收到检查报告后，申请者应仔细审查检查员的检查报告和认证组织的认证决定，寻找是否存在有问题的地方；及时采取措施解决认证决定中存在的问题（特别注意对认证前要求完成的工作是否完成，否则不能获得证书），如提交有关材料、制订有关计划等，对要求持续解决的问题应该在以后的工作中逐一解决；在认证决定上签字，及时返回给认证组织；缴纳费用后，获得证书，注意证书的有效期、证书授予人员、产品品种和数量；如不同意认证决定，有权力以书面形式申诉。

中国绿色食品标志图形由三部分构成：上方是太阳、下方是叶片和蓓蕾，象征自然生态；标志图形为正圆形，意为保护、安全；颜色为绿色，象征着生命、农业、环保。AA级绿色食品标志与字体为绿色，底色为白色，A级绿色食品标志与字体为白色，底色为绿色。整个图形描绘了一幅明媚阳光照耀下的和谐生机，告诉人们绿色食品是出自纯净、良好生态环境的安全、无污染食品，能给人们带来蓬勃的生命力。绿色食品标志还提醒人们要保护环境和防止污染，通过改善人与环境的关系，创造自然界新的和谐。

中国有机产品标志的图案主要由三部分组成：外围的圆形、中间的种子图形及其周围的环形线条。标志外围的圆形形似地球，象征和谐、安全，圆形中的"中国有机产品"字样为中英文结合方式，既表示中国有机产品与世界同行，也有利于国内外消费者识别。标志中间类似于种子的图形代表生命萌发之际的勃勃生机，象征了有机产品是从种子开始的全过程认证。种子图形周围圆润自如的线条象征环形道路，与种子图形合并构成汉字"中"，体现出有机产品植根中国。处于平面的环形是英文字母"C"的变体，种子形状是"O"的变形，意为"China Organic"。绿色代表环保、健康，表示有机产品给人类的生态环境带来完美与协调。橘红色代表旺盛的生命力，表示有机产品对可持续发展的作用。

思考题

1）质量认证有哪些意义？
2）质量认证有哪些基本类型？
3）质量管理体系涵盖哪两大部分？如何正确运用体系认证和产品认证？
4）企业为什么需要建立质量管理体系？

5）ISO 9001 质量管理体系审核的工作要点是什么？

6）质量管理体系认证的作用和程序是什么？

7）产品质量认证的依据和类型是什么？

8）产品质量认证的作用和程序是什么？

9）绿色食品与有机食品检查及认证的程序和内容是什么？

10）民用生产企业生产军用产品需要建立什么体系？

11）国内现行的危害分析与关键控制点（HACCP）体系认证要求具有什么特点？

课程思政案例   ISO 9001 质量管理体系审核工作要点

8　食品质量成本管理

质量成本管理就是通过对质量成本进行统计、核算、分析、报告和控制，找到降低成本的途径，进而提高企业的经济效益。质量成本管理探讨的是产品质量与企业经济效益之间的关系，它对深化质量管理的理论和方法，以及改进企业的经营观念都有重要意义。一般内容包括：a. 确定过程，初步用成本评估，针对高成本或无附加值的工作，从小范围着手分析造成故障的可能原因，耗力和耗财的过程为研究重点。b. 确定步骤，列出每个步骤或功能的流程图和程序，确定目标和时间。c. 确定质量成本项目，每个生产成本和质量成本，以及符合性和非符合性成本。d. 核算质量成本，从人工费、管理费等着手采用资源法或单位成本法核算质量成本。e. 编制质量成本报告，测量出质量成本及其与构成比例、销售额、利润等相关经济指标的关系的分析，对整体情况做出判断，并根据有效性来确定过程改进区域等。

8.1　质量成本的概念、分类和特点

20 世纪 50 年代初，美国通用电气公司质量管理专家费根鲍姆首先明确提出质量成本的概念。20 世纪 80 年代，费根鲍姆进一步发展了质量成本的内涵。费根鲍姆认为质量成本是企业战略计划的核心之一。企业必须不断地寻找产品产生质量问题的根源，寻找改进的机会，减少质量事故带来的损失，这样才能从根本上提高企业的经济效益。

克罗斯比说："质量是免费的"，只要我们按已达成的要求去做，第一次就把事情做对，才是成本的真谛。而常规的成本中却包含并认可了返工、报废、保修、库存和变更等不增值的活动，反而掩盖了真正的成本。第一次没做对，势必要修修补补，做第二次、第三次。这些都是额外的浪费，是"不符合要求的代价"。统计表明，在制造业，这种代价高达销售额的 20%~25%，而服务业则高达 30%~40%。

8.1.1　质量成本的概念

质量成本（quality costs）也叫质量费用，是指为确保和保证满意的质量而导致的费用以及没有获得满意的质量而导致的有形和无形的损失。

（1）质量的经济性

质量的经济性是人们获得质量所耗费资源的价值量的度量，在质量相同的情况下，耗费资源价值量小的，其经济性就好，反之就差。

（2）质量效益与质量损失

"向质量要效益"这个口号反映了质量和效益之间的内在联系（图 8-1）。质量效益可理

解为通过保证、改进和提高产品质量而获得的效益，它来源于消费者对产品的认同及其支付。反之，质量问题严重的产品会引起一系列的损失，这些损失会直接或间接地转嫁到消费者头上，这会使消费者失去对产品的信任，使产品失去市场。生产过程中的不良品损失仅属于企业内部的质量损失范畴，不良品损失犹如水中冰山，暴露在水面上的显见比例并不大，而大部分隐患和损失都潜在水面下。因此，质量损失应该是产品在整个生命周期中，由于质量不符合规定要求，对生产者、消费者及社会所造成的全部损失之和，涉及多方面的利益。所以，朱兰认为："在次品上发生的成本等于一座金矿，可以对它进行有利的开采。"

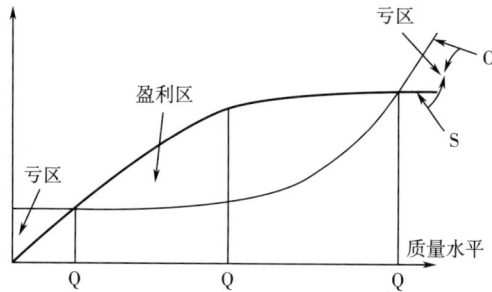

图 8-1　质量、成本、价格关系示意图
C—成本　S—价格　Q—质量

1）生产者的损失。对于食品生产企业，有形损失主要有废品损失，返工损失，销售中的退货、赔偿、降级降价损失，运输贮存中的损坏变质损失等。这些损失通过价值计算都可计入成本，从而转嫁到消费者头上，如转嫁不成，则表现为企业利润减少，效益恶化。无形损失也有种种表现。例如，产品质量低劣，影响企业信誉，直接影响到订货，严重时可使企业丧失市场。这种损失虽然难以直接计算，但对企业的危害极大，甚至是致命的。

2）消费者的损失。产品在食用或使用中因质量缺陷而使消费者蒙受的各种损失属于消费者的损失。消费者损失的表现形式很多。对于食品来讲，主要是由于产品不卫生而使消费者的健康甚至生命安全受到的危害，并由此而造成的各种损失。在消费者损失中也存在无形损失的现象，主要表现为构成产品的零部件或成分的功能不匹配，使用寿命不一致或不能充分发挥作用。

3）社会的损失。生产商和消费者都是社会成员，他们的损失也是社会损失的一部分。除此以外，还存在另一类社会损失，它是由于产品的缺陷对社会造成的污染和公害而引起的损失，如对社会环境的破坏和资源的浪费而造成的损失等。由于这类损失的受害者并不十分确定，难以追究赔偿，生产商往往不重视。为减少这类损失，除了生产商必须提高社会责任意识外，政府部门的干预也是非常必要的，可以采取法律的、行政的、经济的等种种手段，迫使生产商改进产品质量，减少社会损失。

（3）质量波动与损失

质量波动是不可避免的。每一批产品在相同的环境下制造出来，其质量特性或多或少总会有所差别，呈现出波动性。质量波动与质量损失之间存在着某种可定量估计的联系，日本质量专家田口玄一提出的损失函数的表达式如下所示。

$$L(x) = K(x-m)^2$$

式中：$L(x)$ 是质量特性值为 x 时的波动损失；x 是实际测定的质量特性值；m 是质量特性的标准值，$\Delta = (x-m)$ 为偏差；K 是比例常数。

由图 8-2 可知，当质量特性值正好等于质量标准值 T 时，质量损失为零，随着偏差的增加，损失逐步变大。损失函数在本质上表达了质量波动和质量损失之间的逻辑关系。提高精度，缩小波动，对于减小质量损失具有十分显著的作用。但是，要提高工序加工精度，缩小质量特性值的波动，就必须提高工序能力。提高工序的能力，依赖于技术进步，也依赖于管理进步，这一切都意味着大量的投入。从经济性看，因质量改善所取得的质量效益应超过为此而付出的投入。但从企业长期发展看，技术和管理水平的进步毕竟是企业竞争力的基础。只要确实能带来质量改进，在这方面的投入是值得的。

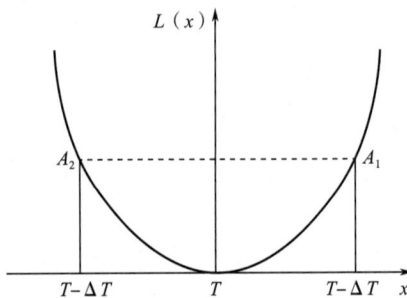

图 8-2　损失函数曲线

8.1.2　质量成本分类

质量成本由符合性成本和非符合性成本构成。符合性成本是在现行过程无故障情况下，完成所有规定的和指定的顾客要求所支付的费用。例如，某啤酒厂为生产社会需要的啤酒所支付的正常生产成本费用，即原材料费、工资与福利费、设备折旧费、电费、辅助生产费等。非符合性成本是由于现行过程的故障造成的，如生产过程中发酵失败导致的损失费、设备故障而导致的停工损失费、设备维修费等。显然，质量管理中核算过程成本的根本目的是要不断降低非符合性成本。

根据 ISO 9000 的规定，从共性的角度可将质量成本分为两部分：企业内部运行而发生的各种质量费用，即运行质量成本（operating costs）和企业为顾客提供客观证据而发生的各种费用，即外部质量保证成本（external assurance quality costs）。运行质量成本可进一步划分为预防成本、鉴定成本、内部故障成本及外部故障成本 4 类。

（1）运行质量成本

运行质量成本是指企业为保证和提高产品质量而支付的一切费用，以及因质量故障所造成的损失费用之和。

1）预防成本（prevention cost）是指用于预防故障或不合格品等所需的各项费用，包括计划与管理系统、人员训练、品质管制过程以及对设计和生产两阶段的监控以减少不良品发生的概率所产生的种种成本。这类成本一般都发生在生产之前，而且这一类成本若发生，往往使故障成本下降。

预防成本主要包括：质量策划费用；质量培训费；质量奖励费；工序质量控制费；质量改进措施费；质量评审费；工资及附加费；质量情报及信息费；顾客调查费用。

2）鉴定成本（appraisal cost），评定产品是否满足规定质量要求所需的鉴定、试验、检验和验证方面的费用。企业支出此类成本的目的是希望在生产过程中，能够尽快发现不符合质量标准的产品，避免损失延续下去。显然，此类成本的发生，也可减少故障成本。

鉴定成本主要包括：外购材料的试验和检验费用，包括检验人员到供货厂评价所购材料时所支出的差旅费；工序检验费；成品检验费；检验试验设备调整、校准维护费；试验材料、劳务费及外部担保费用（指外部实验室的酬金，保险检查费等）；检验试验设备折旧费；办公费；工资及福利基金：从事质量管理、试验、检验人员的工资总额及提取的福利基金；产品和体系的质量审核费用（包括内审和外审费用）。

3）内部故障成本（internal failure cost），在交货前，因未满足规定的质量要求所发生的费用，如废品损失、返工损失、停工损失、产量损失等。这类成本一般与企业的废、次品数量成正比。

内部故障成本主要包括：废品损失费；返工损失费；复检费用；停工损失；质量事故处理费，如重复检验或重新筛选等支付的费用；质量降级损失：产品质量达不到原定质量要求而降低等级所造成的损失；内审、外审等的纠正措施费：指解决内审和外审过程中发现的管理和产品质量问题所支出的费用，包括防止问题再发生的相关费用；其他内部故障费用：包括输入延迟、重新设计、资源闲置等费用。

4）外部故障成本（external failure cost），交货后，由于产品未满足规定的质量要求所发生的费用（劣质产品到达消费者后造成的成本）。外部故障成本主要包括质量异议赔偿、产品折价损失等。

外部故障成本主要包括：索赔、退货或换货损失；产品召回的费用和保证声明；产品责任费用：因产品质量故障而造成的有关赔偿损失费用（含法律诉讼、仲裁等费用）；降级、降价损失：由于产品低于双方确定的质量水平，经与用户协商同意折价出售的损失和由此发生的费用；产品售后服务费用等：在保质期间或根据合同规定对用户提供服务、用于纠正非投诉范围的故障和缺陷等所支出的费用。其他外部损失费：包括由失误引起的服务、付款延迟及坏账、库存、顾客不满意而引起的成交机会丧失和纠正措施等费用。

（2）外部质量保证成本

该成本是指在合同条件下，根据用户提出的要求，为提供客观证据所支付的费用。

外部质量保证成本主要包括：按合同要求，向用户提供的、特殊附加的质量保证措施、程序、数据等所支付的专项措施费用及提供证据的费用；按合同要求，对产品进行附加的验证试验和评定的费用；为满足用户要求，进行质量体系认证所发生的费用等。

8.1.3 质量成本特点

一般认为，全部成本费用的60%～90%是由内部失败成本和外部失败成本组成的。提高检测费用一般不能明显改善产品质量。通过提高预防成本，第一次就把产品做好，可降低故障成本。费根堡姆认为，实行预防为主的全面质量管理，预防成本增加3%～5%，可以取得质量成本总额降低30%的良好效果。

据国外资料分析，质量成本的4个项目之间有一定的比例关系，通常是内部故障成本占质量成本总额的25%~40%，外部故障成本占到20%~40%，鉴定成本占10%~50%，预防成本仅占0.5%~5%。比例关系随企业产品的差别和质量管理方针的差异而有所不同。对于生产精度高或产品可靠性高的企业，预防成本和鉴定成本之和可能会大于50%。

预防成本、鉴定成本、内部故障成本、外部故障成本之间有一定的比例关系。质量成本的合理构成可使质量成本总额尽可能小。

食品生产企业的质量管理突出以预防为主，注重对原料、半成品、成品的质量检验。因此，对于食品生产来讲，预防成本和鉴定成本之和往往占质量成本的主要部分。

8.2 质量成本管理的新发展及其改进模型

8.2.1 质量成本优化

质量成本优化是指在保证产品质量满足用户需求的前提下，寻求质量成本总额最小。质量成本优化就是要确定质量成本各项主要费用的合理比例，以便使质量总成本达到最低。

质量成本优化分析主要用质量特性曲线进行。通过总成本变动趋势来分析，增加预防和鉴定成本（总成本下降）；降低预防和鉴定成本（总成本上升）。

图8-3和图8-4中把A点处附近的曲线划分为Ⅰ、Ⅱ、Ⅲ3个区域，它们分别对应着质量成本各项费用的不同比例。

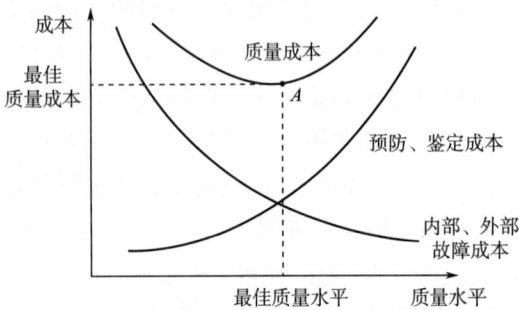

图 8-3　质量特性曲线分析　　　　图 8-4　质量成本曲线区域划分示意图

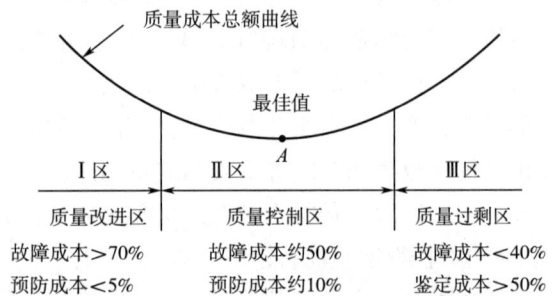

Ⅰ区是质量故障成本较大的区域，一般来说，内外部故障成本占质量总成本的70%，而预防成本不足5%的属于这个区域。这时，故障成本是影响达到最佳质量成本的主要因素。因此，质量管理工作的重点应放在加强质量预防措施，加强质量检验，以提高质量水平，降低内外部故障成本，这个区域称为质量改进区。

Ⅱ区是质量成本处于最佳水平的区域。这时内外部故障成本约占总成本的50%，而预防成本达总成本的10%。如果用户对这种质量水平表示满意，认为已达到要求，而进一步改善质量又不能给企业带来新的经济效益，则这时的质量管理的重点应是维持或控制现有的质量水平，使总成本处于最低点 A 附近的区域，这个区域称为质量控制区。

Ⅲ区是鉴定成本较大的区域。鉴定成本成为影响质量总成本的主要因素。这时质量管理的重点在于分析现有的标准，降低质量标准中过严的部分，减少检验程序和提高检验工作效率，使质量总成本趋于最低点 A，这个区域称为质量至善或质量过剩区。

质量成本优化是指在保证产品质量满足消费者或用户的前提下，寻求质量成本总额最小。通过确定质量成本各项主要费用的合理比例，可使质量总成本达到最低值。由于质量成本构成的复杂性，对大多数企业来说很难找到最佳质量成本曲线，比较实用的优化方法是基于质量管理理论和经验的综合使用。

8.2.2 质量成本改进模型

质量成本的四项费用的大小与产品质量的合格率存在内在的联系，反映这种关系的曲线称为质量成本特性曲线，如图 8-5 所示。

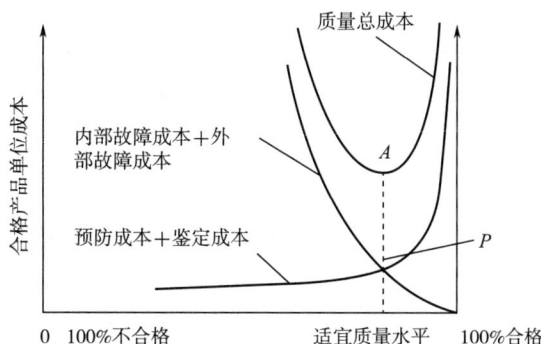

图 8-5 质量成本特性曲线

从图 8-6 中可以看出，预防成本和鉴定成本逐步增加，产品合格率上升，同时故障成本明显下降。当产品合格率达到一定水平，要进一步提高合格率，则预防成本和鉴定成本将会急剧增加，而故障成本的降低却十分微小。因此，图中总会存在一个最佳区域，在这区域内总质量成本最低。质量成本的极佳点对应产品质量水平点 A，企业如果把质量水平维持在 A 点，则是最佳质量成本。

对质量成本特性曲线做进一步的分析，研究质量成本最佳点 A 附近的范围，并将其分为 3 个区域（图 8-6）。

左边区域为质量改进区。企业质量状态处在这个区域的标志是故障成本比重很大，可达到 70%，而预防成本很小，比重不到 5%。此时，质量成本的优化措施是加强质量管理的预防性工作，提高产品质量，可以大幅度降低故障成本，质量总成本也会明显降低。

中间区域为质量控制区。此区域内，故障成本大约占 50%，预防成本在 10% 左右。在最佳值附近，质量成本总额是很低的，处于理想状态，这时质量工作的重点是维持和控制在现有的水平上。

右边区域为质量过剩区。处于这个区域的明显标志是鉴定成本过高，鉴定成本的比重超过 50%，这是由于不恰当的强化检验工作所致，此时的不合格品率得到了控制，是比较低的，

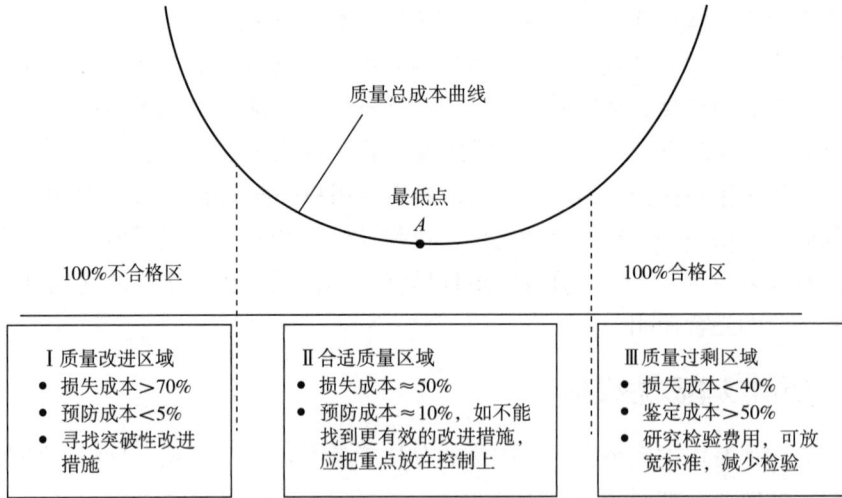

图 8-6　质量成本曲线的最佳区域

故障成本比重一般低于 40%。相应的质量管理工作重点是分析现有的质量标准，适当地放宽标准，减少检验程序，维持工序控制能力，可以取得较好的效果。

研究质量成本的目的不是计算产品成本，是分析改进质量的途径，达到降低成本的目的。

质量成本优化是指在保证产品质量满足消费者或用户需求的前提下，寻求质量成本总额最小。通过确定质量成本各项主要费用的合理比例，可使质量总成本达到最低值。由于质量成本构成的复杂性，对大多数企业来说很难找到最佳质量成本曲线，比较实用的优化方法是基于质量管理理论和经验的综合使用。

思考题

1）质量成本的定义是什么？是如何分类的？是如何构成的？
2）质量成本分析包括哪些方法？
3）质量成本报告的内容有哪些？可采用何种形式？
4）如何对质量成本进行优化？

课程思政案例

质量成本核算与分析

9 食品质量信息管理

9.1 质量数据与信息

9.1.1 质量信息概述

（1）质量信息的概念

数据（data）是记录客观事物的符号，反映了来自某种测量活动的事实。这些符号不仅指数字，而且包括字符、文字、图形等。信息（information）是关于客观事实的可通信的知识，是关于一项业务或一个组织的数据。信息来源于对数据的解释和分析。对于同一数据，每个人的解释可能不同。决策者利用经过处理的数据做出决策，可能取得成功，也可能适得其反，关键在于对数据的解释是否正确，不同的解释往往来自不同的背景和目的。

质量信息（quality information，QI）是在质量形成过程中所产生的相关数据的统计和分析，是组织的生产经营活动和产品生命周期中与质量相关的信息。其覆盖产品、过程、组织层面，包含更加广泛的绩效数据的测量和分析，有助于校准组织的运营和战略方向。

数据和信息在个人、过程和组织3个层次上支持组织的质量工作。在个人层次上，质量绩效、工作进度、操作状况等个人工作数据能够提供及时的信息，以便于发现异常因素，确定原因，并采取所需的纠正措施；在过程层次上，需要综合性的质量信息，如工序能力、缺陷率、产量、周转时间、劳动效率、顾客满意和抱怨等数据，这将有助于管理者确定过程是否处于正常状态，资源是否得到有效利用，以及过程的改进状况；在组织层次上，来自组织各个领域的有关产品或服务的质量数据，与财务、市场、人力资源等其他方面的组织绩效数据一起，形成了高层管理者测量利益相关方价值，并进行战略计划和决策的基础。

质量信息是组织进行决策所依据的事实。美国佛罗里达电力与照明公司曾经告诉狩野纪昭博士，当地强烈的闪电是导致公司服务中断的主要原因。当狩野纪昭博士要求公司拿出支持其结论的数据时，该公司却两手空空。大约18个月后，狩野纪昭博士再度访问了佛罗里达电力与照明公司，这时公司已经收集了大量数据，从中发现，在没有强烈闪电时，公司服务也会中断。此外，公司还发现许多设施并没有充分的防护措施。这些问题都是通过数据的采集和分析才得以发现的。由此可以看出，数据和信息是组织做出正确决策的基础。

然而，过多的数据如同缺乏数据一样糟糕，大量的数据会使工作被淹没在许多无用数据的分析当中。对组织来说，重要的是确定并寻找组织所需要的数据。戴明博士曾经强调数据是解决问题的基础，同时他也指出，过分依赖测量数据也是不合理的。有些对组织来说十分重要的信息，是很难真正通过测量而准确得到的，如顾客的忠诚度和价值。因此，组织在对待质量数据和信息时，应该力求寻找那些适当的数据，并致力于构建科学的数据采集和分析流程。

（2）质量信息的特征

质量信息属于信息的范畴，具有如下 5 个特征：

1）信息的分散性与相关性。质量信息存在于产品寿命周期的各个阶段，并产生于各有关部门和人员的实践中，体现了它的分散性。但各种信息之间又相互关联、相互影响，从而又具有相关性。

2）信息发生的随机性和度量上的时间性。在产品质量形成和使用维修过程中，随时都有可能产生有关的质量信息，但什么时间会发生什么样的信息却是随机的。产品质量一般与工作时间（或次数）有关，质量信息的度量一般采用与时间有关的单位来表示。这一特点决定了质量信息收集和处理的特殊性。

3）信息的有效性和待开发性。质量信息是用于保证和提高产品质量的重要依据，是开展质量工作的基础，是一项潜在的丰富的社会资源。只有对分散的、大量的原始信息有目的地进行收集、筛选、整理并加以科学地加工处理，才能开发出有用的信息。信息开发的程度取决于对信息的驾驭能力，提高信息开发的程度，使信息得到延伸、扩展和增值，并经过广泛交换为企业全体或社会所共享，从而产生巨大的社会效益和经济效益。

4）信息的继承性和时效性。产品的更新换代，不断地丰富质量信息资源库，质量信息可以被积累和继承，使新一代产品能吸收过去的经验，避免重犯以往的错误，从而不断提高产品的质量水平。质量信息又具有很强的时效性，信息的价值会随着时间的推移而衰减，有时信息一经产生，就需及时传输到有关单位处理，否则就可能造成严重的后果。

5）信息的多专业性和综合性。质量信息既依附于不同的专业对象而存在，又依赖于不同的载体而流动，所以质量信息工作的专业面涉及多个领域。它不仅包括了各类产品在寿命周期中所涉及的各种专业知识，还要用到现代信息技术，特别是计算机技术。因此，质量信息工作是一项跨学科、综合性的技术工作。

（3）质量信息的分类

按照不同的原则，从不同的角度，质量信息可以进行不同的分类，目的是更好地管理、开发和利用信息资源。

按照功能划分。按照功能，质量信息可以划分为质量指令信息、质量功能信息和质量评价信息。质量功能信息是指实物固有的或在加工过程中表现出来的质量特性，是实物的质量指标及质量状态。质量评价信息就是对质量的评价，能够反映质量是否符合质量标准、差距及其科学合理性。质量指令信息是指为了管理质量活动而下达的一系列指令，如质量计划、质量规划、质量命令、质量要求等。质量功能信息、质量评价信息和质量指令信息构成了组织中人、物、信息之间最基本的信息系统。

按照管理层次划分。按照管理层次，质量信息可以划分为战略层信息、管理层信息和操作层信息。其中，战略层信息位于质量管理系统的最高层，往往与组织的战略、文化相关联，表现为质量战略、质量文化、质量竞争力的培养。管理层信息是指组织的管理职能部门，对组织的质量工作进行全面协调与管理，包括人员培训、综合质量评审、质量成本综合管理、质量资源配置、质量信息综合分析与处理，根据产品的质量状况制定相应的措施并监督执行。

操作层信息位于设计、采购、生产现场、销售和售后服务现场等基层部门的质检站、质量小组、质量数据采集点等，实现现场质量数据采集、质量问题处理、产品符合性检查、现场过程的质量控制。

按照信息来源划分。按照信息来源，质量信息可以划分为内部质量信息和外部质量信息。内部质量信息主要产生于组织内部，涉及组织质量管理的各个层次，有多种表现形式，如产品设计质量、加工质量、质量决策、质量政策、质量成本等。外部质量信息主要包括国家法律法规（如产品质量法、质量发展纲要等）、各类标准、顾客信息、供方信息等。

9.1.2 质量信息的价值

对质量信息进行有效的识别、获取、传递、储存、处理和反馈是一项有意义而又重要的工作，也是提高组织竞争能力的重要途径。一致、准确和及时的数据为组织进行质量水平评估、控制和改进提供了实时信息，从而帮助其实现绩效目标，不断满足顾客需求，获得竞争优势。

（1）组织需要质量信息和绩效数据的原因

组织之所以需要质量信息和绩效数据，主要有以下 3 个方面的原因：

1）质量信息和绩效数据是组织进行战略决策、推进组织变革的重要因素，可以引领组织向正确的方向发展。

2）可以为组织评估其计划的有效性，从而合理分配管理所需的资源。

3）帮助组织提高过程运转的效率，保持持续改进的过程。

（2）质量信息管理的任务

归纳起来，质量信息管理的任务主要表现在以下 4 个方面：

1）为质量决策提供信息。在制定质量方针目标、质量计划，开展质量评审、质量改进，以及处理各种质量问题时，要进行大量的预测和决策，这些都离不开各种历史和现行的质量信息。质量信息管理的主要任务就是为决策者提供必要的决策信息。

2）调节和控制生产过程。利用质量信息管理系统提供的信息，可以调节和控制生产过程，确保生产出符合质量要求的产品。

3）为质量的考核和检查提供依据。在质量管理活动中，经常进行各种检查和考核，质量信息管理系统应能为检查和考核提供各种信息，以作为判断优劣、进行奖罚的依据。

4）建立质量信息档案。质量信息管理系统要不断收集、积累各种质量数据，加以分类保存，并提供各种查询手段，要能够及时向各类人员提供所需的质量信息。

（3）质量信息管理的益处

质量信息是"基于事实的决策"的基础，良好的质量数据和信息管理具有很多益处。

1）来自顾客的信息有助于组织了解顾客的需求，是否满意当前产品或服务的质量水平，以便满足并致力于超越顾客期望。

2）为员工工作提供信息反馈，以便于他们验证工作的有效性，及时发现并纠正错误，不断提高工作水平。

3）质量信息是组织进行绩效考评、质量激励和惩罚的基础与依据。

4）为组织的绩效评估提供所需的数据支撑，为评估过程的进展和识别是否需要采取必要的纠正措施提供手段。

5）有利于通过更好的计划和改进措施降低组织的运营成本。

9.2 质量信息的管理

可靠、适当的数据信息是组织进行管理决策、制订战略计划的重要基础。质量数据和信息的管理应该从过程的角度来考虑，对数据及信息的产生、分析和使用进行全面的管理。

9.2.1 质量信息管理概述

数据和信息产生、采集、处理和分发方面的活动在组织内外部是一直发生的，但是许多组织都不能有效、系统地采集恰当的数据，也不能对数据进行适当的分析。这种原因可能有许多种，如不知道需要什么样的数据，不愿意花时间完成此类工作或部分员工害怕暴露问题。

（1）质量信息管理的准则

为了有效地进行数据信息的管理工作，应该注意以下管理准则：

1）明确所需的数据和信息，并建立一套综合指标体系。组织首先应当明确所需要的数据和信息是什么，并建立一套综合的指标体系。这套指标体系应该反映内外部顾客要求以及组织经营的关键因素，覆盖组织的整个运营过程和管理层级，从供应商到顾客，从基础操作人员到高层管理者，并支持企业战略目标的实现。例如，波音公司货运机分部制定了支持企业战略目标所需要收集的五类关键信息：顾客满意、项目绩效、员工绩效、运营与过程绩效以及财务结果。

2）使用比较性的数据和信息，以改进组织的整体绩效和竞争地位。比较性的数据和信息既包括与直接竞争对手相比较的数据，也包括与标杆组织进行比较分析的数据。企业通过与竞争对手和标杆组织的比较，能够了解自身现状，明确所处的竞争地位，掌握行业发展前沿；通过与标杆组织对比，还可以找到组织实施突破和改进的方向，给予组织持续改进的激励。

3）持续改进其信息源，保证数据采集的及时有效。错误的输入必然导致错误的输出，糟糕的数据来源必然会影响组织所使用数据的即时性和正确性。卓越的组织必然会确定所需内外部信息的来源，并会随着内外部环境的变化而对其不断改进。因此，组织应当定期对数据的来源和应用实施评审和更新，努力缩短数据采集和应用的周期，不断拓展数据的来源。

4）运用合理的分析工具进行分析，并应用这些分析结果来支持组织的战略计划和日常决策。组织的数据分析能力是组织获得正确信息解释的保障。组织应该学习并使用各种各样的统计分析工具或结构化工具对数据进行分析与解释，并将其转化为有用的信息。

5）确保信息在组织中得到广泛传递和使用。如同质量活动不仅仅是检验人员和质量管理人员的活动一样，质量信息也应当确保人人参与。组织内所有过程的所有者都应当参与到各自过程的数据收集、分析和使用当中，组织应当提供并确保信息在组织内部可以准确、可靠、及时、安全地传递，并为所有需要信息的人员提供快速的数据和信息访问渠道，包括各类软硬件系统，并致力于它们高效和可靠地运转。

6）系统地管理组织的知识，识别并分享最佳实践。在信息量呈现爆炸式增长的情况下，管理信息和知识需要巨大的投入。组织应当分析、识别组织的最佳实践，并通过获得、创造、分享、整合、记录、存取、更新、创新等过程，不断地回馈到组织的知识系统内，形成永不间断的个人与组织的知识循环。

以上这些针对质量数据和信息管理的建议和准则，有助于组织建立系统、全面的质量信息管理系统，并促进组织进行"基于事实的决策"。

（2）质量信息管理的范围

传统上，许多组织进行质量管理工作只是依赖于实物质量数据，如产品的缺陷率、一次交验合格率、返修率等，有些组织可能会采集并使用过程管理数据，如过程能力指数。然而，在追求卓越绩效的今天，组织需要建立一套更加广泛的、与组织战略目标相一致的信息体系。

组织所需的这套体系需要考虑以下因素：

1）覆盖组织内外部经营环境。组织质量工作的成功取决于内外部质量控制的共同努力。组织的质量需求来源于外部顾客，最终致力于顾客满意；供应商的质量控制水平影响着组织的产品质量水平和生产效率；组织还要承担社会责任，致力于环境保护、节能减排等。

2）应该体现个人、过程和组织3个层次。所收集的质量数据能够及时为员工提供所需的信息，帮助个人不断改进；有利于实现过程控制，提高过程效率；能够提供全面评估组织绩效的数据，帮助组织达成战略目标。

3）既包括先行指标，也包括滞后指标。滞后指标反映了已经发生的事情；先行指标则预测可能会发生什么。这两类指标可以帮助组织了解现在，也能够描绘未来。组织习惯使用的财务数据能够真实地反映组织的过去和现在，而员工的学习和培训、组织的创新、顾客的满意度则能够描绘出组织未来发展的潜力和前景。

4）为了使组织的决策能够满足和超越顾客的期望，最大限度地利用组织资源，除了传统的财务绩效和会计指标外，组织还需要其他方面的数据和信息，包括顾客与市场、供应商质量、人力资源、产品与服务质量等。

图9-1描绘了一个质量数据和信息体系。组织可以在此基础上，根据自身实际，建立和完善相应的体系，形成以质量为驱动关键因素、与组织战略相一致的质量绩效指标体系。

9.2.2　生产服务质量信息

生产服务是组织的价值实现过程，也是质量的形成过程，是组织运营关注的重点。

（1）生产服务过程的质量信息及来源

对生产服务过程中的质量信息进行分析，可以按照产品生命周期的不同阶段进行分类分析，寻找可能的信息源。

生产服务过程中的质量管理工作涉及质量管理、设备维护、材料、人、工艺和环境等多个方面。质量信息也贯穿于市场营销、科研开发、生产制造、售后服务等一线生产服务部门，同时需要得到技术管理部门、人力资源管理部门、财务管理部门以及高层管理者的支持。

质量信息
- 顾客与市场
  - 顾客识别与细分
  - 顾客需求与期望
  - 顾客关系管理
  - 顾客满意
  - 顾客投诉与抱怨
- 供应商质量
  - 供应商选择指标
  - 抽样检验质量水平
  - 供应商质量控制能力
  - 供应商抱怨
- 产品与服务质量
  - 内部质量指标
  - 产品使用性能
  - 缺陷水平
  - 响应时间
  - 过程能力
  - 内部顾客满意
- 人力资源
  - 员工满意度
  - 员工流失率
  - 培训有效性
  - 员工抱怨
  - 员工绩效
  - 提案率
- 财务
  - 质量成本
  - 全员劳动生产率
  - 总资产贡献率
  - 其他会计指标
- 组织有效性
  - 战略目标实现情况
  - 质量管理体系有效性
  - QC小组活动成果
  - 组织绩效
  - 创新和知识管理成果
  - 守法和道德审计
  - 社会责任

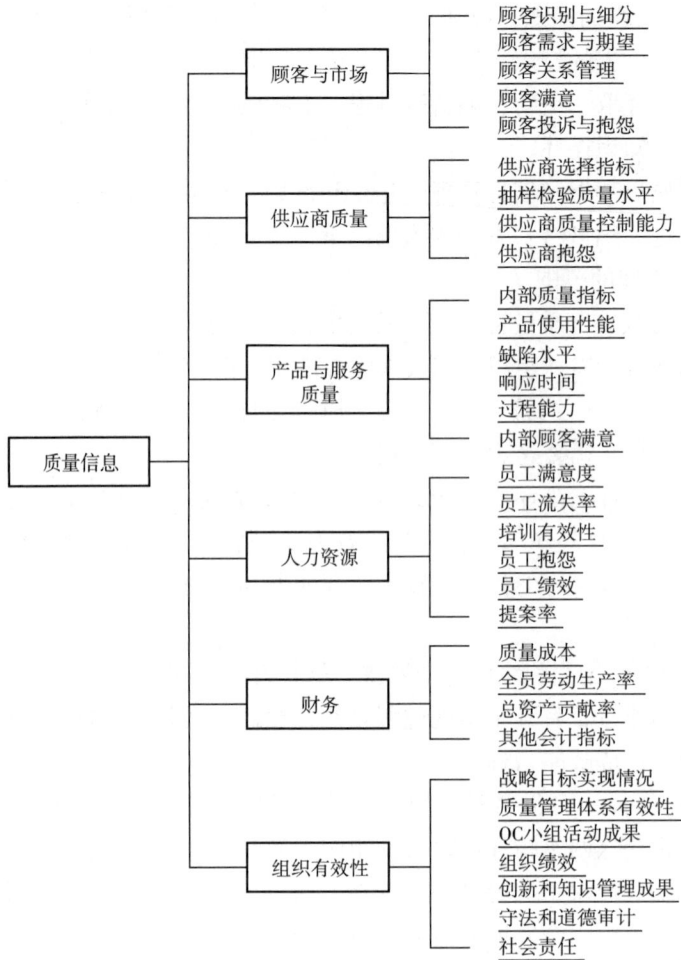

图 9-1　质量数据和信息体系

（2）生产过程中质量数据的采集

1）质量数据的采集方式。这里所指的质量数据是需要实时采集和管理的数据，主要来自对零件和产品的检测和对制造过程的监控。常用的质量数据采集方式主要有以下 3 种：

①自动检测。自动检测是指利用计算机控制的全自动测试仪器，对产品或生产线的状态进行检测（图 9-2）。自动检测可以实现质量数据的自动采集及处理。检测装置与生产设备的控制系统相连接，可将分析结果自动传输到生产设备控制装置上，从而实现闭环的质量控制。

自动检测的方式可以分为在线和离线两种。所谓在线检测，是指在不间断生产的条件下，对过程状态和产品质量进行数据采集；所谓离线检测，是指需要将产品从生产线上取下，在独立的检测岗位上进行测量。

②半自动检测。所谓半自动检测，是指检测活动是由手工完成的，而信息的输送和数据的处理却是通过计算机系统实现的。例如，通过数据线与数据处理器相连接的数显千分尺，检测人员在检测过程中使用千分尺来检测零件的尺寸，检测的信息直接通过数据线自动输入数据处理装置存储起来。如果需要，系统可以按照各种统计数据处理方式对数据进行处理，

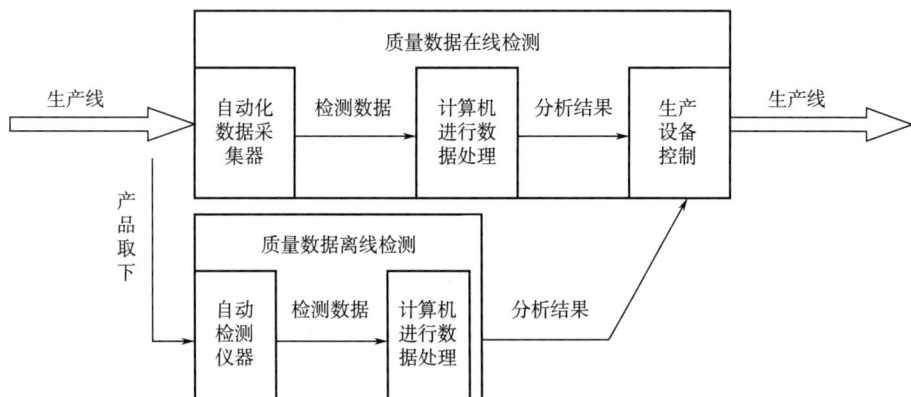

图 9-2 自动检测采集方式示意图

并将处理结果显示出来。必要的话，通过与生产控制系统的连接，可以构成近似闭环的控制方式。

如今，半自动检测已经广泛应用于尺寸的测量，几何参数、表面粗糙度、重量、力、硬度等方面的检测，在计算机辅助检测系统中应用最广。

③手工检测。所谓手工检测，就是利用各种手工计量工具对产品或工件进行检测，或采用目测的方法来观测生产系统的状态。检测人员需要目测计量仪器的仪表盘，将读数记录下来，然后进行手工分析处理，或将数据输入计算机进行加工处理。这种方式简单、经济，但花费时间长，精确度不高，容易出现误差。

2）需要采集的质量参数。在制造过程中，为了控制生产系统的运行状态，需要检测生产系统中各个方面的质量参数。

①热工量，包括温度、流量、热量、真空度、比热信息等。目的是确认工具的磨损情况，设备的运转是否正常，环境温度是否符合生产条件等。

②电工量，包括电压、电流、功率、电阻等。目的是检测电气设备的运行状况。机械设备的工作状态也可以通过对电工量的测量来检验。

③机械量，包括位移、速度、应力、力矩、重量、振动、噪声、平衡、计数等。通过机械量的测量，可以确定零件加工的精度（位移、速度等）和设备运行的状态（机械振动、噪声情况）。

④成分量，包括气体、液体和固体的各种化学成分、浓度、密度等。

⑤几何量，包括几何尺寸及误差、几何形状等。

⑥其他参数，如零件重心、硬度、表面纹理等也需要收集检测。

（3）生产过程中质量信息的处理

1）预处理。质量信息的预处理是指对测量数据进行消除误差的处理。由于测试过程中测量误差的存在会影响质量数据的可靠性，因此，必须采取措施减小甚至消除测量误差，以提高质量控制的确定性和可靠程度。

误差一般包括系统误差、随机误差和粗大误差 3 种。

系统误差。系统误差是指在测量的一系列结果中，其测量误差值的大小和方向是保持不变的或按一定规律变化的误差。它通常是由固定的或按一定规律变化的因素造成的。要消除系统误差，首先要识别是否存在系统误差及其变化规律。识别系统误差的方法包括实验对比法、误差观察法、剩余误差校核法、计算数据比较法等。对于存在系统误差的情况，一般根据系统误差的类型，采用不同的误差消除方法。根据误差形成的原因不同，一般可分别采用标准量代替法、消除平均斜率法或最小二乘法消除。

随机误差。在同一条件下对同一被测量进行多次重复测量时，各测量数据的误差值或大或小，或正或负，其取值的大小从表面看似乎没有确定的规律性，是不可预知的，这类误差称为随机误差，也称为偶然误差。随机误差即为随机变量，服从统计规律，可以用统计方法做出估计。处理随机误差的关键是确定其分布参数，并设法减小标准误差。减小标准误差的方法包括平均值法、排队剔除法和数字滤波法。

粗大误差。粗大误差是指超出正常范围的大误差，也称为过失误差。一般粗大误差是由测量中的失误造成的。例如，计数或记录错误、操作不当、突然的冲击振动等，都可能使测量结果产生个别的粗大误差。由于粗大误差使测量数据受到了歪曲，所以应当剔除。

2）质量信息的统计处理。在消除误差以后，可以对质量信息进一步进行统计分析处理，最大化地利用信息效益。依据统计技术在质量信息分析中的用途不同，可以做以下分类：

①用于产品的开发设计。这类方法包括质量功能展开（QFD）、试验设计等。

②用于质量问题的分析。这种统计方法比较多，包括分层法、排列图法、因果图法、调查表法、散布图法等。

9.2.3　供应商的质量信息

如今，组织越来越专注核心业务，而将大多数非核心业务外包出去。因此，组织是通过供应商质量保证体系来控制外购产品质量的。这套体系一般包括供应商的选择、供应商质量保证能力的评估和供应商产品质量保证程序3个部分。通过对供应商质量保证能力的评估，来确认供应商是否拥有提供可靠的、可以满足用户要求产品的制造能力，以及不断改进和提高的能力。对供应商质量信息的采集、分析、管理是进行上述工作的依据；同时，组织也通过信息的传递来协调供应链管理。

（1）供应商选择

不同的供应商选择方式需要的信息是不一样的。在早期的采购管理中，组织在选择供应商时往往更加看重价格、信誉和供货期，而不在乎供应商的质量保证能力。然而，这种选择方式或许会让组织付出较少的采购成本，但随之带来的质量问题会让使用成本大大增加。不合格的产品会给生产服务过程带来严重的不良后果，如生产的中断、增加库存成本，最终导致成品的质量低下等。一个不合格的供应商是引发此类问题的根源。因此，有必要对供应商进行全面的评价，将供应商的质量信息纳入评价体系中。

如果将供应商质量管理的概念从产品质量中扩展开来，则供应商的供货能力、市场信誉、按时交货的保证以及财务状况等都可以视为供应商质量的组成部分。那么，对供应商的评价和选择就主要依据两大因素：质量和价格。一般而言，价格信息是比较明朗、易于收集和分析的；而供应商的质量信息则是比较复杂的，在不同的行业、企业、产品需求以及不同的环境下，对供应商的质量要求是不一样的。但是，质量信息一般都应包括下列信息：组织的基本信息、产品质量信息、质量保证能力、服务质量信息。

（2）外购件质量信息分析

在实际操作中，组织（尤其是广大中小型组织）对供应商质量保证能力的信息收集比较困难。组织往往无法深入了解供应商的质量管理情况、工序控制能力、制造过程质量管理情况等信息，一般仅仅局限于了解一些比较直观的信息，如是否通过了质量管理体系认证，是否通过其他相关认证等。组织可以充分利用进货检验信息，了解同一供应商的供货质量分布情况，从而掌握供应商的质量控制动态。

1）利用直方图了解供方质量控制情况。对于外购件的质量检验信息，尤其是对连续采购的零部件，应当进行详细的记录，而不是仅仅记录合格数量和不合格数量。可以针对每次进货的质量检验信息进行详细的记录，记录每次抽检中外购件的详细质量信息，绘制直方图，从而反映整批外购件的质量分布情况，以及不同批产品之间的质量变化。

2）计算质量供应能力指数。质量供应能力指数 Cs 是将质量供应能力与质量要求联系起来，用来定量反映供应商质量供应能力的大小。

计算质量供应能力指数的目的在于对供应商的质量供应能力进行分析，以便对供应商做出公正、合理的评价。

利用直方图对外购件质量分布进行分析，可以定性地分析供应商质量供应能力；计算质量供应能力指数是定量的分析。采用这两种方式，可以弥补企业对供应商质量供应能力信息收集困难所造成的分析不足。

（3）采购商与供应商的信息交流

信息在供应商管理中起到协调和控制作用。为了更好地掌握供应商的质量信息状况，企业（采购商）可以采用多种形式与供应商进行信息交流。

1）合作伙伴与战略联盟。企业与供应商建立合作伙伴关系或战略联盟，谋求共同获益、共同发展，双方是一种双赢的关系。合作伙伴关系建立的前提是找到优秀的供应商，企业无法与一个不合格的供应商建立起合作伙伴关系。而企业一旦找到一个优秀的供应商，与之共同前进，就可以产生巨大的竞争优势。企业要像对待顾客一样珍惜优秀的供应商，可以与他们一起研发新技术、开发新产品、尝试新的管理方法。在这些合作中，企业与供应商的信息共享是新型关系与传统关系的最大区别。

2）信息共享。信息共享可以使企业参与供应商的质量管理活动。在供应商评价中，最难收集的莫过于供应商的质量保证能力信息。而信息共享不仅可以使企业获得此类信息，还可以参与供应商的日常质量管理活动，实时监控供应商的质量控制情况。同时，企业可以根据自己的需要，帮助供应商提高质量控制能力，从而提高自己的产品质量水平。

信息共享可以使供应商及时了解企业的需求信息，从而做到有的放矢。通过信息交流，供应商可以及时、准确地了解企业对质量、时间、技术等的需求。通过参与企业的产品开发、技术管理和市场研究，供应商可以深刻地了解客户需求，从而改进、提高自己的产品质量，增强自身的柔性。

信息共享有助于供应商/客户关系协调。供应商—企业系统中包括各种制度、存储系统、运输系统、销售系统，管理这些系统中的任何一个都涉及一系列复杂的权衡问题。为协调供应链的这些方面，企业必须获得大量的信息。信息共享不仅可以帮助协调这些系统，还可以节约成本。

在研究供应商与企业之间信息共享的过程中，人们往往认为这主要是采购商的事。其实，信息交流是双向的，为了做好供应商与企业之间的质量管理，双方都应付出努力。

9.2.4 顾客与市场信息

组织依存于客户，顾客满意是组织生存和发展的基础。顾客与市场信息作为对组织生产工作具有指导性的信息，在外部质量信息中占据比较重要的地位。顾客与市场信息（需求信息）是质量链的起点，是质量信息的输入；同时，顾客与市场信息（顾客满意信息）也是质量链的终点，是输出。整条质量链（包括市场调研、新产品策划、产品设计、产品制造、产品销售服务）通过顾客与市场形成一个闭环，并根据顾客与市场需求的不断提高而不断改进。因此，一个致力于实现卓越的组织必须努力赢得顾客满意。

实施客户满足战略，必须注意使顾客满意的 5 个环节：识别顾客、调查需求、满足需求、满意度调查、不断改进。其中，主要的质量信息便是需求信息和满意信息。

（1）顾客需求信息

费根堡姆认为，质量是由顾客来判断的，而不是由工程师、营销部门或管理部门来确定的。顾客将根据自己的实际经验与要求对某种产品或某项服务的质量做出判断。因此，费根堡姆认为，质量就是产品或服务能够满足顾客的期望。为此，组织必须首先明确自己的顾客是谁，以及这些顾客对产品或服务的需求和期望是什么。

1）顾客对质量的期望。如今，顾客在市场上越来越占据重要地位，他们对产品的要求也越来越高，特别是在经济性、安全性、售后服务能力和可靠性方面。这种要求对制造业形成了不断提高产品质量的压力，主要表现在对产品性能、产品使用寿命和使用费用、环境健康质量等方面的期望。

2）顾客需求向质量要求的转化。组织需要将顾客需求转换为产品或服务的质量要求。根据顾客的期望，组织应当可以将这些需求信息转换为以下质量信息：产品的外形、尺寸规格和操作特性要求信息；产品的使用寿命和可靠性目标；有关的标准；设计、制造和质量成本；生产条件和技术要求信息；产品现场安装、维护保养和售后服务目标；能源消耗和环境保护要求；健康和安全要求；使用成本要求。

在具体的新产品策划和设计中，组织可以运用质量功能展开（QFD）将顾客的需求转换为产品、服务和工艺。

（2）顾客满意信息

顾客满意是指顾客对其需求被满足的程度。顾客满意度管理是一种新的管理方式，它要求组织从一开始就以满足顾客需求为目标，调动一切资源和手段，力求达到顾客满意。顾客满意度管理的目的不仅是使顾客满意，还要提升顾客的忠诚度。

顾客满意是顾客对产品或服务是否达到要求的评价。它有可能是好的信息，如顾客满意；也有可能是不好的信息，如顾客投诉与抱怨。做好顾客满意工作，不仅要对顾客满意的信息进行收集、分析，更需要高度重视那些不满意信息，及时化解顾客的抱怨。

由于行业、产品和服务的不同，顾客满意信息的内容也是不一样的，但大都包含以下内容：

1）产品质量的反映。产品是顾客进行消费的主体，顾客对产品的样式、规格、功能、使用方便性、可靠性、安全性以及环保性能的感知感受，是顾客对产品质量最直接的评价。

对顾客关于产品质量信息的收集，是组织改进旧产品、开发新产品的需要。

2）服务质量信息。服务质量信息主要是指顾客对产品售后服务质量的感受。它包括供货、产品运输、现场安装、问题的及时处理、售后维修、产品的日常保养维护和技术支持等。在这类信息中，顾客抱怨、顾客投诉信息及其处理情况的收集整理是一个重要方面。这类信息有利于化解顾客的不满，改善产品或服务中的不足。

3）经济性。经济性包括产品的价格和使用中的费用。价格因素也是顾客关注的一个主要因素。例如，对于购买的产品，顾客认为它的定价是否合理，是物有所值、物超所值还是物不所值；而使用中的费用问题，更是顾客关注的重点之一。

4）形象信息。顾客对组织形象的反馈信息包括社会认知度、信誉度、美誉度，以及组织及其产品在大众心目中所形成的总体形象，如品牌、商标、技术风格、包装风格、服务模式等。

对不同的产品，顾客关注的重点也不一样。在实际调查中，组织应根据产品的实际情况，有重点地收集有关信息。

组织在收集到顾客满意信息后，要及时分析、处理，并传递到所需单位，只有这样才能充分发挥这些信息的价值，帮助组织持续改进。

思考题

1）什么是质量数据和质量信息？
2）组织质量信息管理的原则是什么？
3）组织如何构建一套完善的质量信息指标体系？
4）企业如何选择优秀的供应商？
5）请阐述质量信息管理系统必须遵循的原则？
6）如何构建统计过程控制系统？

课程思政案例

质量信息管理系统

信息技术在食品质量信息管理中的应用

参考文献

[1] 陆兆新. 食品质量管理学 [M]. 2版. 北京：中国农业出版社，2016.

[2] Luning P A. 食品质量管理 [M]. 吴广枫，译. 北京：中国农业大学出版社，2005.

[3] 刁恩杰. 食品质量管理学 [M]. 北京：化学工业出版社，2013.

[4] 马义中，汪建均. 质量管理学 [M]. 2版. 北京：机械工业出版社，2019.

[5] 庞杰，刘先义. 食品质量管理学 [M]. 北京：中国轻工业出版社，2017.

[6] 张志健. 食品安全导论 [M]. 2版. 北京：化学工业出版社，2015.

[7] 刘学文. 食品科学与工程导论 [M]. 北京：化学工业出版社，2007.

[8] 温德成. 质量管理学 [M]. 2版. 北京：机械工业出版社，2018.

[9] 陈宗道. 食品质量管理 [M]. 北京：中国农业大学出版社，2003.

[10] 温德成. 质量管理学 [M]. 北京：机械工业出版社，2014.

[11] 宁喜斌. 食品质量安全管理 [M]. 北京：中国质检出版社，2012.

[12] 刘华楠. 食品质量与安全管理 [M]. 北京：中国轻工业出版社，2014.

[13] 易艳梅. 食品质量管理与安全控制 [M]. 北京：中国劳动社会保障出版社，2014.

[14] 栾军. 质量管理学教程 [M]. 上海：上海交通大学出版社，1996.

[15] 邓学芬. 质量管理案例与实训 [M]. 成都：西南财经大学出版社，2014.

[16] 孙科江. 质量管理实用手册 [M]. 北京：机械工业出版社，2013.

[17] 彭丹妮. 概率语言多属性决策方法及其在食品质量设计中的应用 [D]. 长沙：中南林业科技大学，2022.

[18] 范杏彬. 产品质量系统的试验设计与优化 [D]. 青岛：青岛大学，2006.

[19] 赵鹏，张丽娜，赵博. 食品质量波动及其影响因素的研究进展 [J]. 食品安全质量检测学报，2018，9 (6)：2163-2171.

[20] Montgomery D C, Runger G C. Applied statistics and probability for engineers [M]. 6 th. Wiley, 2014.

[21] Duffy V G, Hart J W. Quality management in food production [M]. Elsevier, 1990.

[22] 郭忠义，唐德明，张巍，等. 食品质量波动及其影响因素研究进展 [J]. 食品工业科技，2018，39 (12)：322-326.

[23] 李小刚，高海芳，雷丽蓉，等. 食品质量波动的成因分析与控制对策 [J]. 现代食品科技，2016，32 (4)：171-174.

[24] 吴丽英，唐德明. 基于5M1E模型的食品质量波动研究 [J]. 食品科学与技术，2018，43 (4)：249-252.

[25] 李红霞，张亮，马晓宇，等. 食品质量波动的5M1E分析与控制 [J]. 食品科学，2019，40 (24)：189-194.

［26］赵鹏，陈洁，朱洪蕊，等．基于 5M1E 模型的食品质量波动原因分析与控制［J］．中国食品学报，2019，19（1）：210-215.

［27］张巍，唐德明，郭忠义，等．基于 5M1E 模型的食品质量波动系统性原因分析［J］．食品工业科技，2019，40（10），222-225.

［28］王明星，刘林宝，王德利．食品生产系统性波动的原因分析与控制［J］．食品工业科技，2015，36（4），333-336.

［29］李晓明，赵敏，陈红．食品质量波动偶然性原因分析及对策［J］．现代食品科技，2018，34（6），187-190.

［30］高娟娟，赵亚男，赵青松．食品质量波动偶然性原因及改进措施［J］．食品科学与技术，2020，25（5），227-229.

［31］赵晨曦，王丽华，李晓娟．食品质量正常波动原因分析及控制对策［J］．食品科学与技术，2017，42（3）：141-145.

［32］陈燕，李伟，王振宇．正常波动在食品生产中的影响及控制措施［J］．现代食品科技，2019，35（8）：162-165.

［33］李伟，刘娟，张明亮．食品质量异常波动原因分析与改进［J］．食品科学与技术，2018，43（7）：193-197.

［34］张小明，王鹏，陈丽．异常波动对食品生产的影响及处理策略［J］．食品工业科技，2016，37（6）：229-231.

［35］杨柳，张瑞祥．质量数据在制造业中的应用与探讨［J］．现代制造工程，2009，8（5）：32-34.

［36］陈明，吴丽．质量数据管理对制造业质量控制的影响［J］．机械制造与自动化，2017，46（3）：97-99.

［37］张丽娜，赵鹏．食品质量数据分析与应用［J］．食品科学，2020，41（15）：258-263.

［38］李红霞，王兵，刘晓军．食品质量数据的收集与分析方法［J］．食品科学与技术，2019，24（2）：223-227.

［39］李强，张红霞．食品质量计量数据分析方法比较研究［J］．食品科学与技术，2018，39（5）：277-280.

［40］陈华，李玉，张明，等．食品安全计数数据的分析与处理［J］．食品科学与技术，2019，24（10）：261-264.

［41］张丽，李明．食品产品满意度顺序数据分析与评价［J］．食品科学与技术，2020，45（6）：156-160.

［42］李晓明，张宇．数据分析与统计［M］．北京：高等教育出版社，2018.

［43］王明，赵丽．统计学与数据分析［M］．北京：清华大学出版社，2019.

［44］Kume T. Development of the affinity diagram in the 1960s［J］. The Journal of the Japanese Society for Quality Control，2004，34（1）：46-58.

［45］Kume T. Matrix diagrams：a quality tool for decision making［J］. Quality Progress，2002，35（3）：61-64.

［46］Kelley J，Walker W. Critical-path planning and scheduling［J］. Journal of the Operations

Research Society of America，1959，7（3）：344-356.

[47] 罗树林．关联图法在露天采矿设备维修中的应用［J］．露天采矿技术，2010，25（6）：70-71，78.

[48] 何盛明．财经大辞典［M］．北京：中国财政经济出版社，1990.

[49] 方晶晶，王晶晶．关联图法在消毒供应质量管理改进中的应用［J］．中西医结合护理（中英文），2016，2（12）：148-150.

[50] 郑健．基于 TQM 的 S 研究所北斗导航系统项目软件质量管理研究［D］．西安：西安电子科技大学，2017.

[51] 王为人．QC 新七大工具之三：系统图法［J］．中国卫生质量管理，2018，25（4）：131-133.

[52] 何露洋，侯旭敏，朱燕刚，等．基于 KJ 法和系统图法的外科手术耗材费用管理及评价研究［J］．中国卫生质量管理，2021，28（4）：47-51.

[53] 周天祥．通俗易懂的 QCC-矩阵图法［J］．中国质量，2003（12）：59.

[54] 王剑峰．X 形矩阵图法在高职院校电子商务专业"政行企校"合作创新模式研究中的应用［J］．科教导刊，2017（1）：39-40.

[55] 赵光远．食品质量管理学［M］．北京：中国纺织出版社，2013.

[56] 韩福荣．现代质量管理学［M］．2 版．北京：机械工业出版社，2007.

[57] 全国质量管理和质量保证标准化技术委员会．GB/T 19001—2016 质量管理体系要求［S］．北京：中国标准出版社，2016.

[58] 全国认证认可标准化技术委员会．GB/T 27341—2009 危害分析与关键控制点（HACCP）体系　食品生产企业通用要求［S］．北京：中国标准出版社，2009.

[59] 秦文，王立峰．食品质量与安全管理学［M］．北京：科学出版社，2016.

[60] 刁恩杰，王新风．食品质量管理学［M］．2 版．北京：化学工业出版社，2021.

[61] 杨国伟，夏红．食品质量管理．［M］．2 版．北京：化学工业出版社，2019.

[62] 赵静．食品质量管理学［M］．北京：中国轻工业出版社，2018.

[63] 颜廷才，刁恩杰．食品安全与质量管理学［M］．2 版．北京：化学工业出版社，2016.

[64] 王丽娟．我国食品企业的质量成本管理现状探析［J］．西部财会，2021（1）：51-54.

[65] 琚泽民．食品安全社会共治下食品质量供应链协调与公平研究［D］．杭州：浙江工商大学，2020.

[66] 武彰纯．食品加工企业质量成本核算［J］．智库时代，2019（43）：67-79.

[67] 于晓燕．食品行业质量成本管理存在的问题及对策［J］．食品安全导刊，2019（27）：47.

[68] 杜昆．基于精益生产模式 F 食品公司的产品质量成本控制研究［D］．长春：吉林大学，2018.

[69] 廖仕成．食品可追溯系统的质量成本分担合同设计［D］．上海：上海海洋大学，2018.

[70] 尤建新，杜学美，张建同．质量管理学［M］．2 版．北京：科学出版社，2011.

附　录

附录二维码